DAXUE JISUANJI JICHU YU YINGYONG

大学计算机基础与应用（第三版）

主　编　孙宝刚　邱红艳
副主编　谢　翌　任淑艳　刘　艳　范春辉

重庆大学出版社

图书在版编目(CIP)数据

大学计算机基础与应用 / 孙宝刚,邱红艳主编 . --
3 版. -- 重庆 : 重庆大学出版社, 2023.8(2024.7 重印)
ISBN 978-7-5624-9906-0

Ⅰ.①大… Ⅱ.①孙… ②邱… Ⅲ.①电子计算机—
高等学校—教材 Ⅳ.①TP3

中国国家版本馆 CIP 数据核字(2023)第 093416 号

大学计算机基础与应用
(第三版)
主 编 孙宝刚 邱红艳
责任编辑:章 可 版式设计:章 可
责任校对:王 倩 责任印制:赵 晟
*
重庆大学出版社出版发行
出版人:陈晓阳
社址:重庆市沙坪坝区大学城西路 21 号
邮编:401331
电话:(023) 88617190 88617185(中小学)
传真:(023) 88617186 88617166
网址:http://www.cqup.com.cn
邮箱:fxk@cqup.com.cn (营销中心)
全国新华书店经销
重庆华林天美印务有限公司印刷
*
开本:787mm×1092mm 1/16 印张:12.25 字数:284 千
2023 年 8 月第 3 版 2024 年 7 月第 13 次印刷
ISBN 978-7-5624-9906-0 定价:38.00 元

前言

随着计算机科学和信息技术的飞速发展，计算机的普及教育和国内各高校计算机基础教育已踏上新的台阶，步入了一个新的发展阶段。高校各个专业都对学生的计算机应用能力提出了更高的要求。为了适应这种新发展，许多学校修订了计算机基础课程的教学大纲，课程内容不断推陈出新。编者根据教育部计算机基础教学指导委员会发布的《关于进一步加强高等学校计算机基础教学的意见》和《高等学校非计算机专业计算机基础课程教学基本要求》，结合《中国高等院校计算机基础教育课程体系》的内容编写了本书。

大学计算机基础是非计算机专业高等教育的公共必修课程，是学习其他计算机相关技术课程的前导和基础课程。本书编写的宗旨是使读者较全面、系统地了解计算机基础知识，具备计算机实际应用能力，能在各自的专业领域自觉地应用计算机进行学习与研究。本书兼顾了不同专业、不同层次学生的需要，加强了办公自动化软件、计算机网络技术及信息安全等方面的内容，使读者的计算机实践操作能力及理论水平得到提升。

本书共有 6 章，分为 3 个模块：第一模块（第 1—2 章）概括性地介绍了计算机的概念、软硬件系统；第二模块（第 3—5 章）作为本书的核心，通过多个实例，详细介绍了文档处理、表格处理、数据处理以及演示文稿制作；第三模块（第 6 章）介绍了计算机网络的基础知识及安全知识。

本书由重庆人文科技学院孙宝刚、邱红艳担任主编，孙宝刚确定总体方案及制订编写大纲，负责统稿和定稿工作，邱红艳参与了初稿的全部审阅工作。各章编写分工如下：第 1 章由孙宝刚编写，第 2 章由谢翌编写，第 3 章由邱红艳编写，第 4 章由任淑艳编写，第 5 章由刘艳编写，第 6 章由范春辉编写。感谢重庆人文科技学院多位教师能够结合多年来的一线教学经验，为本书的编写提供了很多宝贵的建议和支持。

由于信息技术发展迅速，应用软件不断改版、升级，书中难免存在不足之处，欢迎广大读者批评、指正。

编　者

2023 年 4 月

目录

第1章 计算机基础概述 …… (1)
1.1 计算机的诞生与发展 …… (1)
1.1.1 计算机的诞生 …… (1)
1.1.2 计算机的发展 …… (1)
1.1.3 计算机的分类与应用领域 …… (2)
1.2 计算机的工作原理 …… (3)
1.2.1 冯·诺依曼计算机体系结构 …… (3)
1.2.2 计算机指令和指令系统 …… (3)
1.2.3 计算机的工作过程 …… (4)
1.3 计算机系统的组成 …… (4)
1.3.1 计算机硬件系统 …… (5)
1.3.2 计算机软件系统 …… (7)
1.3.3 计算机的主要性能指标 …… (9)
1.4 计算机中的数制 …… (9)
1.4.1 进位计数制 …… (9)
1.4.2 数制的相互转换 …… (10)
1.5 计算机中的信息表示 …… (11)
1.5.1 数值、字符在计算机中的表示 …… (11)
1.5.2 汉字编码 …… (13)
1.5.3 计算机中信息的存储单位 …… (14)
课后习题 …… (14)

第2章 Windows 10 操作系统 …… (18)
2.1 操作系统的概念、功能及分类 …… (18)
2.1.1 操作系统的概念 …… (18)
2.1.2 操作系统的功能 …… (18)
2.1.3 操作系统的分类 …… (19)
2.2 案例1 Windows 10 基本操作 …… (20)
2.2.1 任务1 Windows 10 新功能 …… (20)

2.2.2 任务2 启动和退出 Windows 10 ……………………………… (23)
2.2.3 任务3 设置个性化桌面 ……………………………… (24)
2.2.4 任务4 操作窗口和对话框 ……………………………… (27)
2.3 案例2 资源管理器和文件 ……………………………… (30)
2.3.1 任务1 熟悉资源管理器 ……………………………… (30)
2.3.2 任务2 管理文件和文件夹 ……………………………… (31)
2.4 案例3 配置 Windows 10 ……………………………… (35)
2.4.1 任务1 熟悉 Windows 10 用户账户 ……………………………… (35)
2.4.2 任务2 管理用户账户 ……………………………… (35)
2.4.3 任务3 掌握常用附件的用法 ……………………………… (37)
课后习题 ……………………………… (39)

第3章 文档编辑软件 Word ……………………………… (42)
3.1 案例1 创建和编辑招聘启事文档 ……………………………… (42)
3.1.1 任务1 熟悉 Word 的工作环境 ……………………………… (42)
3.1.2 任务2 掌握 Word 的基本操作 ……………………………… (46)
3.1.3 任务3 输入文档内容 ……………………………… (47)
3.1.4 任务4 编辑文档 ……………………………… (48)
3.2 案例2 格式化招聘启事文档 ……………………………… (50)
3.2.1 任务1 设置字体格式 ……………………………… (50)
3.2.2 任务2 设置段落格式 ……………………………… (51)
3.2.3 任务3 设置特殊格式 ……………………………… (53)
3.2.4 任务4 设置样式 ……………………………… (58)
3.2.5 任务5 设置页面格式 ……………………………… (59)
3.2.6 任务6 添加水印 ……………………………… (60)
3.3 案例3 制作招生宣传海报 ……………………………… (61)
3.3.1 任务1 插入文本框 ……………………………… (63)
3.3.2 任务2 插入艺术字 ……………………………… (63)
3.3.3 任务3 插入形状 ……………………………… (63)
3.3.4 任务4 插入 SmartArt 图形 ……………………………… (64)
3.3.5 任务5 插入图片 ……………………………… (66)
3.3.6 任务6 设置字体格式 ……………………………… (66)
3.4 案例4 制作个人求职简历 ……………………………… (66)
3.4.1 任务1 建立表格 ……………………………… (68)
3.4.2 任务2 编辑表格 ……………………………… (70)
3.4.3 任务3 格式化表格 ……………………………… (71)
3.5 案例5 长文档编辑 ……………………………… (72)
3.5.1 任务1 设置主题效果 ……………………………… (72)
3.5.2 任务2 制作封面 ……………………………… (72)

3.5.3 任务3 分隔符的使用 …… (73)
3.5.4 任务4 自动生成目录 …… (75)
3.5.5 任务5 添加页眉和页脚 …… (76)
3.5.6 任务6 添加脚注和尾注 …… (78)
3.6 案例6 邮件合并 …… (79)
课后习题 …… (84)

第4章 表格处理软件 Excel …… (87)
4.1 案例1 制作学生成绩表 …… (87)
4.1.1 任务1 熟悉 Excel 2016 的工作环境 …… (87)
4.1.2 任务2 掌握 Excel 2016 的基本操作 …… (89)
4.1.3 任务3 输入与编辑工作表数据 …… (91)
4.1.4 任务4 验证数据 …… (95)
4.2 案例2 格式化学生成绩表 …… (99)
4.2.1 任务1 格式化单元格 …… (99)
4.2.2 任务2 使用条件格式 …… (102)
4.2.3 任务3 打印工作表 …… (104)
4.3 案例3 统计分析学生成绩表 …… (107)
4.3.1 任务1 了解常用公式 …… (107)
4.3.2 任务2 统计分析学生成绩表 …… (110)
4.4 案例4 管理学生成绩表 …… (115)
4.4.1 任务1 排序 …… (115)
4.4.2 任务2 筛选 …… (116)
4.4.3 任务3 数据库函数 …… (119)
4.4.4 任务4 分类汇总与数据透视表 …… (122)
4.4.5 任务5 图表 …… (127)
4.4.6 任务6 迷你图 …… (131)
课后习题 …… (134)

第5章 演示文稿制作软件 PowerPoint …… (136)
5.1 案例1 创建“节能减排”演示文稿 …… (136)
5.1.1 PowerPoint 2016 工作界面 …… (136)
5.1.2 任务1 掌握演示文稿的创建方法 …… (137)
5.1.3 任务2 利用“开始”选项卡编辑幻灯片 …… (140)
5.2 案例2 整体设计“节能减排”演示文稿 …… (142)
5.2.1 任务1 设置幻灯片的主题、大小 …… (142)
5.2.2 任务2 为演示文稿选择合适的视图 …… (143)
5.2.3 任务3 使用母版视图设置幻灯片 …… (145)
5.3 案例3 为演示文稿添加各类对象 …… (147)

5.3.1 任务1 幻灯片中添加静态对象 …… (147)
5.3.2 任务2 幻灯片添加超链接和页脚 …… (148)
5.3.3 任务3 幻灯片添加音频和视频 …… (150)
5.4 案例4 为演示文稿设置动态效果 …… (151)
5.4.1 任务1 为幻灯片对象添加动画 …… (151)
5.4.2 任务2 设置幻灯片切换效果 …… (153)
5.5 案例5 演示文稿放映设置 …… (154)
5.5.1 任务1 设置幻灯片放映方案 …… (154)
5.5.2 任务2 设置幻灯片排练计时 …… (155)
5.6 案例6 演示文稿的导出和打包 …… (157)
课后习题 …… (157)

第6章 计算机网络基础 …… (160)
6.1 计算机网络概述 …… (160)
6.1.1 计算机网络的发展 …… (160)
6.1.2 计算机网络的定义和组成 …… (161)
6.1.3 计算机网络的功能 …… (162)
6.1.4 计算机网络的分类 …… (162)
6.1.5 计算机网络的应用 …… (163)
6.2 Internet 基础 …… (164)
6.2.1 Internet 基础知识 …… (164)
6.2.2 TCP/IP …… (165)
6.2.3 IP 地址与域名 …… (165)
6.3 Internet 接入方式 …… (168)
6.3.1 常见网络连接方式 …… (168)
6.3.2 常用网络连接硬件设备 …… (171)
6.4 Internet 应用 …… (173)
6.4.1 WWW 服务 …… (173)
6.4.2 信息浏览与检索 …… (174)
6.4.3 文件上传与下载 …… (174)
6.4.4 收发电子邮件 …… (175)
6.4.5 即时通信 …… (176)
6.5 网络安全 …… (176)
6.5.1 网络安全概述 …… (176)
6.5.2 网络病毒和网络攻击 …… (177)
6.5.3 网络安全防护 …… (180)
6.5.4 网络道德与法规 …… (185)
课后习题 …… (185)

第 1 章　计算机基础概述

计算机（又称电脑），是20世纪最伟大的科学技术发明之一，它对人类社会的生产和生活都产生了极其深刻的影响。自1946年世界上第一台电子计算机问世以来，计算机的生产、研究和应用一直都以非常迅猛的速度发展。现在，计算机的应用已经渗透到人类生产和生活的各个领域中。

计算机是一种能快速高效地完成信息和知识数字化的电子设备，它能按照人们预先编制的程序对输入的原始数据进行加工处理、存储或传送，并获得所期望的有用的信息。

1.1　计算机的诞生与发展

1.1.1　计算机的诞生

计算机的发明凝聚了众多杰出人才的毕生心血，闪烁着无数科学精英的思想火花。美国科学家艾肯、英国科学家图灵和美籍匈牙利科学家冯·诺依曼等杰出科学家对计算机的设计和制造做了大量有意义的工作，为20世纪40年代世界上第一台具有真正意义的电子计算机的诞生打下了基础。

1.1.2　计算机的发展

1946年第一台电子计算机ENIAC（图1.1）在美国宾夕法尼亚大学诞生，该计算机占地面积150 m^2，总质量30 t，使用了18 000只电子管、6 000个开关、7 000只电阻、10 000只电容、50万条线，耗电量140 kW/h，可进行每秒5 000次加法运算。

计算机的发展已经经历了四代，见表1.1。

图 1.1　世界上第一台电子计算机

表 1.1　计算机的发展历程

内　容	第一代 (1946—1957 年)	第二代 (1958—1964 年)	第三代 (1965—1970 年)	第四代 (1970 年以后)
电子元件	电子管	晶体管	集成电路	大规模和超大规模集成电路
存储器	延迟线、磁鼓	磁心	半导体	半导体
软件	机器语言、汇编语言	操作系统、高级程序语言(如 FORTRAN、COBOL)	分时操作系统、BASIC、网络软件	网络管理、数据结构化、数据库
应用	科学计算	科学计算、数据处理、实时控制	系统模拟、系统设计	社会的方方面面

1.1.3　计算机的分类与应用领域

1)计算机的分类

计算机的分类方式有很多种,计算机按处理的信号特点可分为数字式计算机和模拟式计算机;按用途可分为通用计算机和专用计算机;按规模可分为巨型机、大型机、中型机、小型机和微型机。

2)计算机的应用领域

随着计算机技术的发展,计算机的应用已渗透到国民经济的各个领域,正在改变着人们的生产、生活方式。

- 科学计算:利用计算机来完成科学研究和工程技术中遇到的数学问题。它与理论研究、科学实验一起成为当代科学研究的 3 种主要方法,具体应用包括工程轨迹计算、桥梁应力计算、物质结构分析、模拟经济模型、地质勘探、地震测报、天气预报等。
- 数据处理:利用计算机对各种数据进行收集、存储、整理、分类、统计、加工、利用、传播等一系列操作，如报表加工、数据检索、工资计算、市场预测等。

- 过程控制：也称实时控制，是计算机及时采集检测数据，按最佳值迅速地对控制对象进行自动控制和自动调节，如人造卫星和宇宙飞船的飞行过程控制、炼钢过程的自动控制以及生产过程中诸如电压、温度、位置等各种各样的控制，甚至家用电器也可以用计算机来控制，这是人类生产、生活的一大进步。
- 人工智能：使计算机能模拟人类的感知、推理、学习和理解等某些智能行为，实现自然语言理解与生成、定理机器证明、自动程序设计等。人工智能的应用领域主要包括语言识别、模式识别、专家系统和机器人等，如计算机辅助诊断系统，模拟医生看病，开出药方等。
- 计算机辅助系统：利用计算机辅助完成不同任务的系统的总称，包括计算机辅助设计（CAD）、计算机辅助制造（CAM）、计算机辅助测试（CAT）、计算机辅助教学（CAI）等。
- 网络通信：利用网络通信技术，将不同地理位置的计算机互联，可以实现世界范围内的信息资源共享，并能交互式地交流信息，实现数据检索、文件传输、信息共享、电子邮件、电子商务、网上电话、网上医院、远程教育、网上娱乐休闲、社区聊天等。
- 办公自动化：用计算机帮助办公室人员处理日常工作。例如，用计算机进行文字处理、数据处理、资料管理和图形处理等。它既属于信息处理的范围，又是计算机应用的一个较独立的领域。

1.2 计算机的工作原理

1.2.1 冯·诺依曼计算机体系结构

冯·诺依曼型计算机是将程序和数据事先存放在外存储器中，在执行时将程序和数据先从外存调入内存中，然后使计算机在工作时自动地从内存中取出指令并加以执行，这就是存储程序概念的基本原理。

冯·诺依曼计算机体系结构的主要特点：

- 采用二进制形式表示程序和数据。
- 由运算器、控制器、存储器、输入设备和输出设备五大部分组成。
- 程序和数据以二进制形式存放在存储器中。
- 控制器根据存放在存储器中的指令（程序）工作。

1.2.2 计算机指令和指令系统

指令：计算机执行特定操作的命令，是程序设计的最小语言单位。

指令构成：操作码+地址码（操作码和操作数）。

指令系统：一台计算机所能执行的全部指令的集合。不同型号的计算机有不同的指令系统。它反映了计算机的处理能力。

执行指令可分为以下 4 个步骤:

①取指令:按照计数器中的地址从内存中取出指令,并送往指令寄存器,然后计数器 PC 自动加 1 指向下一指令地址。

②分析指令:对指令寄存器中存放的指令进行分析,由译码器对操作码进行译码,由地址码确定操作数地址。

③执行指令:取出操作数,去完成该指令所要求的操作。例如,执行加法指令,取内存单元的值和累加器的值相加,结果还是放在累加器中。

④一条指令执行完成,再回到①取指令阶段开始下一指令的执行。

1.2.3 计算机的工作过程

计算机的工作过程如图 1.2 所示,具体如下:

①将程序和数据通过输入设备送入存储器。

②启动运行后,计算机从存储器中取出程序指令送到控制器去识别,分析该指令要做什么事。

③控制器根据指令的含义发出相应的命令,如加法、减法,将存储单元中存放的操作数据取出送往运算器进行运算,再把运算结果送回存储器指定的单元中。

④当运算任务完成后,可以根据指令将结果通过输出设备输出。

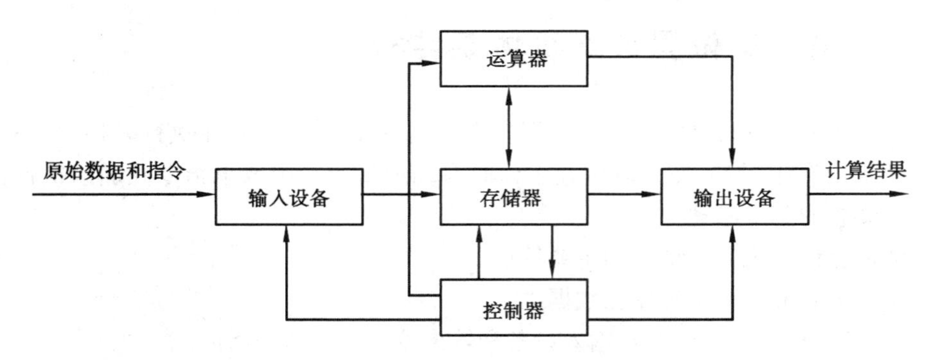

图 1.2　计算机的工作过程

1.3 计算机系统的组成

一个完整的计算机系统由硬件系统和软件系统组成。

1.3.1　计算机硬件系统

硬件系统由运算器、控制器、存储器、输入设备、输出设备五部分组成。

CPU:运算器、寄存器和控制器。

CPU 的主要性能指标:

- 主频/外频(主频=外频×倍频,即 CPU 工作频率)。
- 数据总线宽度(即字长,指 CPU 传输数据的位数)。
- 地址总线宽度(决定了 CPU 可访问的地址空间)。
- 工作电压(低电压可减少 CPU 过热,降低功耗)。
- 高速缓存(加速 CPU 与其他设备间数据交换)。
- 运算速度(CPU 每秒能处理的指令数)。

1)运算器

运算器是完成算术和逻辑运算的部件,又称算术和逻辑运算单元。计算机所完成的全部运算都是在运算器中进行的。运算器的核心部件:运算逻辑部件和寄存器部件。

2)控制器

控制器负责从存储器中取出指令,并对指令进行译码,根据指令译码的结果,按指令先后顺序,负责向其他各部件发出控制信号,保证各部件协调一致地完成各种操作。

3)存储器

存储器是用来存储程序和数据的记忆装置,是计算机中各种信息的存储和交流中心。要实现存储程序,计算机中必须有存储信息的部件即存储器。存储器的主要功能是保存信息。它的作用类似于一台录音机。使用时可以取出原记录内容而不破坏其信息,这种取数操作称为存储器的“读”;也可以把原来保存的内容抹去,重新记录新的内容,这种存数操作称为存储器的“写”。按照存储器相对于主机位置的不同,存储器又分为内存储器和外存储器两大类。

(1)内存储器

在计算机内部设有一个存储器,简称内存。内存由主存储器和高速缓冲存储器(Cache)组成。计算机运算之前,程序和数据通过输入设备送入内存,运算开始后,内存不仅要为其他部件提供必需的信息,也要保存运算的中间结果及最后结果,总之它要和各个部件直接打交道,进行数据传送。因此为了提高计算机的运算速度,要求内存能进行快速存数和取数操作。

内存通常由半导体制成,按照工作方式的不同,又分为随机存储器(Random Access Memory,RAM)和只读存储器(Read Only Memory,ROM),两者的主要区别见表 1.2。

表 1.2　随机存储器和只读存储器的区别

名称	特　点	用　途	类　型
RAM	可随时读写数据，读数据时不损坏内容，写数据时会修改、覆盖原有的内容，断电后信息丢失	存放当前正在执行的程序和数据，作为 I/O 数据缓冲存储器，作为临时存放系统配置参数和高级芯片状态参数的存储器	SRAM：静态随机存储器； DRAM：动态随机存储器
ROM	只能读出数据，不能写入数据，内容由制造商写入，断电后信息不会丢失	存放各种固化的系统软件，如 ROM BIOS、监控程序等	掩膜 ROM； 可编程只读存储器 PROM； 可擦除可编程只读存储器 EPROM； 电擦除可编程只读存储器 E^2PROM

CPU 的运算速度比内存和硬盘的存取速度要快得多，所以在存取数据时会有 CPU 等待数据的情况发生，这必然影响计算机的运行速度。因而引入了 Cache 来解决这个矛盾，它是通过特殊的电路设计来得到与 CPU 的运算速度相同的存取速度，但是代价是要花费较大的制造成本，因此 Cache 的容量一般较小。Cache 中存放的数据是基于一定的统计规律，即系统根据相关的计算方法自动统计内存中哪些数据可能会被频繁地使用，就把这些数据预先存放在 Cache 中，当 CPU 要访问这些数据时，就会先到 Cache 这个容量较小、存取速度很快的存储器中去找，从而提高计算机的整体运行速度。如图 1.3 所示为各种类型存储器与 CPU 的关系。

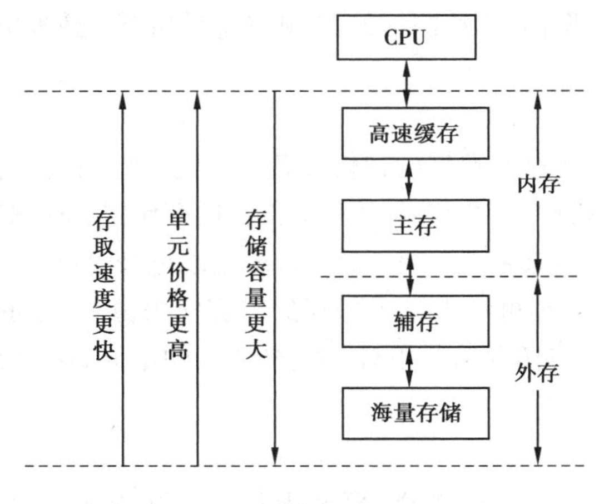

图 1.3　存储体系

（2）外存储器

由于价格和技术方面的原因，内存的存储容量受到限制。为了存储大量的信息，就需要采用价格便宜的辅助存储器。它们设置在主机外部，又称外存。常用的外存储器有磁带存储器、磁盘存储器、光盘存储器等。磁盘存储器又分为软磁盘存储器（简称“软盘”，已淘汰）和硬磁盘存储器（简称“硬盘”）。

外存用来存放“暂时不用”的程序或数据。外存容量要比内存大得多，但它存取信息的速度比内存慢。通常外存只和内存交换数据，不直接与计算机内的其他部件交换数据，存取时不是按单个数据进行，而是以成批数据进行交换。

外存与内存有许多不同之处：一是外存不怕停电，磁盘上的信息可保持数年之久；二是外存的容量不像内存那样受多种限制，可以很大；三是外存价格更便宜。

1.3.2　计算机软件系统

软件系统是指程序、程序运行所需要的数据以及开发、使用和维护这些程序所需要的文档的集合。计算机的软件相当丰富，通常将软件分为系统软件和应用软件两大类。

1）系统软件

系统软件是指管理、控制、监视、维护计算机系统正常运行的各类程序的集合，是用户与计算机间联系的桥梁。通常系统软件包括操作系统、程序设计语言、语言处理程序、各种服务程序和数据库管理系统等。

（1）操作系统

操作系统是一组控制和管理计算机软硬件资源，方便用户使用计算机的程序的集合。其主要功能是进行 CPU 管理、存储管理（内存管理）、文件管理、设备管理和作业管理（即用户程序调度管理）等。因此，操作系统为用户提供了使用计算机的接口，同时，使计算机系统的资源也能得到有效的利用。

操作系统是最基本的软件系统，现代计算机系统不能没有操作系统，其功能在很大程度上直接决定了整个计算机系统的性能。

目前，典型的操作系统有 DOS、Windows、UNIX、Linux、Mac OS、Android 等。

（2）程序设计语言

程序设计语言分为低级语言和高级语言，低级语言有机器语言和汇编语言两种，只有机器语言能被计算机直接识别、执行，因此又称为目标语言；用高级语言编写的程序，通常称为源程序或源代码。

- 机器语言　用二进制代码指令表达的、能被计算机直接识别处理的计算机编程语言称为机器语言。
- 汇编语言　用一组能反映指令功能的助记符（缩写的英文符号）来表达的计算机编程语言称为汇编语言。汇编语言是符号化的机器语言，是机器语言的进一步发展。
- 高级语言　高级语言是不依赖于具体计算机指令系统（不依赖于具体计算机类型）的语言，它是直接使用人们习惯的、易于理解的英文字母、数字、符号来表达的计算机编程语言。用高级语言编写的程序简洁、易修改，且具有通用性，编程效率高。常见的高级语言有 Java 语言、Python 语言、C 语言、C++语言、PHP 语言等。

编译程序有两种执行方式，一种是解释方式，一种是编译方式，如图 1.4 所示。

解释方式是事先设计好一个能识别解释高级语言源程序的解释程序（称为解释程序的语言处理程序）存储在计算机中，当高级语言源程序输入计算机后，解释程序便逐句翻译、解释，翻译一句，执行一句，直至计算结束。

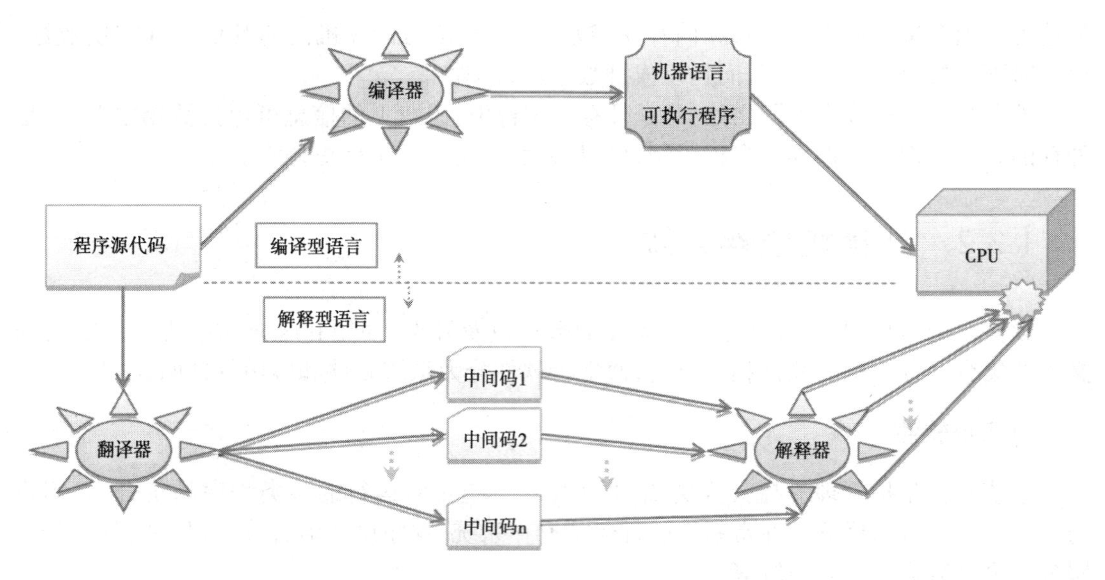

图 1.4　计算机程序的编译和翻译

编译方式则是把源程序全部翻译后，产生一个等价的目标程序再去执行。用高级语言设计程序，必须告诉计算机每一步“怎么做”，计算机才能按照程序规定的步骤完成相应操作。近年来，又出现了面向对象的程序设计语言，用这种语言设计程序，人们只需告诉计算机“做什么”，计算机就会自动完成相应的操作。

(3)服务程序

服务程序是专门对系统的维护及使用进行服务的一些专用程序。常用的服务程序有：系统设置程序、工具软件（软件测试工具、结构化流程图绘图程序、病毒检查工具）、诊断程序（维修计算机硬件）、纠错程序（DEBUG）等。

(4)数据库系统

数据库系统是20世纪60年代末产生并发展起来的，主要用于解决数据处理的非数值计算问题，广泛应用于档案管理、财务管理、图书资料管理、成绩管理及仓库管理等各类数据处理。数据库系统由数据库（DB）、数据库管理系统（DBMS）、数据库应用软件、数据库管理员和硬件等组成。

目前，常用的数据库管理系统有 AliSQL、MySQL、SQL Server、Oracle 等。

利用数据库管理系统的功能，设计、开发符合自己需求的数据库应用软件，是目前计算机应用最为广泛并且发展最快的领域之一。

2)应用软件

应用软件是指用户在各自的业务领域中开发和使用的解决各种实际问题的程序集合。因此，应用软件是面向应用领域、用户的软件。随着计算机性能的提高、Internet 网络的迅速发展，应用软件越来越丰富。

目前，流行的应用软件有以下几类：

办公自动化软件：如 Microsoft Office（包括 Word、Excel、PowerPoint、Access 等）、金山

WPS 等。

动画制作软件:如 3DS Max、Maya 等。

图形图像处理软件:如 AutoCAD、PhotoShop、CorelDRAW 等。

网页制作软件:如 FrontPage、Dreamweaver 等。

多媒体制作软件:如 Premiere、Director 等。

Internet 服务软件:如 WWW 浏览器、电子邮件工具、文件传输工具等。

此外,还有为财务管理、工资管理、人事管理、学籍档案管理、辅助教学、娱乐活动等开发的各种专用软件。

1.3.3　计算机的主要性能指标

计算机主要性能指标包括 CPU 主频、字长、运算速度、内存容量、内存存取速度及 I/O 速度。

- CPU 的主频　主频越高,单位时间内完成的指令数也越多,CPU 工作的速度也就越快。
- 字长　字长越长,计算机一次所能处理信息的位数就越多,表现为计算机的运算速度越快。
- 运算速度　它是一项综合性的性能指标,是指计算机每秒钟执行的指令数,单位是 MIPS,即每秒百万条指令。
- 内存容量　内存容量越大,一次读入的程序、数据就越多,计算机的运行速度也就越快。
- 内存存取速度　它是指内存连续启动两次独立的“读”或“写”操作所需的时间。
- I/O 速度　它是指 CPU 与外部设备进行数据交换的速度。目前系统性能的瓶颈越来越多地体现在 I/O 速度上。

1.4　计算机中的数制

1.4.1　进位计数制

进位计数制就是将一组固定的数字符号按序排列成数位,并遵照一套统一的规则由低位向高位进位的计数方式来表示数值的方法。其实,进位计数制只是一种计数方法,人们习惯上使用的十进位计数制由 10 个数字符号(0、1、2、3、4、5、6、7、8、9)组成,进位的规则是“逢十进一”。在一个数中,相同的数字符号在不同的数位上表示不同的数值。例如,十进制数“333.33”,从高位到低位,每个数字符号“3”分别表示 300、30、3、3/10、3/100,即这个十进制数可表示为:

$$333.33=3\times10^{2}+3\times10^{1}+3\times10^{0}+3\times10^{-1}+3\times10^{-2}=300+30+3+3/10+3/100$$

在一种数制中，所用数字符号的个数称为该数制的“基数”。每位数字符号所表示的数值等于该数字符号值乘以该位的“位权”（简称“权”），权是以基数为底，以数字符号所处位置为指数的整数次幂。例如，上面十进制数的基数是 10，从高位到低位的权分别是 10^2、10^1、10^0、10^{-1}、10^{-2}。

十进制数是人们非常熟悉的，除此以外还可以使用其他进位计数制。

二进制数的特点：逢二进一，基数为 2，即每一数位上可使用 0、1 两个字符。例如：

$(1011)_2=1\times2^3+0\times2^2+1\times2^1+1\times2^0=(11)_{10}$

八进制数的特点：逢八进一，基数为 8，即每一数位上可使用 0、1、2、3、4、5、6、7 这 8 个字符。例如：

$(1011)_8=1\times8^3+0\times8^2+1\times8^1+1\times8^0=(521)_{10}$

十六进制数的特点：逢十六进一，基数为 16，即每一数位上可使用 0、1、2、3、4、5、6、7、8、9、A、B、C、D、E、F 这 16 个字符，其中 A、B、C、D、E、F 分别表示十进制数的 10、11、12、13、14、15。例如：

$(1011)_{16}=1\times16^3+0\times16^2+1\times16^1+1\times16^0=(4113)_{10}$

同理 $(B1D)_{16}=11\times16^2+1\times16^1+13\times16^0=(2845)_{10}$

1.4.2 数制的相互转换

计算机中的数据、信息都是以二进制形式表示的，而人们习惯用十进制数来表示数据，所以需要掌握二进制、十进制、十六进制数之间的相互转换。

1）二进制与十进制相互转换

十进制→二进制的方法：整数部分，“除以 2、取余”；小数部分，“乘以 2、取整”。

二进制→十进制的方法：按权展开、求和。例如：

$(1010110)_2=1\times2^6+0\times2^5+1\times2^4+0\times2^3+1\times2^2+1\times2^1+0\times2^0=(86)_{10}$

2）二进制、八进制、十六进制间的相互转换

（1）二进制 → 八进制

整数部分，从低位到高位，每三位为一组，不足三位用 0 补足；小数部分，从高位到低位，每三位为一组，不足三位用 0 补足，然后将每一组中不为 0 的位所对应的权值相加，即得对应的八进制数。

例如：$(11010101.11001)_2$

011，010，101.110，010

↓ ↓ ↓ ↓ ↓

3 2 5 6 2

即 $(11010101.11001)_2=(325.62)_8$

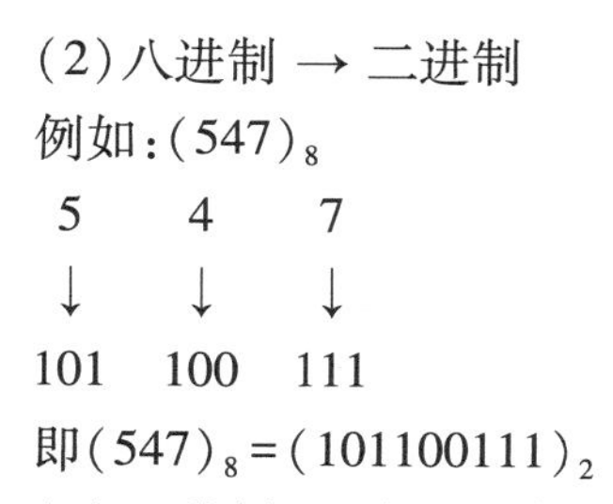

(2)八进制 → 二进制

例如:$(547)_8$

5　　4　　7

↓　　↓　　↓

101　100　111

即$(547)_8=(101100111)_2$

(3)二进制 → 十六进制

整数部分,从低位到高位,每四位为一组,不足四位用0补足;小数部分,从高位到低位,每四位为一组,不足四位用0补足,然后将每一组中不为0的位所对应的权值相加,即得对应的十六进制数。

例如:$(11010101.0111)_2$

1101　0101.　0111

↓　　↓　　↓

D　　5　　7

即$(11010101.0111)_2=(D5.7)_{16}$

(4)十六进制 → 二进制

例如:$(A6E.B)_{16}$

A　　6　　E.　　B

↓　　↓　　↓　　↓

1010　0110　1110　1011

即$(A6E.B)_{16}=(101001101110.1011)_2$

注:在计算机领域常用的计数制有二进制、八进制、十进制、十六进制,而在计算机内部则采用二进制。

1.5　计算机中的信息表示

1.5.1　数值、字符在计算机中的表示

1)机器数

机器数的两个特点:机器数的位数固定;机器数的正数用“0”表示,负数用“1”表示。八位机器数的表示如图1.5所示。

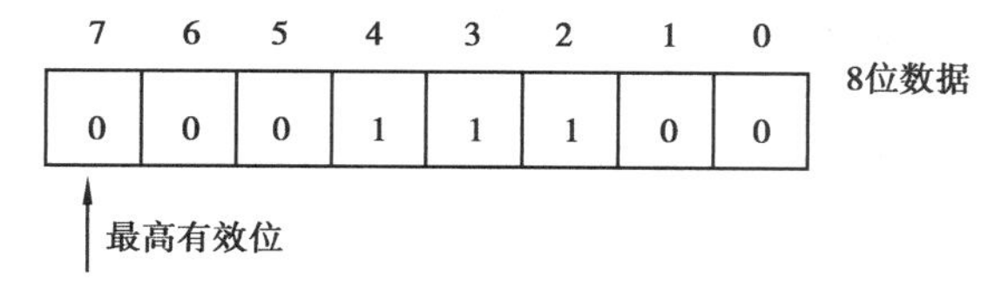

图1.5　八位机器数

2）ASCII 码

英文字母、数字或其他字符都是计算机中常用的数据，这些数据也必须用统一的二进制数 0、1 的编码来表示才能被计算机接受。目前，计算机使用的标准编码是 ASCII 编码。ASCII 码是由美国国家标准委员会制订的“美国标准信息交换代码”，它使用一个字节的低 7 位（高位为 0）来表示一个字符，共能表示 128 种国际上通用的英文字母、数字和符号，如图 1.6 所示。

二进制	十进制	十六进制	字符	二进制	十进制	十六进制	字符	二进制	十进制	十六进制	字符
00100000	32	20	（空格）(sp)	01000000	64	40	@	01100000	96	60	`
00100001	33	21	!	01000001	65	41	A	01100001	97	61	a
00100010	34	22	"	01000010	66	42	B	01100010	98	62	b
00100011	35	23	#	01000011	67	43	C	01100011	99	63	c
00100100	36	24	$	01000100	68	44	D	01100100	100	64	d
00100101	37	25	%	01000101	69	45	E	01100101	101	65	e
00100110	38	26	&	01000110	70	46	F	01100110	102	66	f
00100111	39	27	'	01000111	71	47	G	01100111	103	67	g
00101000	40	28	(	01001000	72	48	H	01101000	104	68	h
00101001	41	29	)	01001001	73	49	I	01101001	105	69	i
00101010	42	2A	*	01001010	74	4A	J	01101010	106	6A	j
00101011	43	2B	+	01001011	75	4B	K	01101011	107	6B	k
00101100	44	2C	,	01001100	76	4C	L	01101100	108	6C	l
00101101	45	2D	-	01001101	77	4D	M	01101101	109	6D	m
00101110	46	2E	.	01001110	78	4E	N	01101110	110	6E	n
00101111	47	2F	/	01001111	79	4F	O	01101111	111	6F	o
00110000	48	30	0	01010000	80	50	P	01110000	112	70	p
00110001	49	31	1	01010001	81	51	Q	01110001	113	71	q
00110010	50	32	2	01010010	82	52	R	01110010	114	72	r
00110011	51	33	3	01010011	83	53	S	01110011	115	73	s
00110100	52	34	4	01010100	84	54	T	01110100	116	74	t
00110101	53	35	5	01010101	85	55	U	01110101	117	75	u
00110110	54	36	6	01010110	86	56	V	01110110	118	76	v
00110111	55	37	7	01010111	87	57	W	01110111	119	77	w
00111000	56	38	8	01011000	88	58	X	01111000	120	78	x
00111001	57	39	9	01011001	89	59	Y	01111001	121	79	y
00111010	58	3A	:	01011010	90	5A	Z	01111010	122	7A	z
00111011	59	3B	;	01011011	91	5B	[	01111011	123	7B	{
00111100	60	3C	<	01011100	92	5C	\	01111100	124	7C	|
00111101	61	3D	=	01011101	93	5D	]	01111101	125	7D	}
00111110	62	3E	>	01011110	94	5E	^	01111110	126	7E	~
00111111	63	3F	?	01011111	95	5F	_				

图 1.6 ASCII 码

例如，字符“A”的二进制编码是“01000001”，也就是 41H 或 65D；字符“#”的二进制编码是“00100011”。

ASCII 码分为基本 ASCII 码和扩展 ASCII 码。

(1)基本 ASCII 码

基本 ASCII 码用最高位为 0 的 8 位二进制数进行编码。基本 ASCII 码可以表示 128 个字符(0~127)。

数字 0~9 对应的 ASCII 码转换为十进制:48~57。

A~Z 对应的 ASCII 码转换为十进制:65~90。

a~z 对应的 ASCII 码转换为十进制:97~122。

空格对应的 ASCII 码转换为十进制:32。

ASCII 码字符大小的排列规则:控制字符 < 数字 < 大写字母 < 小写字母 < 汉字。

(2)扩展 ASCII 码

扩展 ASCII 码字符集用最高位为 1 的 8 位二进制数进行编码。扩展 ASCII 码也包括 128 个字符(128~255)。

1.5.2　汉字编码

为了适应计算机汉字信息处理的需要,1981 年,我国颁布了《国家标准信息交换用汉字编码字符集》(GB 2312—80)。该字符集中选出了 6 763 个常用汉字,再加上 682 个汉语拼音字母、数字以及其他符号,并为这些汉字符号分配了标准代码,称为汉字交换码或国标码。

国标码规定每个汉字符号用两个字节表示,如汉字“啊”的国标码为(0011 0000)$_2$、(0010 0001)$_2$,即十六进制 30H、21H。为了与英文字符相区别,将国标码的每个字节的最高位设置为 1,得到对应汉字符号的内码,如汉字“啊”的内码为(1011 0000)$_2$、(1010 0001)$_2$,即十六进制 B0H、A1H。这样,当计算机处理字符时,若遇到最高位为 1 的字节时,便将该字节与其后续的、最高位也为 1 的字节一起看作汉字编码;若遇到最高位为 0 的字节时,则将该字节看作一个英文字符的 ASCII 编码。这就在计算机中实现了英文与汉字的共存与区分。

《国家标准信息交换用汉字编码字符集》中的汉字和图形符号根据其位置分别放在 94 个“区”中: 01—10 区存放各种图形符号、制表符;11—15 区为用户自定义区;16—55 区存放一级汉字;56—87 区存放二级汉字;88—94 区存放扩充汉字。

汉字内码:又称汉字机内码,也称汉字存储码,它使各种不同的汉字外码在计算机内部有了统一的表示。

区位码和国标码的关系如图 1.7 所示。

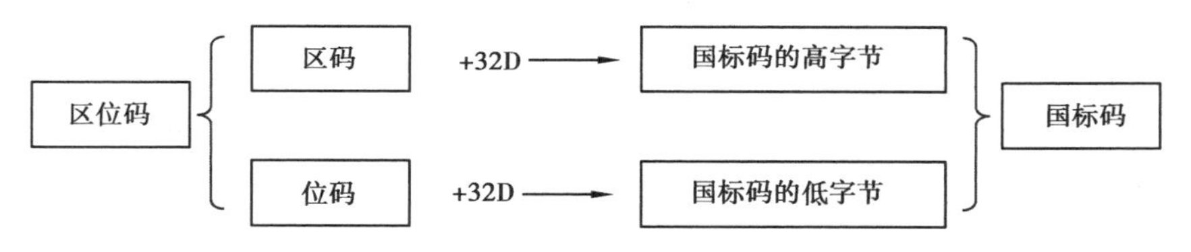

图 1.7　区位码和国标码的关系

汉字字形码：通常有 16×16、24×24、64×64 等网状方阵（或称位阵），将每一个方格用一个二进制位（0 或 1）来表示。汉字的点阵可用字节表示，如 16×16 的点阵用字节表示为 16×16/8＝32 个字节。

汉字在计算机中的显示过程如图 1.8 所示。

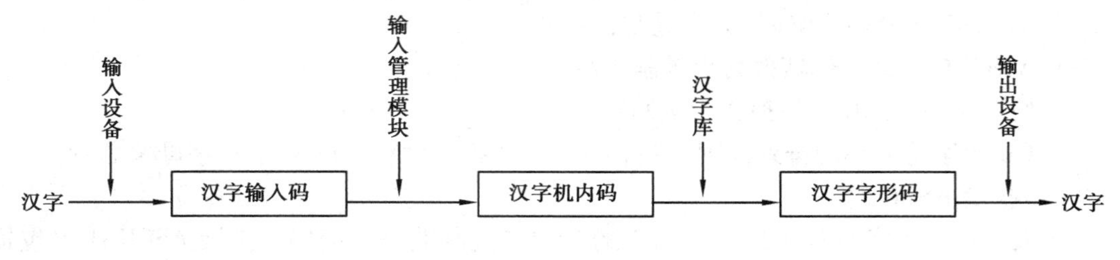

图 1.8　汉字的显示

汉字的显示常采用 16×16 点阵、打印常采用 24×24 点阵、印刷常采用 128×128 点阵。

存放在磁盘上的汉字库为软字库；存放在存储芯片中的汉字库为硬字库（也称汉卡）。

汉字显示输出有 3 种方式：图形显示方式、字符显示方式和直接写屏方式。

1.5.3　计算机中信息的存储单位

①位（bit）：二进制数中的一位称为二进制位，它是计算机中信息的基本单位，也是最小存储单位。

②字节（Byte，B）：8 个二进制位称为一个字节，它是计算机中信息的常用存储单位。一个字节的范围为 00000000～11111111，可以表示 $2^8=256$ 种状态。

1 KB（千字节）＝1 024 B＝2^{10}Byte

1 MB（兆字节）＝1 024 KB＝2^{20}Byte

1 GB（吉字节）＝1 024 MB＝2^{30}Byte

1 TB（太字节）＝1 024 GB＝2^{40}Byte

课后习题

一、单项选择题

1.一个完整的计算机系统包括(　　)。

A.主机、键盘和显示器　　B.系统软件与应用软件

C.运算器、控制器和存储器　　D.硬件系统与软件系统

2.计算机能直接执行的程序是(　　)。

A.汇编语言程序　　B.源程序

C.机器语言程序　　D.高级语言程序

3.通常说的 1 KB 是指(　　)。

A.1 000 个字节　　B.1 024 个字节　　C.1 000 个位　　D.1 024 个位

4.下列一组数中,最小的数是(　　)。

A.$(11011001)_2$　　B.$(1111111)_2$　　C.$(75)_{10}$　　D.$(40)_{16}$

5.十进制数58对应的二进制数是(　　)。

A.111001　　B.111010　　C.000111　　D.011001

6.已知字母"F"的ASCII码是46H,则字母"f"的ASCII码是(　　)。

A.66H　　B.26H　　C.98H　　D.34H

7."32位微机"中的"32"指的是(　　)。

A.微机型号　　B.内存容量　　C.机器字长　　D.存储单元

8.运算器的主要功能是(　　)。

A.算术运算　　B.逻辑运算

C.算术运算和逻辑运算　　D.函数运算

9.用高级语言编写的程序称为(　　)。

A.编译程序　　B.源程序　　C.编辑程序　　D.可执行程序

10.ROM是(　　)。

A.随机存储器　　B.只读存储器

C.顺序存储器　　D.高速缓冲存储器

11.断电后使数据丢失的存储器是(　　)。

A.RAM　　B.ROM　　C.硬盘　　D.软盘

12.下列描述中,正确的是(　　)。

A.CPU可以直接执行外部存储器中的数据

B.RAM是外部设备,不能直接与CPU交换信息

C.外部存储器中的程序,只有调入内存后才能运行

D.硬盘是属于主机的部件

13.鼠标是计算机中的(　　)。

A.运算设备　　B.输入设备　　C.输出设备　　D.控制设备

14.下列不属于操作系统软件的是(　　)。

A.MSDOS　　B.IE5.0　　C.Windows　　D.Android

15.某学校的学生成绩管理程序属于(　　)。

A.系统软件　　B.应用软件　　C.文字处理软件　　D.工具软件

16.微机系统中常用CD-ROM作为外部存储器,CD-ROM是指(　　)。

A.只读存储器　　B.只读硬盘　　C.只读大容量软盘　　D.只读光盘

17.在一个非零的二进制整数右边加两个零,则新数值是原数值的(　　)。

A.2倍　　B.4倍　　C.1/2　　D.1/4

18.计算机的发展经历了4代,4代计算机的主要元器件分别是(　　)。

A.电子管、晶体管、集成电路、激光器件

B.电子管、晶体管、小规模集成电路、大规模和超大规模集成电路

C.晶体管、集成电路、激光器件、光介质

D.电子管、数码管、集成电路、激光器件

19.在计算机系统中,指挥和协调计算机工作的主要设备是(　　)。

A.存储器　　B.控制器　　C.运算器　　D.寄存器

20.字长是计算机的主要性能指标之一,它表示(　　)。

A.CPU 一次能处理二进制数据的位数　　B.计算结果的有效数字长度

C.最长的十进制整数的位数　　D.最大的有效数字位数

21.下面关于存储器的叙述中,正确的是(　　)。

A.CPU 能直接访问存储在内存中的数据,也能访问存储在外存中的数据

B.CPU 不能直接访问存储在内存中的数据,能访问存储在外存中的数据

C.CPU 只能直接访问存储在内存中的数据,不能访问存储在外存中的数据

D.CPU 既不能直接访问存储在内存中的数据,也不能访问存储在外存中的数据

22.下面关于总线的叙述中,正确的是(　　)。

A.总线是连接计算机各部件的一根公共信号线

B.总线是计算机中传送信息的公共通路

C.微机的总线包括数据总线、控制总线和局部总线

D.在微机中,所有设备都可以直接连接在总线上

23.操作系统是计算机系统中最重要的(　　)之一。

A.系统软件　　B.应用软件　　C.硬件　　D.工具软件

24.下列设备中,完全属于外部设备的一组是(　　)。

A.CD-ROM 驱动器、CPU、键盘、显示器　　B.打印机、键盘、软盘驱动器、鼠标

C.内存储器、光盘驱动器、扫描器、显示器　　D.扫描仪、CPU、硬盘驱动器、显示器

25.微机系统中采用的总线通常包含 3 类,它们是(　　)。

A.逻辑总线、传输总线和通信总线　　B.地址总线、运算总线和逻辑总线

C.数据总线、地址总线和控制总线　　D.数据总线、传输总线和信号总线

26.计算机的性能主要取决于(　　)。

A.字长、运算速度和内存容量

B.硬盘容量、显示器分辨率和打印机配置

C.所配置的操作系统、语言和外部设备

D.所配置的操作系统、光驱速度和机器价格

27.下列叙述中,不正确的是(　　)。

A.高级语言编写的程序称为目标程序

B.汇编语言使用的是助记忆符

C.指令的执行是由计算机硬件实现的

D.国际常用的 ASCII 码是 7 位 ASCII 码

28.计算机中度量存储空间大小的基本单位是(　　)。

A.字　　B.字符　　C.字节　　D.位

二、填空题

1.通常把一台没有安装任何软件的计算机称为________。

2.计算机工作时专门用来存放程序和数据的部件是________。

3.标准 ASCII 码是用 7 位二进制数表示一个字符的编码，ASCII 码字符集共有________个不同的字符。

4.计算机处理的任何文件和数据都只有读入计算机的________后才能进行处理。

5.高级语言源程序有编译执行和________两种执行方式。

6.微机存储容量的常用单位是 KB、MB、GB，其中 1 KB= ________字节。

7.计算机的指令通常由操作码和________两部分组成。

8.计算机的主机由________和内存储器组成。

9.计算机中，一个英文字符占一个字节，一个汉字要占________个字节。

10.计算机中专门负责对各种信息进行加工处理的部件是________。

11.计算机的软件系统可分为系统软件和________两种类型。

三、简答题

1.计算机的应用领域主要有哪些？

2.什么是指令？指令中的操作码和操作数有何作用？

3.计算机的硬件系统主要包含哪五大部件？

4.简要说明内存储器中 RAM 和 ROM 的主要区别。

5.计算机系统中为什么要使用二进制来表示数据？

第 2 章　Windows 10 操作系统

操作系统是计算机不可缺少的一种系统软件。从第 1 章我们了解到，计算机硬件是一堆只懂机器语言的物理设备，而大部分应用软件是由高级语言编写的，用户使用的则是人类的语言，谁来帮助他们沟通呢？对于物理设备，其只有物理结构，谁来协调各物理设备的工作呢？

2.1　操作系统的概念、功能及分类

2.1.1　操作系统的概念

操作系统（Operating System，OS）是管理和控制计算机硬件与软件资源的计算机程序。它运行在“裸机”之上，是计算机最基本的系统软件，任何其他软件都必须在操作系统的支持下才能运行。操作系统是用户和计算机的接口，同时也是计算机硬件和其他软件的接口，如图 2.1 所示。

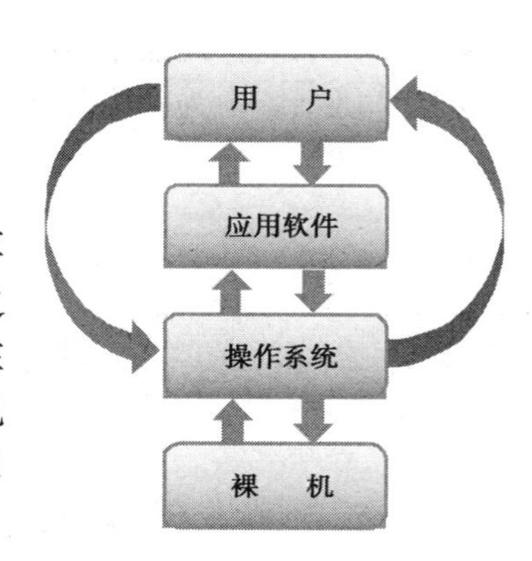

图 2.1　操作系统的位置

2.1.2　操作系统的功能

操作系统在计算机系统中扮演着一个不可或缺的角色，它管理计算机系统的硬件、软件及数据资源，控制程序运行，改善人机界面，为其他应用软件提供支持，让计算机系统所有资源最大限度地发挥作用，提供各种形式的用户界面，使用户有一个好的工作环境，为其他软件的开发提供必要的服务和相应的接口等。

操作系统的功能主要有以下几点：

• 资源管理　系统的设备资源和信息资源都是操作系统根据用户需求按一定的策略来进行分配和调度的。操作系统的存储管理就是负责把内存单元分配给需要内存的程序以便让它执行，在程序执行结束后将它占用的内存单元收回以便再使用。

• 程序控制　一个用户程序的执行自始至终都是在操作系统的控制下进行的。操作系统控制程序的执行主要有以下内容：调入相应的编译程序，将用某种程序设计语言编写

的源程序编译成计算机可执行的目标程序，分配内存等资源将程序调入内存并启动，按用户指定的要求处理执行中出现的各种事件以及与操作员联系请示有关意外事件的处理等。

- 人机交互　操作系统的人机交互功能是决定计算机系统“友善性”的一个重要因素。人机交互功能主要靠可输入输出的外部设备和相应的软件来完成。可供人机交互使用的设备主要有键盘、显示器、鼠标、各种模式识别设备等。
- 进程管理　不管是常驻程序或者应用程序，它们都以进程为标准执行单位，操作系统的职责就是将这些进程合理安排，让其能在控制器的指挥下有条不紊地运行。
- 内存管理　不管是物理内存还是虚拟内存，都不能让程序随便使用，需要操作系统合理分配和释放。
- 用户接口　操作系统作为用户与计算机的接口，承担着在用户和计算机之间进行交互和信息交换的作用，它实现信息的内部形式与人类可以接受的形式之间的转换。

2.1.3　操作系统的分类

操作系统的种类相当多，分类的方式也多种多样。按照存储器寻址宽度，可以将操作系统分为 8 位、16 位、32 位、64 位、128 位的操作系统。早期的操作系统一般只支持 8 位和 16 位存储器寻址宽度。现代的操作系统如 Linux 和 Windows 7 都支持 32 位和 64 位，而 Windows 10 在早期也是支持 32 位和 64 位的，但随着硬件的发展以及运营成本等多方面的原因，微软将停止支持 32 位 Windows 10 系统。

平时比较常见的操作系统有桌面操作系统和智能手机操作系统两大类。

1) 桌面操作系统

桌面操作系统主要用于个人计算机上。这一类操作系统现在主要分为两类，UNIX 操作系统和 Windows 操作系统。以下介绍几个常见的操作系统：

(1) UNIX 操作系统

UNIX 最早由 Ken Thompson 和 Dennis Ritchie 于 1969 年在美国 AT&T 的贝尔实验室开发出来。它是一个强大的多用户、多任务操作系统，支持多种处理器架构。之后有人用 UNIX 作为内核，继承其原始特性，并且在一定程度上遵守 POSIX 规范，从而开发出了很多类 UNIX 操作系统，该类系统在服务器系统上有很高的使用率，如院校或工程应用的工作站。

(2) Linux 操作系统

Linux 是一套免费使用和自由传播的类 UNIX 操作系统，是一个基于 POSIX 和 UNIX 的多用户、多任务、支持多线程和多 CPU 的操作系统。它能运行主要的 UNIX 工具软件、应用程序和网络协议，可安装在各种计算机硬件设备中，如手机、平板电脑、路由器、视频游戏控制台、台式计算机、大型机和超级计算机。

(3) Windows 操作系统

Microsoft Windows 是美国微软公司研发的一套操作系统，它问世于 1985 年，起初仅仅是 Microsoft-DOS 模拟环境，在后续的不断更新升级中，Windows 不但易用，也慢慢成为人们最喜爱的操作系统。

随着计算机硬件和软件的不断升级,微软的 Windows 也在不断升级,从架构的 16 位、32 位再到 64 位,系统版本从最初的 Windows 1.0 到大家熟知的 Windows 95、Windows 98、Windows ME、Windows 2000、Windows 2003、Windows XP、Windows Vista、Windows 7、Windows 8、Windows 8.1、Windows 10 和 Windows Server 服务器企业级操作系统,一直在持续更新和完善。

2)智能手机操作系统

随着手机技术以及软件技术的发展,智能手机逐渐成为人们生活中必不可少的电子设备。随之而起的手机操作系统也逐渐进入大家的视野。目前比较主流的智能手机操作系统主要有鸿蒙系统、iOS 和安卓三大类。

(1)鸿蒙系统

鸿蒙系统(Harmony OS)是华为技术有限公司于 2020 年 9 月 10 日发布的操作系统,适用于部分手机、平板电脑、汽车、智能电视等设备。对消费者而言,鸿蒙系统能够将生活场景中的各类终端进行整合,实现不同终端设备之间的快速连接、能力互助、资源共享,通过匹配合适的设备,提供流畅的全场景体验。

(2)iOS

iOS 是由苹果公司开发的移动操作系统。苹果公司最早于 2007 年 1 月 9 日的 Macworld 大会上公布这个系统,最初是设计给 iPhone 使用的,后来陆续套用到 iPod touch、iPad 以及 Apple TV 等产品上。iOS 与苹果的 Mac OS X 操作系统一样,属于类 UNIX 的商业操作系统。

(3)安卓

安卓(Android)是一种基于 Linux 的自由及开放源代码的操作系统,主要应用于移动设备,如智能手机和平板电脑,由 Google 公司和开放手机联盟开发。第一部 Android 智能手机发布于 2008 年 10 月。Android 逐渐应用到平板电脑及其他设备上,如电视、数码相机、游戏机等。

2.2 案例 1 Windows 10 基本操作

Windows 10 是由美国微软公司开发的应用于计算机和平板电脑的操作系统,于 2015 年 7 月 29 日发布正式版,Windows 10 操作系统在易用性和安全性方面有了极大的提升。

本案例将带着大家一起熟悉 Windows 10 的基本操作,包括 Windows 10 的实用新功能、启动和退出、个性化桌面设置,以及窗口和对话框的操作。

2.2.1 任务 1 Windows 10 新功能

1)屏幕截图

Windows 10 提供了新的截图方式,截图不再像以前那样受限,可以随意截取,还能截取不规则的形状，使截图更自由。

在任务栏右侧单击“通知”按钮打开操作中心，如图 2.2 所示，单击“展开”可以打开所有的功能按钮。

图 2.2　通知面板

单击“屏幕截图”，此时整个屏幕会暗下来，指针变成“+”，并且在顶端出现截图托盘，如图 2.3 所示，Windows 10 一共提供了 4 种截图方式。

图 2.3　截图托盘

(1)矩形截图

单击“矩形截图”，按住鼠标左键，从要截取的矩形区域的左上顶点开始拖动到右下顶点结束完成截图，如图 2.4 所示，亮的地方为截取的图形区域，暗的地方为未选取区域。

(2)任意形状截图

单击“任意形状截图”，按住鼠标左键拖动，鼠标的移动路径所圈起来的部分就是截取的内容，如图 2.5 所示。需要注意的是，如果鼠标的路径能构成封闭图形，则封闭图形为截取图形，如若无法构成封闭图形，会在路径的起点和终点间连接一条直线作为截取图形的边界。

图 2.4　矩形截图

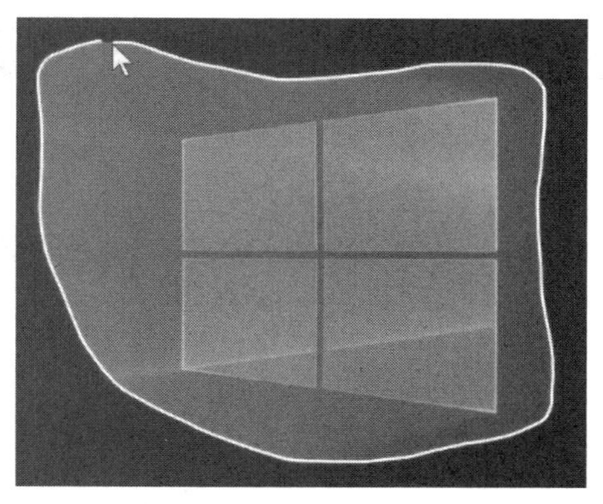

图 2.5　任意形状截图

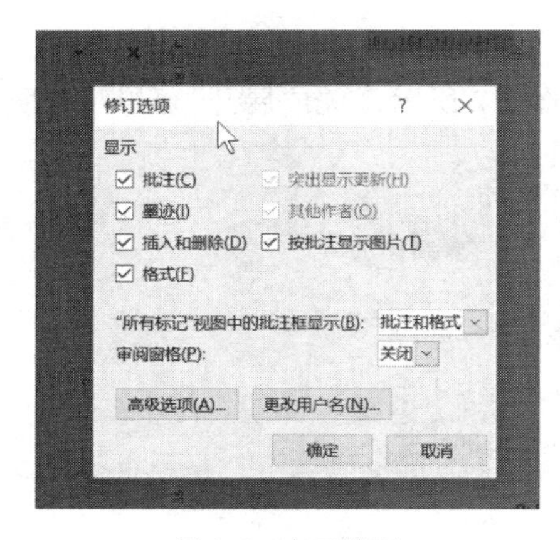

图 2.6　窗口截图

(3)窗口截图

单击"窗口截图",将鼠标指向需要截取的窗口,单击即可成功截取,如图 2.6 所示。建议将需要截取的窗口放到最前面。

(4)全屏截图

单击"全屏截图",整个屏幕就会被复制下来。被截取的图片会放入Windows系统的剪贴板中,如果要保存还需要将其粘贴到能够处理图片的软件中,如画图类软件、Word、PowerPoint 等,如果需要发送给网络中的其他人,也可以直接粘贴在聊天窗口中发送出去。

2)就近共享

Windows 10 提供的"就近共享"功能可以让用户通过蓝牙或 WLAN 与附近的设备共享文档、照片,不用连接互联网,也不再需要复杂的设置,更省去了用 U 盘拷贝的烦琐。

单击"通知"按钮打开操作中心,单击"展开"打开所有的功能按钮,单击"就近共享",如图 2.7 所示,按钮会变成绿色,同时蓝牙也会一并打开呈现绿色,如果没有自动打开可以手动点开。同时在另一台计算机上也做相同的操作。

在需要传输的文件上右击,选择"共享"命令,在弹出的共享面板中选择需要传输到的计算机,如图 2.8 所示。此时,另一台计算机会弹出"文件接收通知",如图 2.9 所示,单击"保存"会开始对文件进行接收,接收结束后,可以单击"打开文件"或者"打开所在文件夹"对已经接收的文件进行查看。

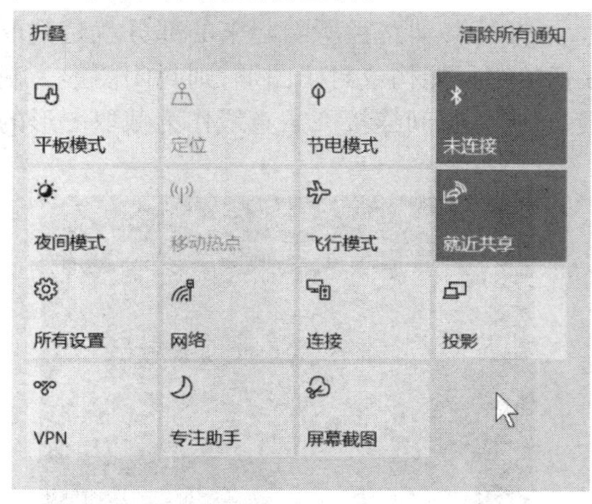

图 2.7　就近共享

图 2.8　选择要传输到的计算机

想要改变文件的保存位置,可以通过下面的设置来完成。

首先,打开"开始"菜单,选择"设置",如图 2.10 所示,在打开的窗口中选择"系统"分类。

图 2.9 接收通知

在左边的列表中选择“体验共享”，然后在右侧找到就近共享，单击“将接收的文件保存到”下面的“更改”按钮，如图 2.11 所示，在打开的窗口中选择要保存的位置即可。

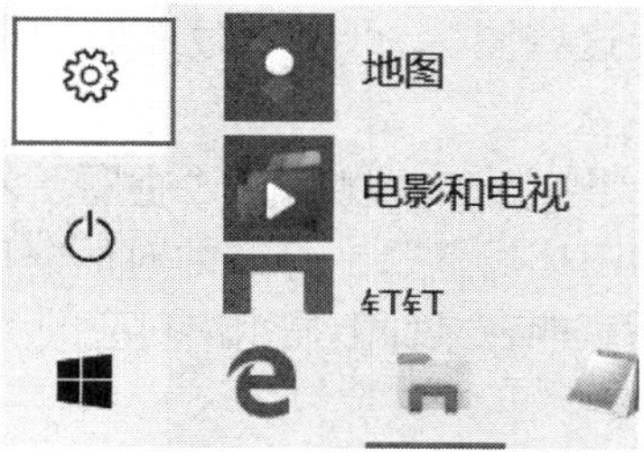

图 2.10 选择“设置”

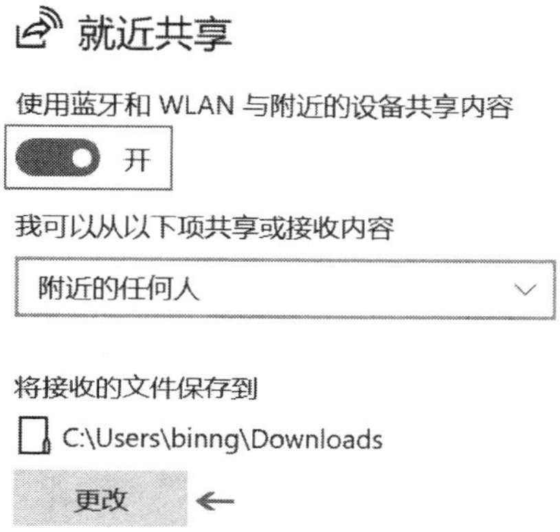

图 2.11 保存位置更改

2.2.2 任务 2 启动和退出 Windows 10

1) Windows 10 的启动

启动 Windows 10 前应该先打开外部设备的电源开关，再打开主机电源开关。因为计算机的重要部件都在主机内，因此在开机时，要减少开关外部设备造成电压波动对主机的影响。

2) Windows 10 的退出

用户可打开“开始”菜单，单击“关机”按钮，在列表中选择“关机”，如图 2.12 所示。等主机彻底关闭后，再关闭外部设备。

图 2.12 单击“开始”菜单的“关机”按钮

2.2.3 任务3 设置个性化桌面

启动 Windows 10 之后出现的整个屏幕界面称为“桌面”,它在一定程度上模拟了人们日常工作的桌面,是用户和计算机进行交互的平台。Windows 10 给予了用户对桌面的设置自由,丰富的个性化设置让桌面更能符合用户的心意。

1)桌面图标管理

图标是系统资源的符号表示,由小图像和文字说明两部分构成。图标可以表示应用程序、数据文件、文件夹、驱动器、打印机等对象。

(1)系统图标管理

Windows 10 提供了5个系统图标,分别是“用户的文件”“计算机”(即“此电脑”)“网络”“回收站”和“控制面板”,如果桌面上没有出现这些图标,可以通过下面的设置使之显示出来。

首先,在桌面的空白处右击选择“个性化”,在弹出的窗口左侧选择“主题”,然后在右侧将滚动条拖到最下方,在“相关的设置”下选择“桌面图标设置”,在打开的对话框里勾选要显示的桌面图标项,如图2.13所示,单击“确定”按钮后就能在桌面上显示出对应的图标。

图2.13 桌面图标设置

(2)快捷图标管理

在桌面上存在着这样一类图标,它们的左下角带有一个小箭头的标记,如图2.14所示,把它们称为快捷图标,也称为快捷方式。快捷图标可以说是 Windows 操作系统一个非常人性化的功能,当安装应用软件的时候,会在桌面上自动建立一个快捷图标以方便访问,同样,系统也允许用户对常用的文件或者文件夹建立快捷图标。

图 2.14 快捷图标

需要注意的是,快捷方式是一个指向程序、文件、文件夹等对象的指针。指针不等于对象本身,把一个快捷方式删除或拷贝不等于把它所指向的对象删除或拷贝。在文件或文件夹上右击,在弹出的快捷菜单中指向"发送到",再选择"桌面快捷方式",如图 2.15 所示,可以在桌面上为该文件或文件夹建立快捷图标。

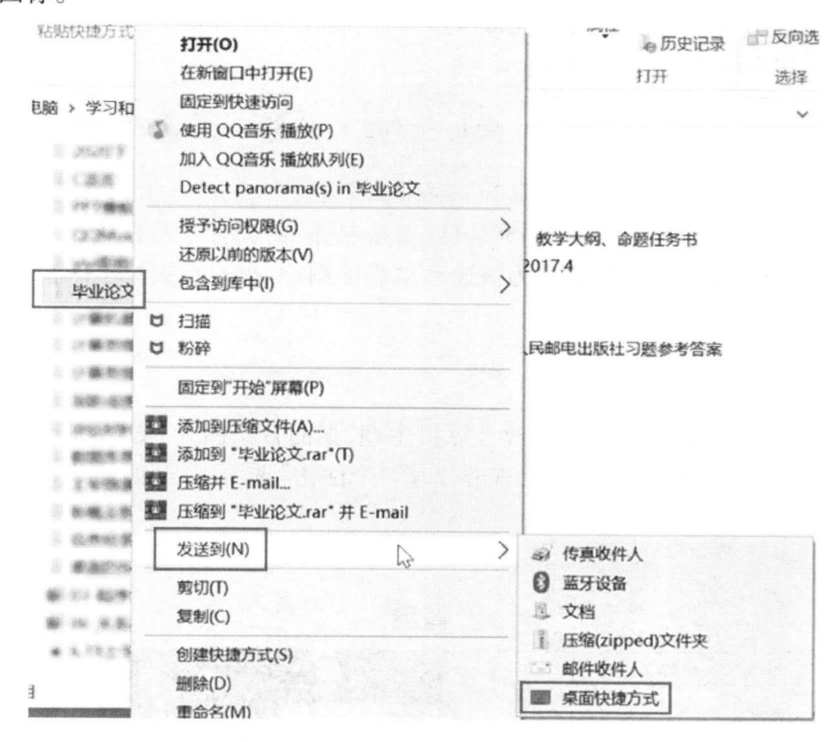

图 2.15 建立桌面快捷方式

2)任务栏设置

任务栏是位于桌面最下方的一个小长条,显示系统正在运行的程序、当前时间等内容。

(1)"开始"菜单设置

Windows 10 为了方便用户,将"开始"菜单的右侧调整为固定程序的位置,用户可以像在手机里一样为常用的应用程序建立分类,这样每次要使用的时候就不用去程序列表中翻找了。

首先在"开始"菜单的程序列表中找到常用的程序,然后在程序图标上右击,选择"固定到'开始'屏幕",如图 2.16 所示,该程序图标就会出现在"开始"菜单的右侧固定区。

可以将新加入的程序图标拖入现有的分组,也可以拖到最下面自动新建一个分组,在小组的横条上单击,可以进入重命名状态重新命名,如图 2.17 所示。

图 2.16　固定程序

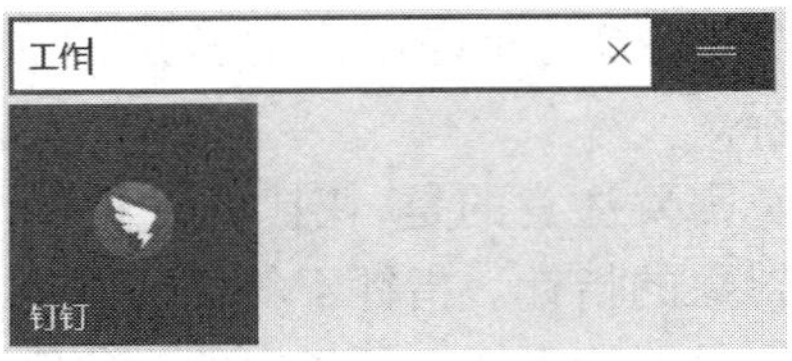

图 2.17　分组重命名

(2)程序按钮区订制

程序按钮区中包括快速启动程序图标和活动程序图标，如图 2.18 所示。两者的区别在于，快速启动程序图标会固定显示在该区域，而活动程序图标只有在打开该程序的时候，图标才会出现在该区域。

图 2.18　程序按钮区

对于不再需要的快速启动程序图标，可以右击选择“将此程序从任务栏解锁”。相反，对于活动程序图标，如果想要将其变为快速启动程序图标，可以在图标上右击，选择“将此程序锁定到任务栏”。

3)桌面背景调整

通过“个性化”选项，用户可以更改计算机主题、桌面背景图片、窗口颜色、声音设置以及屏幕保护程序等。在桌面的空白处右击，选择“个性化”选项，打开如图 2.19 所示的窗口进行设置。

图 2.19　“个性化”窗口

4) 虚拟桌面设置

虚拟桌面是 Windows 10 新增的功能之一,可以实现多个桌面运行不同的软件而又相互不影响,下面介绍如何新建多个桌面。

①按快捷键 Windows+Tab 打开任务视图,此时会在最顶部看到当前打开的应用,向下拖动滚动条还能按照日期查看之前访问应用的历史记录,如图 2.20 所示。

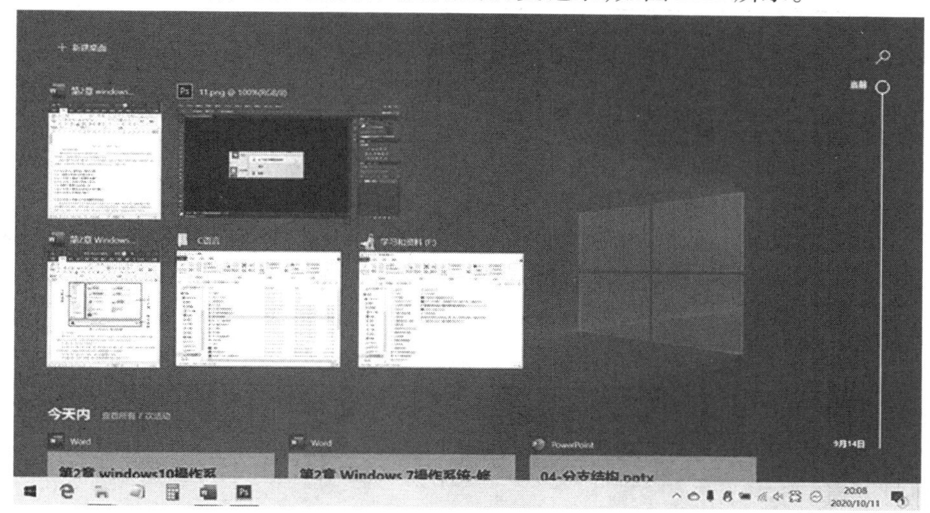

图 2.20　任务视图

②单击顶端的“新建桌面”,可以在顶端看到一个新的“桌面 2”,而之前的桌面会作为“桌面 1”,如图 2.21 所示。

图 2.21　新建桌面

③单击“桌面 2”会进入一个还未打开任何程序窗口的桌面,在此桌面中可以打开新的程序。

2.2.4　任务 4　操作窗口和对话框

Windows 10 对资源的组织和管理都采用了窗口的形式,主要有 3 种类别的窗口,即普通窗口、设置窗口和对话框。

1)普通窗口

窗口是打开某个对象(如程序、文件夹、快捷方式)后在屏幕上所占据的矩形区域,其大小可以调整。窗口是用户使用应用程序最主要的界面,是使用 Windows 10 的基础。Windows 10 中大部分窗口都包含了相同的组件,如图 2.22 所示。

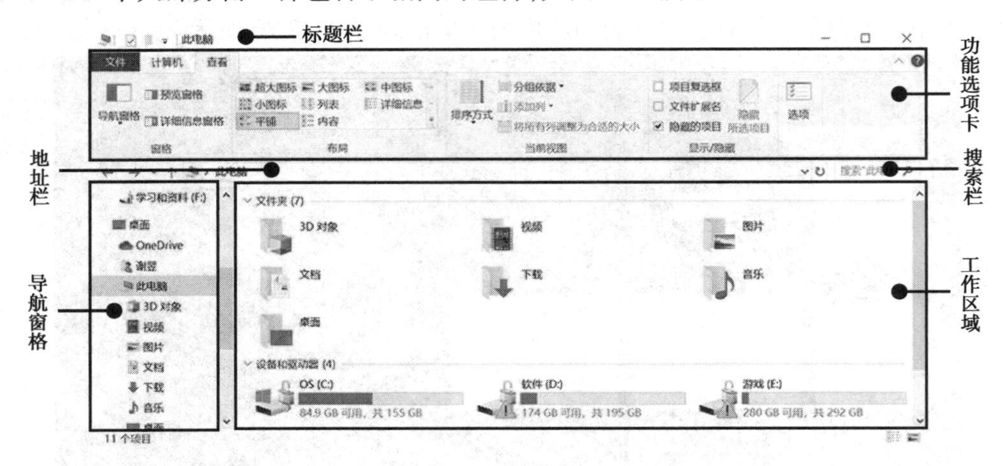

图 2.22　Windows 10 窗口的组成

(1)打开窗口

通常情况下,只要双击对象图标,即可打开其窗口;也可以单击选中对象,再按回车键打开窗口;还可以右击对象,在弹出的快捷菜单中选择“打开”命令打开窗口。

(2)最小化、最大化、还原窗口

单击窗口的“最小化”按钮,窗口会缩小为任务栏上的一个按钮,此时窗口对应的程序仍在运行,用鼠标单击任务栏上的图标,窗口又会复原。

单击窗口的“最大化”按钮,窗口会铺满整个桌面。

单击窗口的“还原”按钮,窗口会恢复到最大化之前的大小。

另外,连续单击任务栏上的某一窗口按钮,该窗口会在当前大小和最小化之间来回切换。直接双击窗口的标题栏,窗口会在最大化与还原两种状态之间切换。

(3)关闭窗口

常用的关闭窗口的方法有 4 种:

- 直接单击窗口的“关闭”按钮。
- 右击任务栏上的窗口图标,在弹出的快捷菜单中选择“关闭”命令。
- 右击窗口的标题栏,在弹出的快捷菜单中选择“关闭”命令。
- 按快捷键 Alt+F4 可以关闭当前活动窗口。

2)设置窗口

Windows 10 在设置类窗口上进行了调整,统一了“设置”的窗口模式,如图 2.23 所示。该窗口的具体操作方法在 2.4 小节介绍。

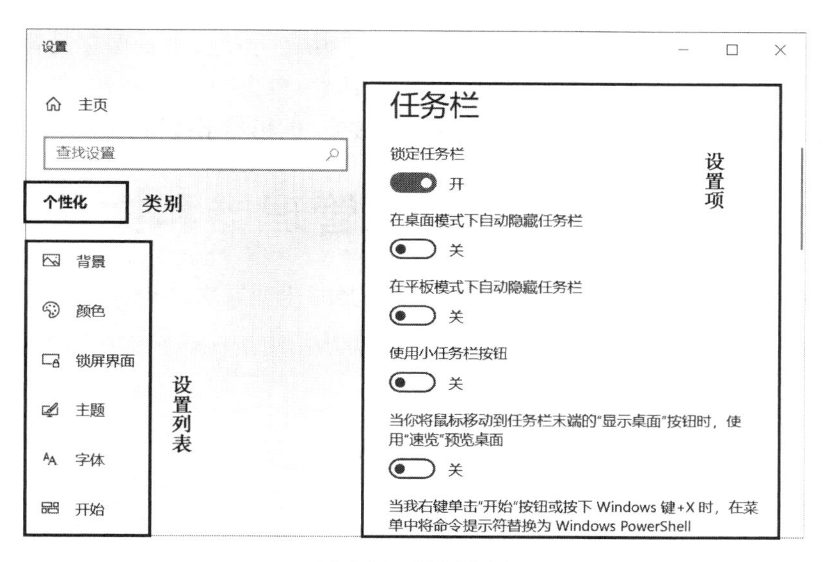

图 2.23　设置窗口

3）对话框

对话框在 Windows 10 中占有重要的地位，是用户与操作系统、应用程序之间进行交互的窗口。对话框与一般窗口有相似之处，如都有标题栏，但对话框通常要比普通窗口更简洁、更直观、更侧重于与用户的信息交流，如图 2.24 所示，对话框一般提供选项卡、标签、文本框、列表框、命令按钮、单选按钮和复选框等对话手段。

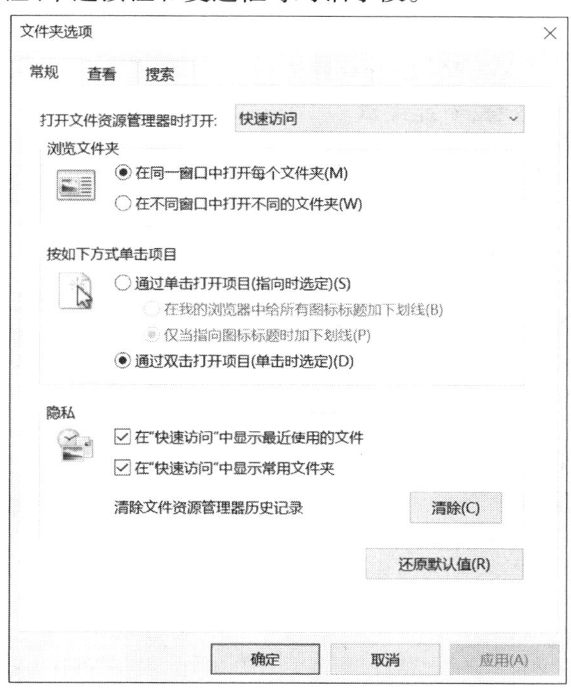

图 2.24　对话框

在对话框中进行设置后，应关闭对话框。单击“确定”按钮，表示保存设置同时关闭对话框；单击“应用”按钮，表示设置生效但不关闭对话框；单击“取消”按钮，表示不保存设置同时关闭对话框，它等效于单击标题栏的“关闭”按钮，也相当于按键盘上的 Esc 键。

2.3 案例 2 资源管理器和文件

Windows 10 在资源组织上依然采用资源管理器的树型层次结构，并且加入了“常用文件夹”和“最近使用的文件”。在本案例里，我们将学习资源管理器的使用方法，以及如何管理文件和文件夹。

2.3.1 任务 1 熟悉资源管理器

1) 资源管理器的布局

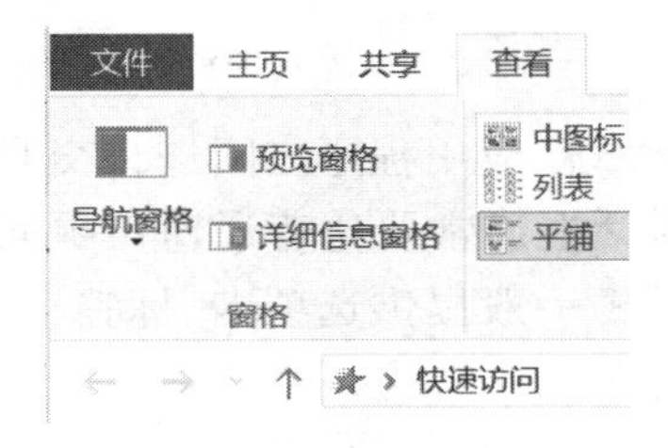

图 2.25 “窗格”功能区

较之 Windows 7，Windows 10 的菜单栏和工具都采用了选项卡的形式，展示的功能更多，更为方便，同时整个窗口还设有菜单栏、细节窗格、预览窗格、导航窗格等，可以通过“查看”选项卡的“窗格”功能区进行调整，如图 2.25 所示。

“预览窗格”为文件的查看提供了一种快捷方便的模式，打开“预览窗格”，选中要查看的文件，即可在“预览窗格”中看到详情，如图 2.26 所示。此功能仅限于文字、表格、图片等类文件，而且只能查看，不能编辑。

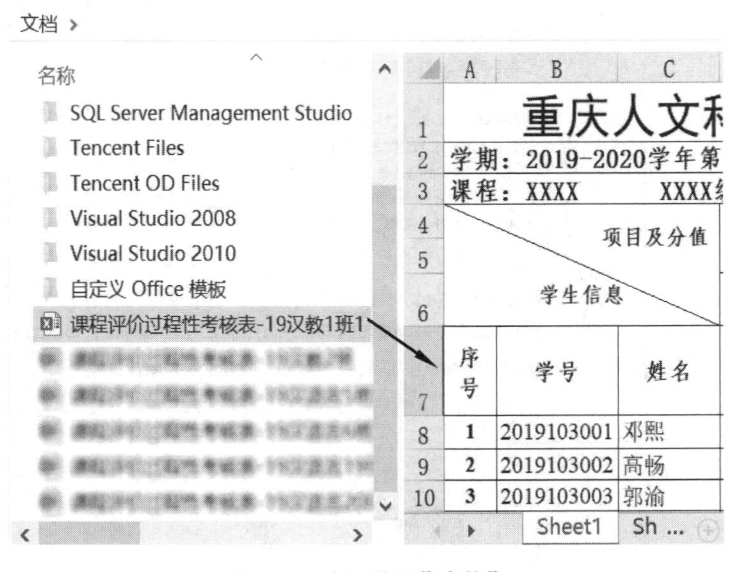

图 2.26 打开“预览窗格”

2）资源管理器的资源组织

在 Windows 10 中，资源管理器仍然以树型层次结构显示计算机内的所有文件，如图2.27 所示，可以更加方便地对文件或文件夹进行浏览、查看、移动、复制等操作。

在资源管理器中，左边部分显示了所有磁盘和文件夹的列表，内容较之前版本更丰富，增加了收藏夹、库、家庭组等。用户可以通过单击驱动器或文件夹前面的“ > ”将其展开，或者单击“∨”将其折叠。

另外，在地址栏中选择对应的文件夹可以轻松去到该路径中的某个位置，如图 2.28 所示。单击箭头所指的地方可以直接去到该位置；单击右侧下拉列表，可以看到该位置下的其他文件夹，选择某个文件夹可以去到该文件夹。

图 2.27　资源管理器的文件组织方式

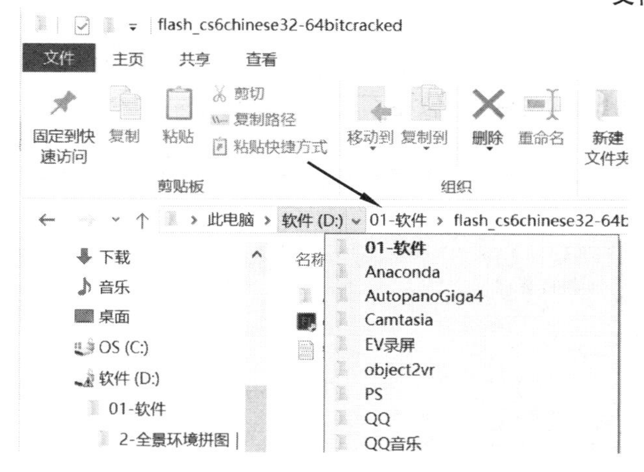

图 2.28　选择“地址栏”中的文件夹

2.3.2　任务 2　管理文件和文件夹

1）文件

文件是一组相关信息的集合。在计算机系统中，任何信息都是以文件形式存放在外存储器上的。文件的内容可以是文字、图像、表格、音频、视频等。

（1）文件名

在计算机中，任何一个文件都有文件名。文件名是存取文件的依据，即按名存取。一般来说，文件名分为主文件名和扩展名两部分，以小数点分隔。例如，记事本程序的文件名为 notepad.exe。文件名不区分大小写。

(2)文件类型

在绝大多数操作系统中,文件的扩展名表示文件的类型。操作系统会根据文件的类型选择一种现有的程序将其打开。Windows 10 系统中常见的文件扩展名见表 2.1。

表 2.1　常见文件扩展名

扩展名	文件类型	扩展名	文件类型
.bmp	位图文件	.docx(或.doc)	Word 文档文件
.gif	图像文件	.xlsx(或.xls)	Excel 表格文件
.jpg	图像文件	.pptx(或.ppt)	PowerPoint 演示文稿文件
.wav	音频文件	.txt	文本文件
.mp3	音频文件	.zip	压缩文件

2)文件夹

文件夹,也称目录,用于在磁盘上分类存放文件,是计算机系统组织和管理文件的一种形式,它采用树型层次结构,如图 2.29 所示,方便用户查找、维护和存储文件。在同一个文件夹中,不能有两个相同的文件名,但在不同的文件夹中可以有相同名字的文件。

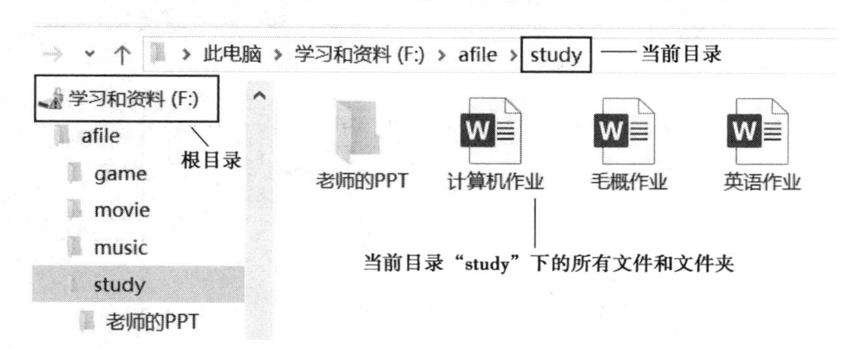

图 2.29　Windows 10 窗口中显示的目录结构

• 根目录:文件的树型层次结构像一棵倒置的树,树根称为根目录,即 C、D 等本地磁盘盘符。

• 当前目录:也称为工作目录,是当前正在使用的目录。

• 文件路径:查找一个文件时按顺序经过的目录称为文件路径。如路径“F:\afile\study\计算机作业.docx”指明了 word 文档“计算机作业.docx”存放的位置,只需要按顺序双击“F 盘”→“afile”文件夹→“study”文件夹,就可以找到该文档。

3)文件和文件夹的基本操作

(1)新建文件夹

创建一个新文件夹的方法有 3 种。

首先定位到要新建文件夹的目录,然后使用下面 3 种方法中的一种,再为文件夹命名即可。

- 选择窗口上方的“主页”选项卡，然后单击“新建文件夹”按钮，如图 2.30 所示。

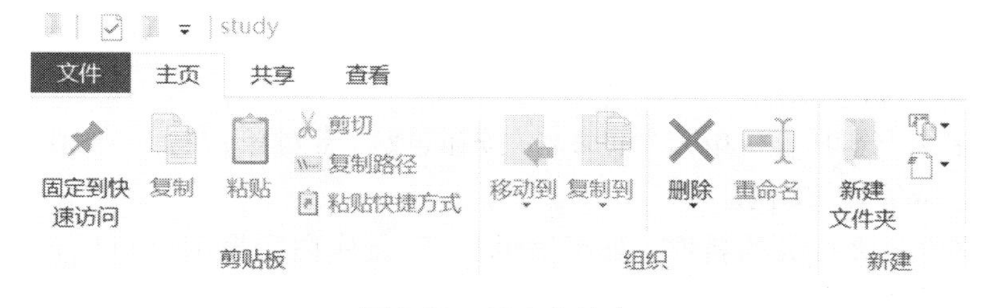

图 2.30　新建文件夹

- 选择“文件”→“新建”→“文件夹”命令。
- 在当前目录的空白处右击，在弹出的快捷菜单中选择“新建”→“文件夹”命令。

(2)选择文件或文件夹

计算机的使用遵循“先选择，后操作”的规律，只有正确地选择了操作对象，之后的工作才能顺利进行。选择对象有以下几种情况：

- 选择单个对象：直接用鼠标单击该对象即可。
- 选择多个相邻对象：先用鼠标单击第一个对象，接着按住 Shift 键同时单击最后一个对象。
- 选择多个不相邻对象：先单击第一个对象，再按住 Ctrl 键依次单击剩余对象。
- 选择全部对象：可用鼠标拖出一个矩形区域将所有对象框起来，或者在“主页”选项卡中单击“全部选择”按钮，或者按快捷键 Ctrl+A。
- 若要选择绝大多数对象：可以先选出不需要的对象，然后在“主页”选项卡中单击“反向选择”按钮即可。

(3)复制或移动文件或文件夹

复制或移动文件或文件夹就是让原位置上的文件或文件夹出现在目标位置，区别在于：移动操作执行后，原位置上的文件或文件夹消失；复制操作执行后，原位置上的文件或文件夹仍然存在。复制或移动操作的步骤如下：

①选择要进行复制或移动的文件或文件夹。

②选择“主页”选项卡→单击“复制”或“剪切”按钮，或在选定的对象上右击，在弹出的快捷菜单中选择“复制”或“剪切”命令，或者按快捷键 Ctrl+C(复制)或 Ctrl+X(剪切)。

③切换到目标位置。

④选择“主页”选项卡→单击“粘贴”按钮，或者在工作区空白处右击，在弹出的快捷菜单中选择“粘贴”命令，或者按快捷键 Ctrl+V(粘贴)。

除了使用选项卡的命令按钮、右击选择快捷菜单和按快捷键 3 种方式来完成复制或移动操作以外，还有一种使用鼠标拖动对象的方法，十分方便快捷。在 Windows 10 的窗口中能同时看见要复制或移动的文件或文件夹以及目标位置。操作时，先选中右侧框中的文件或文件夹，然后按住鼠标左键将它们拖动到左侧目标磁盘名或文件夹名上，然后释放鼠标。需要注意的是：同一个磁盘内的拖动实现的是移动操作，不同磁盘间的拖动实现的是复制操作。如果希望在同一个磁盘内实现复制操作，则拖动鼠标时应按住 Ctrl 键；如果希望在不同磁盘间实现移动操作，则拖动鼠标时应按住 Shift 键。

(4)重命名文件或文件夹

重命名的操作步骤如下：

①选择要重命名的文件或文件夹。

②选择“主页”选项卡→单击“重命名”按钮，或右击对象，在弹出的快捷菜单中选择“重命名”命令，或者按 F2 键。

③此时，文件或文件夹的名称将处于编辑状态（蓝底白字显示），可以直接键入新的名称，然后按回车键或单击名称框外确认即可。

除此之外，用户还可以先单击选中文件或者文件夹，再在文件或文件夹的名字处单击，也可进入重命名状态。

(5)删除文件或文件夹

删除操作是指将文件或文件夹放入“回收站”，操作步骤如下：

①选择要删除的文件或文件夹。

②选择“主页”选项卡→单击“删除”按钮，在下拉列表中可以选择“回收”或“永久删除”，或右击对象，在弹出的快捷菜单中选择“删除”命令，或者按 Delete 键，如果想永久删除还可以使用快捷键 Shift+Delete。

③如果是永久删除，系统会弹出“确认文件（文件夹）删除”对话框，单击“是”按钮确认删除，单击“否”按钮撤销删除。

需要注意的是：从网络位置、可移动磁盘中删除的项目和超过“回收站”存储容量的项目将不会被放入“回收站”中，而是直接被彻底删除，不能还原。

(6)搜索文件或文件夹

Windows 10 向用户提供了搜索功能，让查找文件变得简单。操作步骤如下：

①打开要搜索的文件夹或者磁盘窗口。

②在搜索框中输入要搜索的文件或文件夹的全名或部分名字，系统就会自动搜索，如图 2.31 所示。

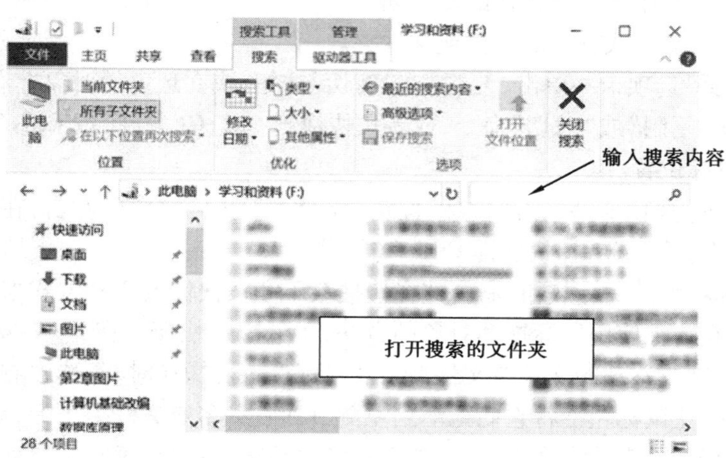

图 2.31　搜索窗口

2.4　案例3　配置 Windows 10

Windows 10 采用家庭式管理计算机账户，可设置一个主登录账户，然后添加其他家庭成员，各成员均可单独申请自己的 Microsoft 账户进行登录。

2.4.1　任务1　熟悉 Windows 10 用户账户

打开用户账户设置的操作步骤如下：

①在“开始”菜单中单击“设置”按钮，打开“设置”窗口。

②在下方分类中选择“账户”，打开“账户信息”窗口，如图 2.32 所示。

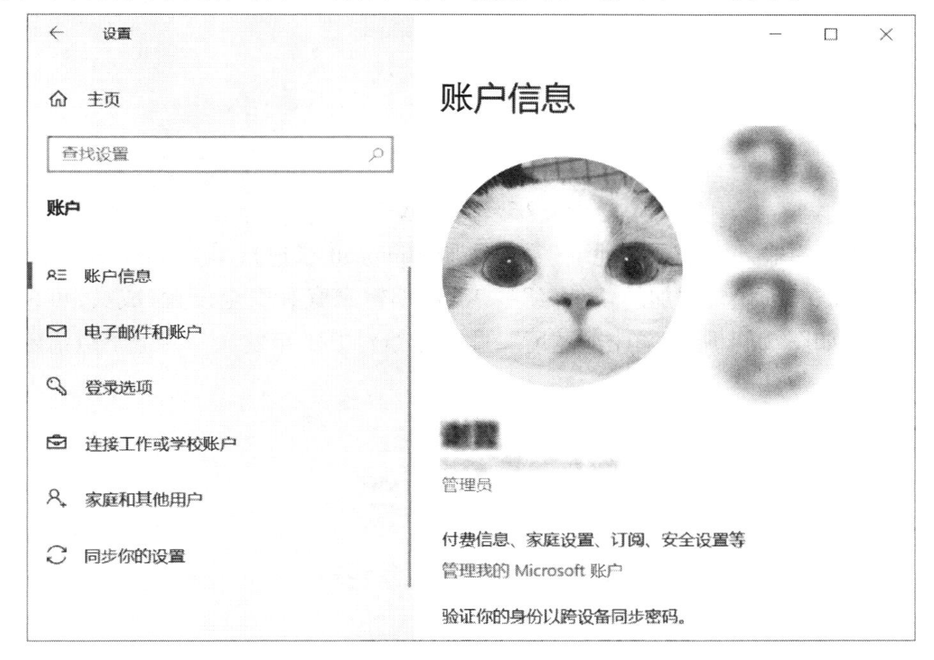

图 2.32　账户信息

在下方的“创建头像”中，还可以设置现有图片为头像，或者直接从相机拍摄头像。

2.4.2　任务2　管理用户账户

Windows 10 允许添加其他家庭成员的账户，操作步骤如下：

①在打开的“账户信息”窗口左侧选择“家庭和其他用户”选项，在右侧出现的设置信息中单击“添加家庭成员”，如图 2.33 所示。

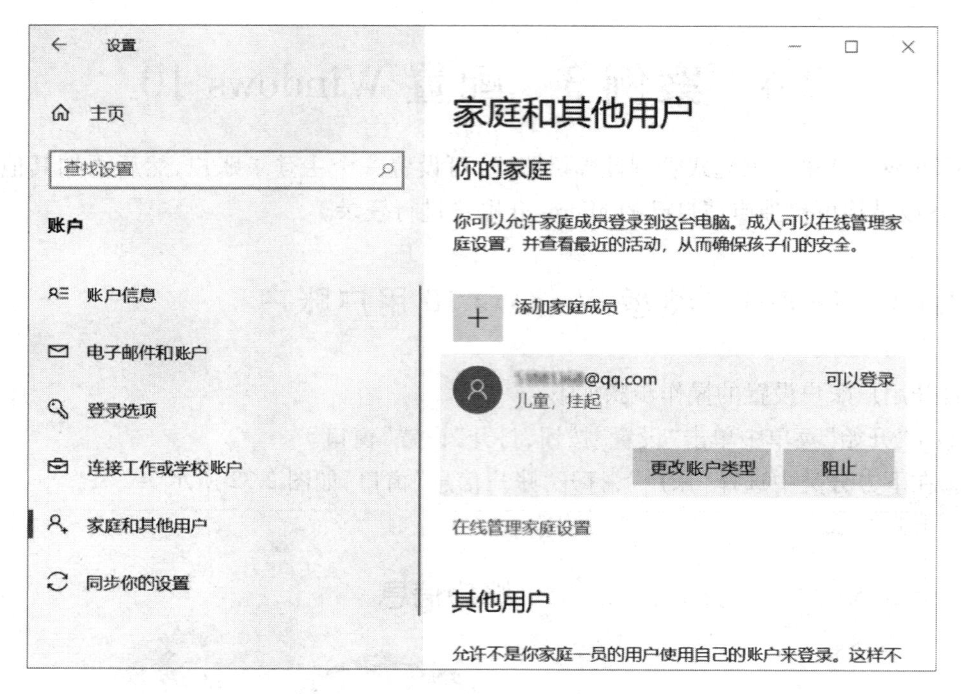

图 2.33　添加账户

②在对话框中输入电子邮件地址(需要注册 Microsoft 账户),单击“下一步”按钮。

③在对话框中选择要添加的角色(组织者:可编辑家庭和安全设置;成员:可根据年龄编辑其权限),如图 2.34 所示,单击“邀请”,此时会给对方邮箱发送一封电子邀请函。

他们应具有什么角色?

51881368@qq.com

组织者 可编辑家庭和安全设置	成员 可根据年龄编辑其设置

图 2.34　账户角色

④在用户的邮箱端打开邀请函,接受邀请即可,如图 2.35 所示,邀请函中也能看到登录的身份以及权限。

除此之外,在下方的“其他用户”中,还可以为不是家庭成员的用户添加登录账户。

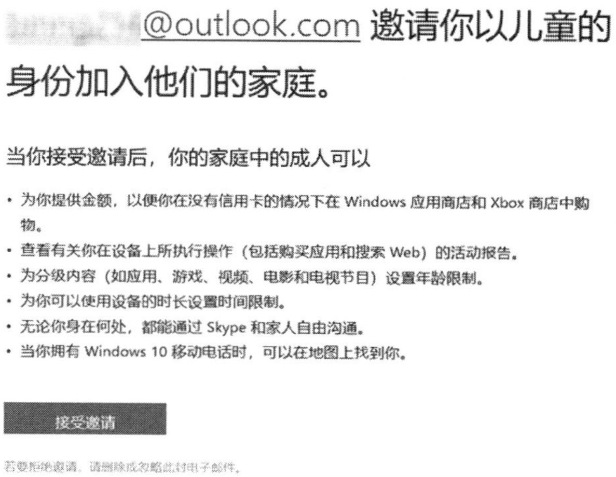

@outlook.com 邀请你以儿童的
身份加入他们的家庭。
当你接受邀请后，你的家庭中的成人可以
• 为你提供金额，以便你在没有信用卡的情况下在 Windows 应用商店和 Xbox 商店中购物。
• 查看有关你在设备上所执行操作（包括购买应用和搜索 Web）的活动报告。
• 为分级内容（如应用、游戏、视频、电影和电视节目）设置年龄限制。
• 为你可以使用设备的时长设置时间限制。
• 无论你身在何处，都能通过 Skype 和家人自由沟通。
• 当你拥有 Windows 10 移动电话时，可以在地图上找到你。
接受邀请
若要拒绝邀请，请删除或忽略此封电子邮件。

图 2.35 账户邀请

2.4.3 任务 3 掌握常用附件的用法

Windows 10 给用户提供了很多实用的应用程序，有文字编辑、图片处理、视频剪辑、计算、音乐播放等方面的，操作简单又非常实用。

1) 记事本

记事本是 Windows 10 自带的文字编辑工具，打开速度快，可以方便用户存储文字，如图 2.36 所示。

*无标题 - 记事本
文件(F) 编辑(E) 格式(O) 查看(V) 帮助(H)
操作系统在计算机系统中扮演着一个不可或缺的角色，它管理计算机系统的硬件、软件及数据资源，控制程序运行，改善人机界面，为其他应用软件提供支持，让计算机系统所有资源最大限度地发挥作用，提供各种形式的用户界面，使用户有一个好的工作环境，为其他软件的开发提供必要的服务和相应的接口等。
第 1 行，第 139 列
100%
Windows (CRLF)
UTF-8

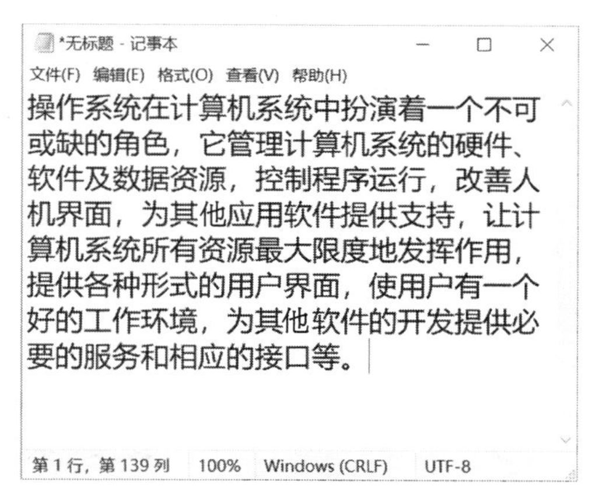

图 2.36 记事本界面

在记事本的“格式”菜单中选择“字体”，打开“字体”对话框可以更改记事本中文字的格式。在“格式”菜单中选择“自动换行”可以让文字到达当前窗口边界时自动换到下一行。需要注意的是：此处的格式只针对当前计算机中打开的记事本文件，该格式不会随着文件的拷贝而显示在其他计算机中。

2) **计算器**

Windows 10 的计算器可以帮助用户进行各种数学计算,以及单位换算、时间计算等。Windows 10 将计算器放在“开始”菜单的程序列表里,可以在字母“J”的分类下找到。打开计算器之后可以看到如图 2.37 所示的默认界面,当前为标准型。

单击“标准”左侧的三条线,在列表中选择“科学型”可以切换到有更多计算功能的界面,如图 2.38 所示。

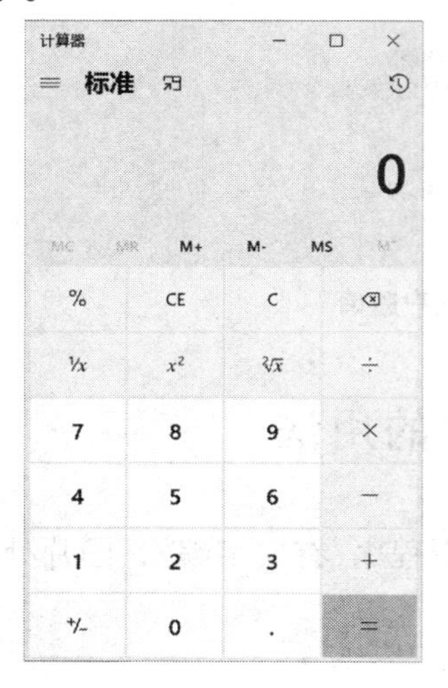

图 2.37　计算器(标准型)　　**图 2.38　计算器(科学型)**

3) **画图**

画图是 Windows 10 自带的画图软件,提供给用户一个简单方便的绘图环境,可以自行绘制,也可以对图片进行简单的加工处理。其界面如图 2.39 所示。

“主页”功能区主要用于图形的绘制;“查看”功能区主要用于画面大小的缩放。

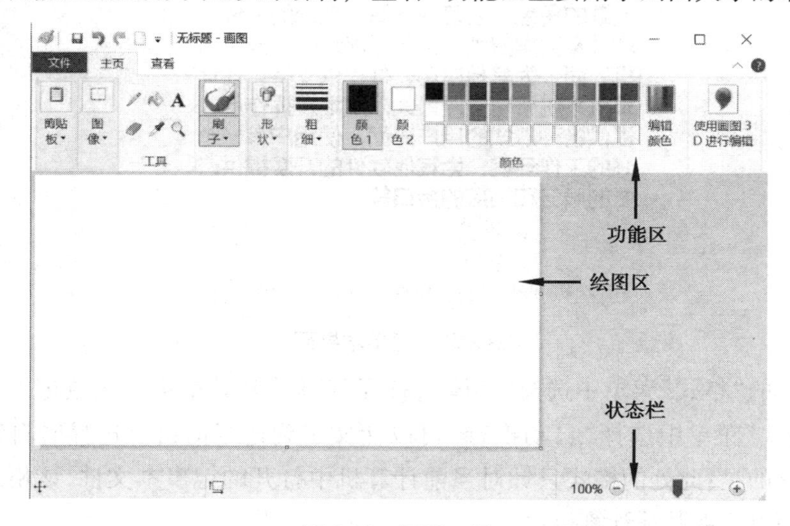

图 2.39　画图工具

课后习题

一、单项选择题

1.计算机操作系统属于(　　)。

A.应用软件　　B.系统软件　　C.工具软件　　D.文字处理软件

2.操作系统负责管理计算机的(　　)。

A.音频　　B.视频　　C.软、硬件资源　　D.照片

3.下列哪种方法不能对 Windows 中的文件进行重命名?(　　)

A.选中文件,单击文件名称　　B.在文件图标上右击选择"重命名"

C.双击文件图标,修改文件名称　　D.选中文件,按快捷键 F2

4.在同一个盘符中复制文件可利用鼠标拖动文件,同时按住(　　)。

A.Shift 键　　B.Ctrl 键　　C.Alt 键　　D.Win 键

5.在 Windows 10 中,若系统长时间不响应用户的要求,为了结束该任务,应使用的组合键是(　　)。

A.Shift+Esc+Tab　　B.Ctrl+Shift+Enter

C.Alt+Shift+Enter　　D.Alt+Ctrl+Del

6.下列 Windows 文件名中,错误的是(　　)。

A.X.Y.Z　　B.My_Files.txt　　C.A#B.BAS　　D.A>B.DOC

7.Windows 10 系统管理文件和文件夹是通过一种(　　)目录实现的。

A.关系结构　　B.网状结构　　C.对象结构　　D.树型结构

8.在 Windows 10 操作系统中,显示桌面的快捷键是(　　)。

A.Windows+D　　B.Windows+P　　C.Windows+Tab　　D.Alt+Tab

9.关于查找文件或文件夹,说法正确的是(　　)。

A.只能利用"计算机"打开查找窗口

B.只能按名称、修改日期或文件类型查找

C.找到的文件或文件夹由资源管理器窗口列出

D.有多种方法打开查找窗口

10.关于 Windows 快捷方式的说法正确的是(　　)。

A.一个快捷方式可指向多个目标对象

B.一个对象可有多个快捷方式

C.只有文件和文件夹对象可建立快捷方式

D.不允许为快捷方式建立快捷方式

11.在多个窗口中进行窗口切换可用的键盘命令是(　　)。

A.Alt+F1　　B.Shift+Esc　　C.Ctrl+Esc　　D.Alt+Esc

12.在"资源管理器"中,"剪切"一个文件后,该文件被(　　)。

A.删除　　B.放到"回收站"

C.临时存放在桌面上　　D.临时存放在“剪贴板”上

13.下面关于中文 Windows 文件名的叙述中,错误的是(　　)。

A.文件名允许使用汉字　　B.文件名允许使用多个圆点分隔符

C.文件名允许使用空格　　D.文件名允许使用竖线“|”

14.文件夹中不可存放(　　)。

A.文件　　B.多个文件　　C.文件夹　　D.字符

15.在 Windows 10 中,窗口最小化是将窗口(　　)。

A.变成一个小窗口　　B.关闭

C.平铺　　D.缩小为任务栏的一个图标

16.在 Windows 10 的“回收站”中,存放的(　　)。

A.只能是硬盘上被删除的文件或文件夹

B.只能是软盘上被删除的文件或文件夹

C.可以是硬盘或软盘上被删除的文件或文件夹

D.可以是所有外存储器中被删除的文件或文件夹

17.如果一个文件的名字是“AA.BMP”,则该文件是(　　)。

A.可执行文件　　B.文本文件　　C.网页文件　　D.位图文件

18.下列操作中,能在各种中文输入法间切换的是(　　)。

A.Ctrl+Shift　　B.Shift+Space

C.Alt+Shift　　D.鼠标左键单击输入方式切换按钮

19.在 Windows 10 默认情况下,从中文输入方式切换到英文输入方式,应同时按下(　　)。

A.Ctrl+空格　　B.Alt+空格　　C.Shift+空格　　D.Enter+空格

20.Windows 中的用户账户“成员”是(　　)。

A.来宾账户　　B.受限账户

C.无密码账户　　D.管理员账户

二、填空题

1.在 Windows 10 中,________用于暂时存放从硬盘上删除的文件或文件夹。

2.在文件的树型目录结构中,用________来表示文件所处的位置。

3.在资源管理器的文件夹操作中,“展开”与________互为逆向操作。

4.“记事本”程序主要用于处理________文件。

5.操作系统通过识别文件的________决定该用何种程序打开。

6.使用 Windows 时,可以按________快捷键将整个屏幕复制下来。

7.Windows 允许用户同时打开________个窗口,但任一时刻只有一个是活动窗口。

8.Windows 10 附件中提供的一个图像处理软件是________,通过它可绘制一些简单的图形。

9.在 Windows 10 中,若要选定连续的多个文件,需要结合________键。

10.关闭当前窗口的快捷键是________。

三、简答题

1.简述 Windows 10 中设置用户账户的方法。
2.简述操作系统的主要功能。
3.简述 Windows 10 中复制文件的方法。
4.简述快捷图标和普通图标的区别。
5.简述操作系统在计算机系统中的地位。

第 3 章　文档编辑软件 Word

Microsoft 公司推出的 Word 是一个主要用于文字处理的软件，其拥有丰富的文本和图形编辑功能。本章使用 Word 2016 为大家讲解文档编辑的相关知识及操作。

3.1　案例 1　创建和编辑招聘启事文档

本案例是创建和编辑一个招聘启事文档，使学生熟悉 Word 2010 的工作环境，掌握 Word 基本操作及文档的录入和编辑。

3.1.1　任务 1　熟悉 Word 的工作环境

1) 功能区与选项卡

传统的菜单和工具栏被功能区代替。功能区是一种全新的设计，它以选项卡的方式对命令进行分组和显示。同时，功能区上的选项卡在排列方式上与用户所要完成任务的顺序相一致，并且选项卡中命令的组合方式更加直观，大大提升应用程序的可操作性。

在 Word 2016 功能区中拥有“开始”“插入”“布局”“引用”“邮件”和“审阅”等编辑文档的选项卡，如图 3.1 所示。

图 3.1　Word 2016 中的功能区

这些选项卡可引导用户开展各种工作，简化应用程序中多种功能的使用方式，并会直接根据用户正在执行的任务来显示相关命令。功能区显示的内容并不是一成不变的，会根据应用程序窗口的宽度自动调整在功能区中显示的内容。当功能区较窄时，一些图标会相对缩小以节省空间，如果功能区进一步变窄，则某些命令分组就会只显示图标。

2) 上下文选项卡

有些选项卡只有在编辑、处理某些特定对象的时候才会在功能区中显示出来,以供用户使用。例如,在 Word 2016 中,“图片工具—图片格式”选项卡只有当文档中存在图片并且用户选中该图片时才会显示出来,如图 3.2 所示。

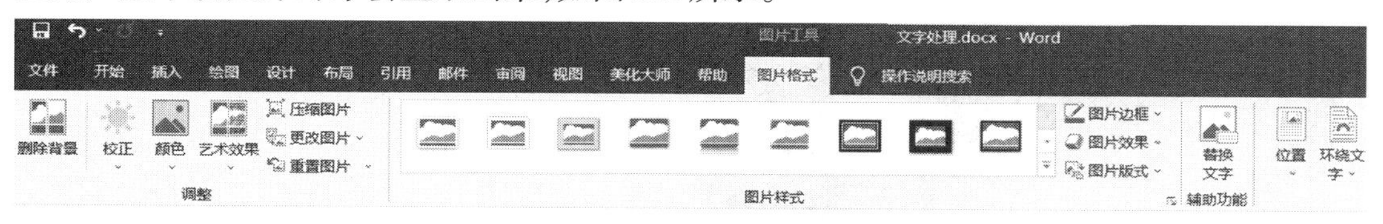

图 3.2 上下文选项卡仅在需要时显示出来

3) 实时预览

当用户将鼠标指针移动到相关的选项后,实时预览功能就会将指针所指的选项应用到当前所编辑的文档中。例如,当用户希望在 Word 文档中更改表格样式时,只需将鼠标停在表格样式选项上,即可实时预览到该表格样式对当前表格的影响。

4) 增强的屏幕提示

Word 2016 提供了比以往版本显示面积更大、容纳信息更多的屏幕提示。这些屏幕提示还可以直接从某个命令的显示位置快速访问其相关帮助信息。当将鼠标指针移至某个命令时,就会弹出相应的屏幕提示(当鼠标移动到表格样式选项上时,会自动弹出相关内容的屏幕提示,如图 3.3 所示)。如果用户想获得更加详细的信息,可以利用该功能所提供的相关辅助信息的链接,直接从当前命令对其进行访问。

浅色网格 - 强调文字颜色 3

图 3.3 增强的屏幕提示

5) 快速访问工具栏

有些命令使用频繁,如保存、撤销等命令。此时希望无论目前处于哪个选项卡下,用户都能够方便地执行这些命令,这就是快速访问工具栏存在的意义。快速访问工具栏位于 Office 各应用程序标题栏的左侧,默认状态只包含了保存、撤销等 3 个基本的常用命令,用户可以根据自己的需要把一些常用命令添加到其中,以方便使用。

例如,如果用户经常需要将 Word 文档转换为 PowerPoint 演示文稿,则可以在 Word 2016 快速访问工具栏中添加所需的命令,操作步骤如下:

单击 Word 2016 快速访问工具栏右侧的小三角符号,在弹出的菜单中包含了一些常用命令,如果希望添加的命令恰好位于其中,选择相应的命令即可,否则选择“其他命令”选项,如图 3.4 所示。

6)后台视图

Word 后台视图是用于对文档或应用程序执行操作的命令集。在 Word 2016 中单击“文件”选项卡,即可查看 Word 后台视图。在后台视图中可以管理文档和有关文档的相关数据,如创建、保存和发送文档;检查文档中是否包含隐藏的数据或个人信息;设置文档安全控制选项等,如图 3.5 所示。

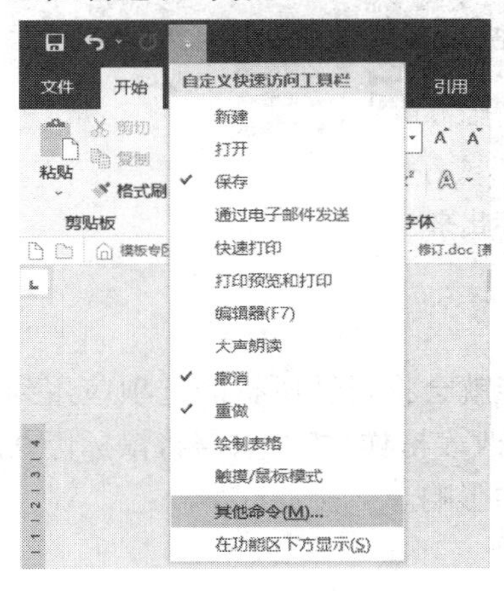

图 3.4　自定义快速访问工具栏

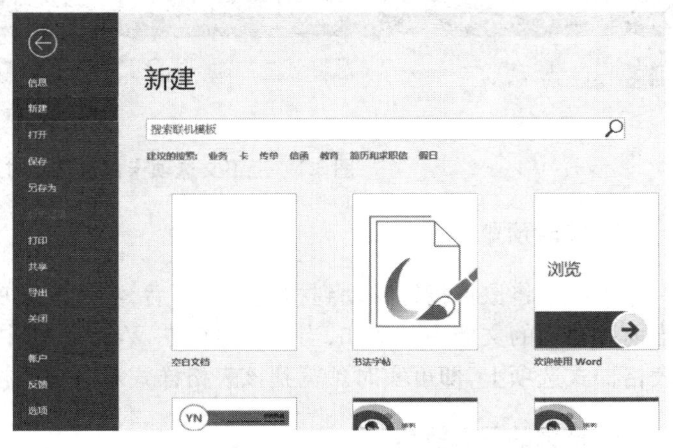

图 3.5　Word 后台视图

7)自定义 Word 功能区

Word 2016 根据多数用户的操作习惯来确定功能区中选项卡以及命令的分布,然而这可能依然不能满足各种不同的使用需求。因此,用户可以根据自己的使用习惯自定义 Word 2016 应用程序的功能区,操作步骤如下:

①在功能区空白处单击鼠标右键,选择“自定义功能区”命令。

②打开“Word 选项”对话框,并自动定位在“自定义功能区”选项组中。此时用户可以在该对话框右侧区域中单击“新建选项卡”或“新建组”按钮,创建所需要的选项卡或命令组,并将相关的命令添加到其中即可,如图 3.6 所示。设置完成后单击“确定”按钮。

8)多种视图模式

Word 2016 提供了多种视图模式供用户选择,这些视图模式包括“页面视图”“阅读版式视图”“Web 版式视图”“大纲视图”和“草稿视图”5 种,如图 3.7 所示。用户可以在“视图”选项卡中选择需要的文档视图模式,也可以在 Word 2016 文档窗口的右下方单击视图按钮选择视图。

(1)页面视图

“页面视图”可以显示 Word 文档的打印结果外观,主要包括页眉、页脚、图形对象、分栏设置、页面边距等元素,是最接近打印结果的页面视图。

图 3.6　自定义功能区

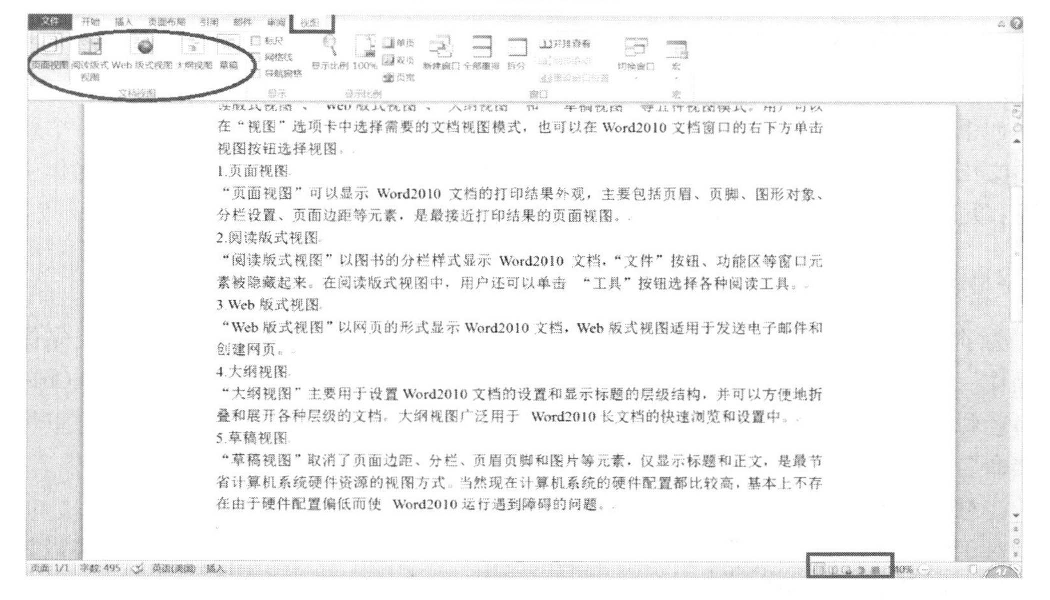
在“视图”选项卡中选择需要的文档视图模式，也可以在 Word2010 文档窗口的右下方单击视图按钮选择视图。

1.页面视图

“页面视图”可以显示 Word2010 文档的打印结果外观，主要包括页眉、页脚、图形对象、分栏设置、页面边距等元素，是最接近打印结果的页面视图。

2.阅读版式视图

“阅读版式视图”以图书的分栏样式显示 Word2010 文档，“文件”按钮、功能区等窗口元素被隐藏起来。在阅读版式视图中，用户还可以单击 “工具”按钮选择各种阅读工具。

3.Web 版式视图

“Web 版式视图”以网页的形式显示 Word2010 文档，Web 版式视图适用于发送电子邮件和创建网页。

4.大纲视图

“大纲视图”主要用于设置 Word2010 文档的设置和显示标题的层级结构，并可以方便地折叠和展开各种层级的文档。大纲视图广泛用于 Word2010 长文档的快速浏览和设置中。

5.草稿视图

“草稿视图”取消了页面边距、分栏、页眉页脚和图片等元素，仅显示标题和正文，是最节省计算机系统硬件资源的视图方式。当然现在计算机系统的硬件配置都比较高，基本上不存在由于硬件配置偏低而使 Word2010 运行遇到障碍的问题。

图 3.7　文档视图模式

(2)阅读版式视图

“阅读版式视图”以图书的分栏样式显示 Word 文档,“文件”按钮、功能区等窗口元素被隐藏起来。在阅读版式视图中,用户还可以单击“工具”按钮选择各种阅读工具。

(3)Web 版式视图

“Web 版式视图”以网页的形式显示 Word 文档,Web 版式视图适用于发送电子邮件和创建网页。

(4)大纲视图

“大纲视图”主要用于 Word 文档的设置和显示标题的层级结构,并可以方便地折叠和展开各种层级的文档。大纲视图广泛用于 Word 长文档的快速浏览和设置。

(5)草稿视图

“草稿视图”取消了页面边距、分栏、页眉页脚和图片等元素,仅显示标题和正文,是最节省计算机系统硬件资源的视图方式。当然,现在计算机系统的硬件配置都比较高,基本上不存在由于硬件配置偏低而使 Word 运行遇到障碍的问题。

3.1.2 任务 2 掌握 Word 的基本操作

1)创建空白的新文档

创建一个空白的 Word 文档,操作步骤如下:

①单击 Windows 任务栏中的“开始”按钮,选择“所有程序”命令。

②在展开的程序列表中,选择“Microsoft Office”→“Microsoft Office Word 2016”命令,启动 Word 应用程序。

③此时,系统会自动创建一个基于 Normal 模板的空白文档,用户可以直接在该文档中输入并编辑内容。

如果用户先前已经启动了 Word 应用程序,在编辑文档的过程中,还需要创建一个新的空白文档,则可以按快捷键 Ctrl+N,或者通过“文件”选项卡的后台视图来实现,其操作步骤如下:单击“文件”选项卡,在打开的后台视图中选择“新建”命令。

2)保存文档

为了避免在操作过程中因为断电等意外情况丢失文档内容,新建文档后,建议先保存再操作。当第一次保存文档时,可选择“文件”选项卡下的“保存”命令,或按快捷键 Ctrl+S,此时会弹出如图 3.8 所示的“另存为”对话框,选择保存的位置,输入文件名即可,这里将该文档命名为“招聘启事”。

注意:Word 2016 默认的文件扩展名为.docx。

对于已经保存的文档,在编辑过程中,可以使用“保存”命令(快捷键 Ctrl+S),将最新内容进行覆盖保存。已经保存过的文档,若想要以其他文件名或在其他位置另外存一份,可以使用“文件”选项卡下的“另存为”命令。

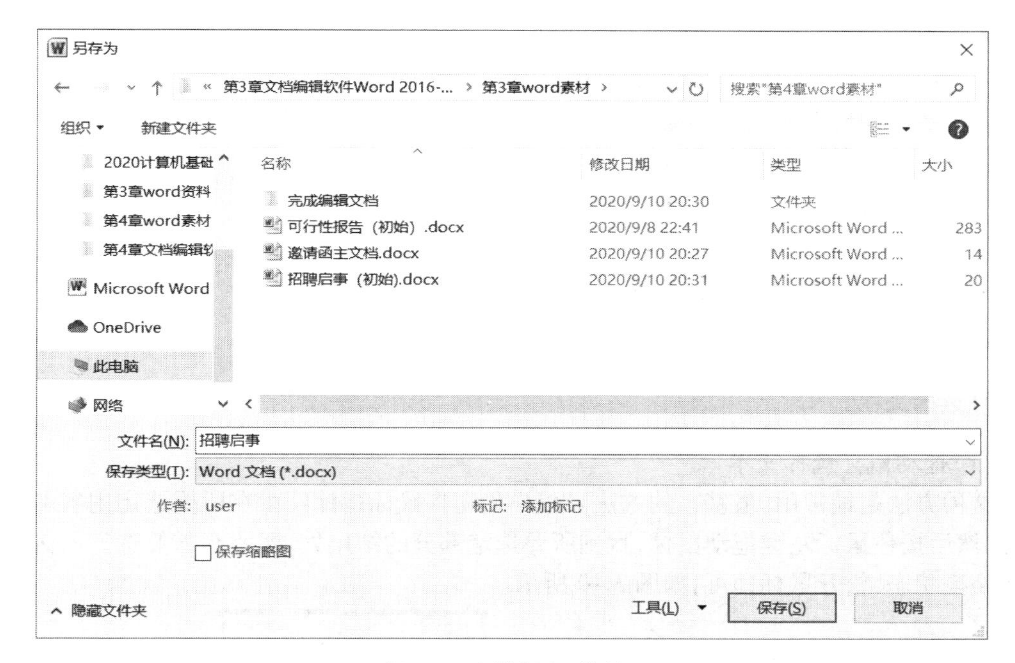

图 3.8 文档保存对话框

3.1.3 任务 3 输入文档内容

在新建的文档中，输入如图 3.9 所示的文字内容。

招聘
重庆立信网络科技有限公司是国内优秀的网络软件开发商，主要从事网络游戏软件产品开发。
因业务发展需要，诚聘游戏客服。
招聘职位：游戏客服 3 人
招聘要求：
男女不限，年龄 21~30 岁，性格开朗，会基本电脑打字，爱好游戏。
有无经验均可，具备团队合作精神，有销售工作经验者优先。
可接受零基础的新人和应届生。
薪酬待遇
薪资待遇：底薪（1 800~3 500 元）+全勤奖（200 元）+满勤奖（200 元）+绩效提成（7%~15%）+个人奖励+团队奖励！
报名方式：
请将个人简历、学位证明(扫描件)、专业证书(扫描件)及其他材料，E-mail 至 lixin@sohu.com。
报名日期：截止2023 年 3 月 15 日。
注意事项
面试时间：2023年 3 月 16 日 11：00—18：00。
办公地点：重庆市江北区大石坝东原 H1 商圈 6 号写字楼 1601。

图 3.9 招聘启事文字内容

在文本输入过程中,注意:

- 不同输入法的切换方法:Ctrl+Shift。
- 中英文切换方法:Ctrl+Space。
- 硬回车:换行且分段(Enter)。
- 软回车:换行不分段(Shift+Enter)。

3.1.4 任务4 编辑文档

1)选择文字

(1)拖动鼠标选择文本

这种方法是最常用、最基本的方法。用户只需将鼠标指针停留在所要选定内容的开始部分,然后按住鼠标左键拖动鼠标,直到所要选定部分的结尾处,即所有需要选定的内容都已成高亮状态,松开鼠标即可,如图3.10所示。

图3.10 拖动鼠标选定文本

选择文本时,可以显示或隐藏一个方便、微型、半透明的工具栏,它被称为浮动工具栏。将指针悬停在浮动工具栏上时,该工具栏即会变清晰。它可以帮助用户迅速地使用字体、字形、字号、对齐方式、文本颜色、缩进级别和项目符号等功能,如图3.10所示。

(2)选择一行

将鼠标指针移动到该行的左侧选项区位置,当鼠标指针变为一个指向右边的箭头时,单击鼠标左键,即可选中这一行。

(3)选择一个段落

将鼠标指针移动到该段落的左侧,当鼠标指针变成一个指向右边的箭头时,双击鼠标左键,可选定该段落,或者将鼠标指针放置在该段中的任意位置,然后连续单击3次鼠标左键,可选定该段落。

(4)选择不相邻的多段文本

按照上述任意方法选择一段文本后,按住键盘上的Ctrl键,再选择另外一处或多处文本,即可将不相邻的多段文本同时选中。

(5)选择相邻较大文本块

单击要选择内容的起始处,滚动到要选择内容的结尾处,然后按住键盘上的Shift键,同时在结束选择的位置单击。

(6)选择垂直文本

用户还可以选择一块垂直的文本(表格单元格中的内容除外)。首先,按住键盘上的Alt键,将鼠标指针移动到要选择文本的开始字符,按下鼠标左键,然后拖动鼠标,直到要选择文本的结尾处，同时松开鼠标和 Alt 键，此时，一块垂直文本就被选中了。

(7)选择整篇文档

将鼠标指针移动到文档正文的左侧，当鼠标指针变成一个指向右边的箭头时，连续单击 3 次鼠标左键，可选择整篇文档，或者在“开始”选项卡的“编辑”功能组中，单击“选择”按钮，在弹出的下拉列表中选择“全选”命令，可选择整篇文档。

(8)其他选择文本的方法

- 选择一个单词：双击该单词。
- 选择一个句子：按住键盘上的 Ctrl 键，然后单击该句中的任何位置。

2)复制和粘贴文字

复制快捷键：Ctrl+C。

剪切快捷键：Ctrl+X。

粘贴快捷键：Ctrl+V。

3)替换文字

使用“查找”功能，可以迅速找到特定文字或格式的位置。而若要将查找到的目标进行替换，就要使用“替换”命令。替换文字的操作步骤如下：

①在 Word 2016 功能区的“开始”选项卡中，单击“编辑”功能组中的“替换”按钮。

②打开如图 3.11 所示的“查找和替换”对话框，在“替换”选项卡中的“查找内容”文本框中输入用户需要查找的文字，在“替换为”文本框中输入要替换为的文字。

图 3.11　“查找和替换”对话框

③然后单击“全部替换”按钮。用户也可以连续单击“替换”按钮，进行逐个查找并替换。

④此时，Word 会弹出一个提示对话框，说明已完成对文档的搜索和替换工作，单击“确定”按钮。

此外，用户还可以在“查找和替换”对话框中单击左下角的“更多>>”按钮（此时“更多>>”按钮变为“<<更少”按钮），进行高级查找和替换设置。

3.2 案例 2 格式化招聘启事文档

3.2.1 任务 1 设置字体格式

利用“开始”选项卡中的“字体”功能组设置字体格式，如图 3.12 所示。其操作步骤如下：

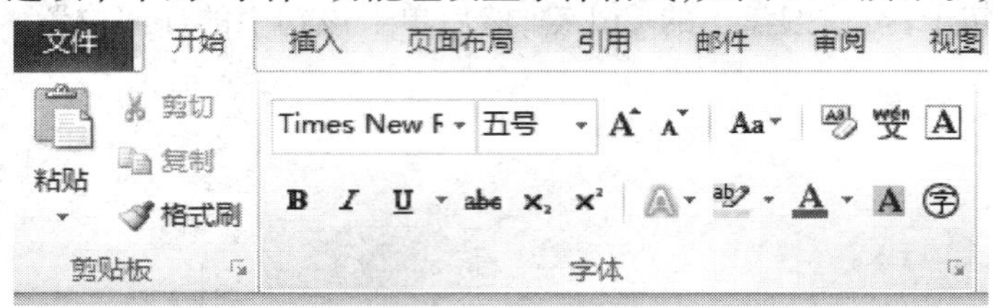

图 3.12 设置字体格式

①首先，在 Word 文档中选中要设置字体和字号的文本。

②在“开始”选项卡的“字体”功能组中，单击“字体”“字号”等下拉列表框右侧的下三角按钮。

③在随后弹出的列表框中，选择需要的选项即可。

在输入的文档中，选中标题“招聘”两个字，设置为“黑体、四号、加粗”。

还可以利用“字体”对话框设置字体格式，如图 3.13 所示。单击“字体”功能组中右下角的“对话框启动器”按钮，打开“字体”对话框，然后进行字体、字号、字形、字的颜色等格式设置。

图 3.13 “字体”对话框

在文档中将正文文字全部选中,然后在“字体”对话框中设置中文字体为“宋体”,西文字体为“Times New Roman”,字号为“五号”。

Word 2010 允许用户对字符间距进行调整。打开“字体”对话框,然后切换到“高级”选项卡进行设置即可。在文档中选中标题“招聘”,将其字符间距设置为“加宽、10 磅”,如图 3.14 所示。

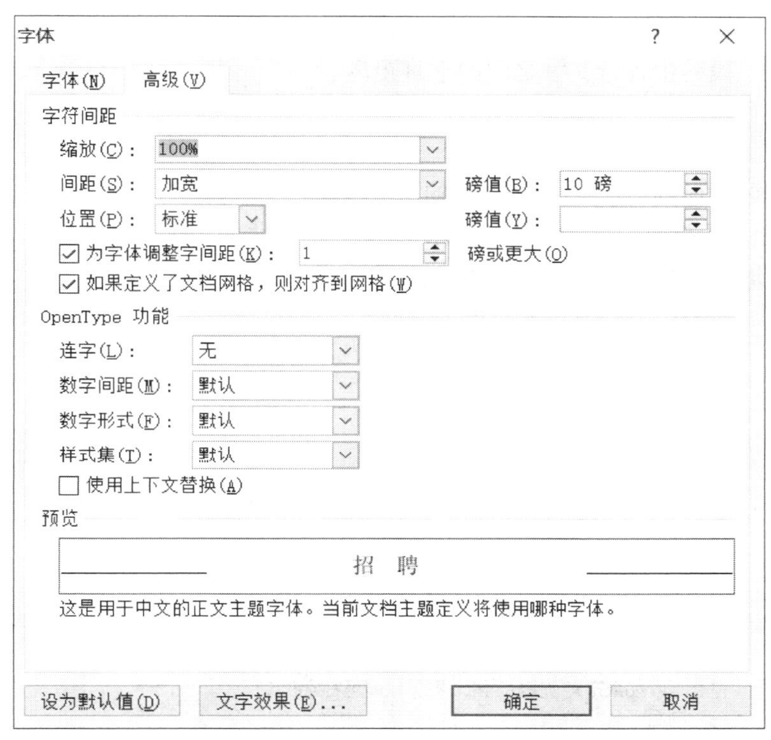

图 3.14　设置字符间距

3.2.2　任务 2　设置段落格式

段落是指以特定符号作为结束标记的一段文本,用于标记段落的符号是不可打印的字符。在编排整篇文档时,合理的段落格式设置可以使内容层次有致、结构鲜明,从而便于用户阅读。首先选中需要设置格式的段落,然后进行设置。

与设置字体格式相似,段落设置方法主要有两种方式:

①采用选项卡设置。

②通过“段落”对话框设置。

1) 段落对齐方式

Word 2016 一共提供了 5 种段落对齐方式:文本左对齐、居中对齐、文本右对齐、两端对齐和分散对齐。在“开始”选项卡的“段落”功能组中可以看到与之相对应的 5 个按钮。为文档标题设置居中对齐的操作步骤如下:

在文档中，将光标定位在标题行，单击“居中对齐”按钮，将标题文字居中。

2）设置正文段落首行缩进及行距

首行缩进就是每一个段落中第一行第一个字符的缩进空格位。中文段落普遍采用首行缩进两个字符。设置首行缩进之后，当用户按 Enter 键输入后续段落时，系统会自动为后续段落设置与前面段落相同的首行缩进格式，无须重新设置。

行距决定了段落中各行文字之间的垂直距离。

设置文字行距的操作步骤如下：

①打开“招聘启事.docx”。

②选中标题后面到“注意事项”之前的所有段落。

③单击“开始”选项卡的“段落”功能组中的“对话框启动器”按钮，打开“段落”对话框，具体设置如图 3.15 所示，设置首行缩进为 2 字符，行距为 1.5 倍行距。

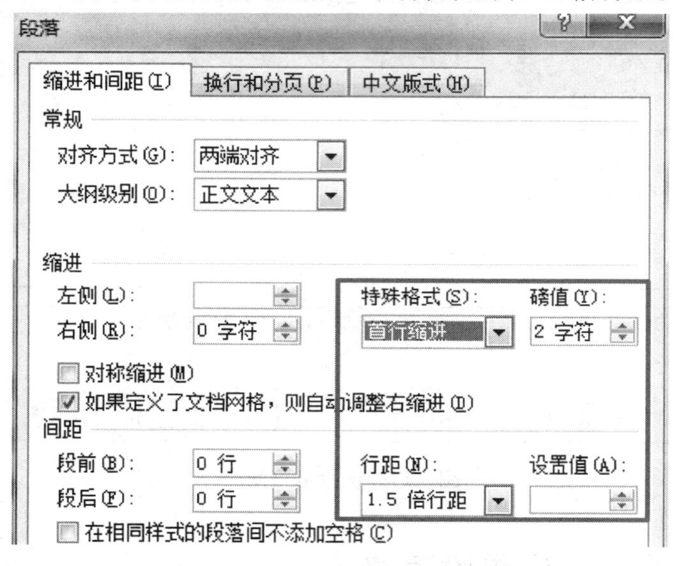

图 3.15 “段落”对话框

3）设置段落间距

段落间距是指段落与段落之间的距离。

除了可在“段落”对话框中设置，单击“段前”和“段后”微调框中的微调按钮同样可以完成段落间距的设置工作。

设置段落间距的操作步骤如下：

①将光标定位在标题段落中，打开“段落”对话框，设置段后间距为 1 行，如图 3.16 所示。

②选中“注意事项”，按上述方式设置“注意事项”段落，段前间距为 1 行。

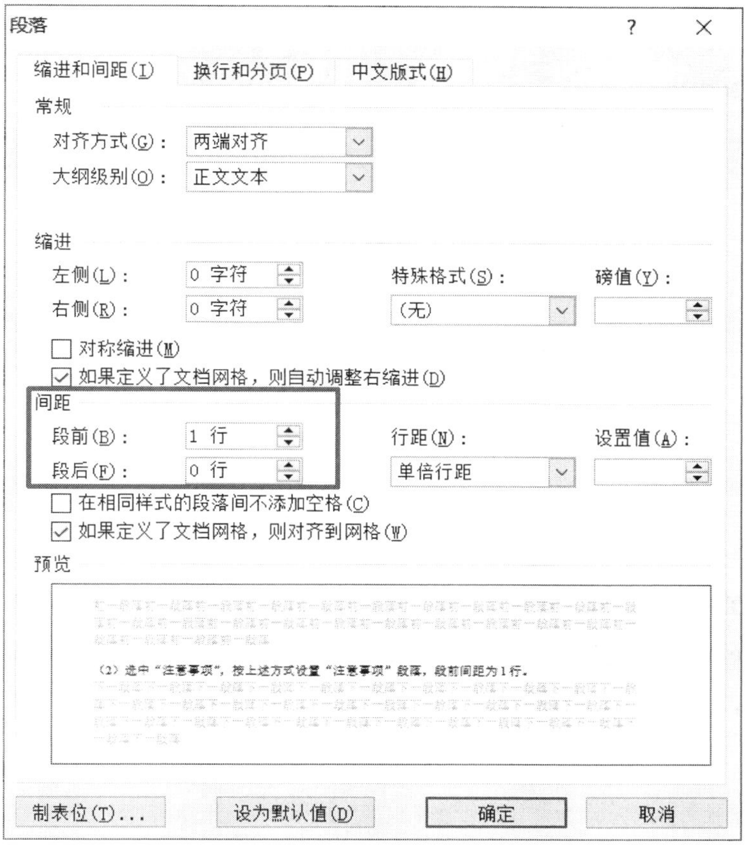

图 3.16　设置段落间距

3.2.3　任务 3　设置特殊格式

1) 使用编号列表

在文本前添加编号有助于增强文本的层次感和逻辑性,创建编号列表与创建项目符号列表的操作过程相仿。用户可以在输入文本时自动创建编号列表,或者快速给现有文本添加编号。

快速给现有文本添加编号的操作步骤如下:

①首先选中“招聘职位”段落,然后按住 Ctrl 键依次选中“招聘要求”“薪酬待遇”“报名方式”和“报名日期”段落,然后单击“开始”选项卡的“段落”功能组中的“编号”按钮,打开“编号”列表,选择编号“一、二、三……”样式,单击“确定”按钮即可,如图 3.17 所示。

②选中“招聘要求”下面的 3 个段落,单击“编号”下拉列表中的“定义新编号格式”选项,打开“定义新编号格式”对话框,如图 3.18 所示。在“编号样式”列表中选择“1,2,3,…”,在“编号格式”列表中为编号加上一对小括号,单击“确定”按钮退出。

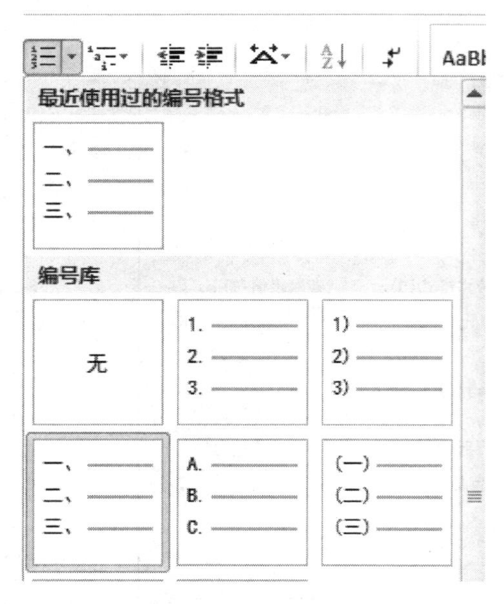

图 3.17 设置项目编号

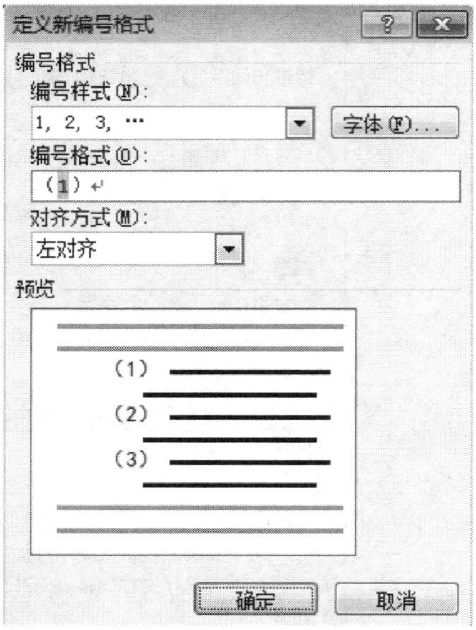

图 3.18 “定义新编号格式”对话框

③回到文档页面,若编号和文字之间的距离太宽,可以选中刚刚添加了(1)(2)(3)编号的3个段落,在选区内右击鼠标,在弹出的快捷菜单中选择“调整列表缩进”命令,如图3.19所示。在弹出的对话框中,在“编号之后”的下拉框中选择“不特别标注”即可,如图3.20所示。

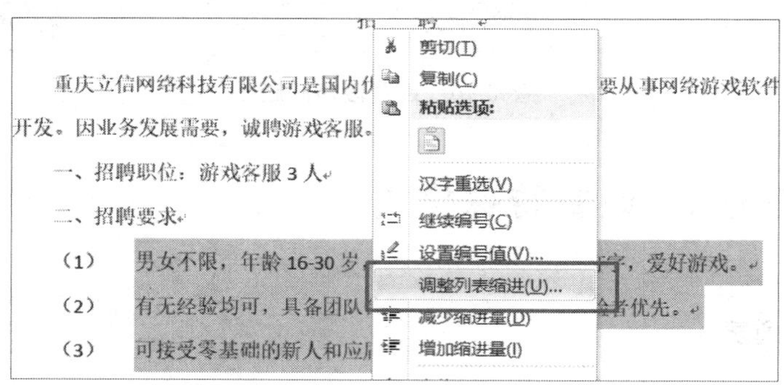

图 3.19 调整列表缩进

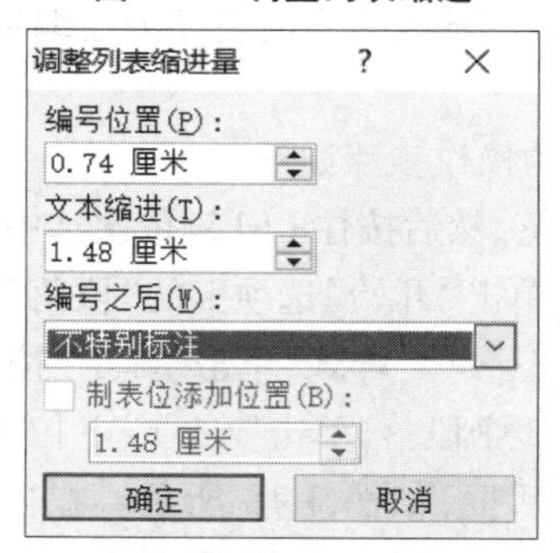

图 3.20 “调整列表缩进量”对话框

2)使用项目符号

项目符号是放在文本前以强调效果的点或其他符号。用户同样可以在输入文本时自动创建项目符号列表,也可以快速给现有文本添加项目符号。

快速为现有文本添加项目符号的操作步骤如下:选中“注意事项”下面的两个段落,单击“开始”选项卡的“段落”功能组中的“项目符号”选项右侧的下三角箭头,打开一个下拉列表,选择如图 3.21 所示的项目符号。

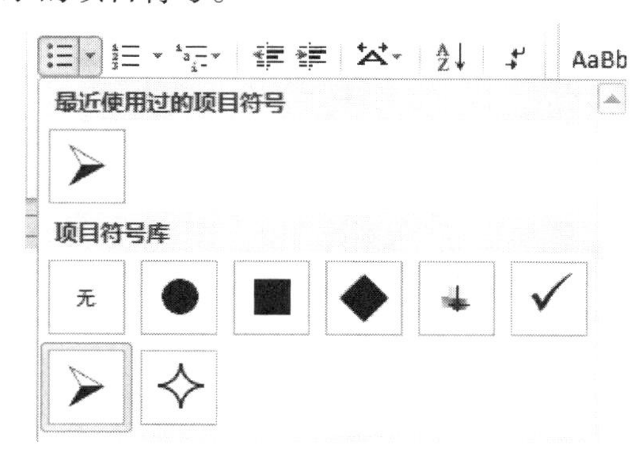

图 3.21 选择项目符号

3)文档内容分栏

有时候用户会觉得文档一行中的文字太长,不便于阅读,此时就可以利用 Word 2016 提供的分栏功能将文本分为多栏排列,使版面更活泼。在文档中为内容创建多栏的操作步骤如下:

①选中正文第一段文字,单击“页面布局”选项卡的“页面设置”功能组中的“分栏”按钮。

②在弹出的下拉列表中,提供了“一栏”“两栏”“三栏”“偏左”和“偏右”5 种预定义的分栏方式,用户可以从中进行选择以迅速实现分栏排版。

如需对分栏进行更为具体的设置,可以在弹出的下拉列表中选择“更多分栏”命令,打开如图 3.22 所示的“栏”对话框,在其中进行设置,如图中选择“两栏”,勾选“分隔线”选框。

4)首字下沉

首字下沉是指将 Word 文档中段首的一个文字放大,并进行下沉或悬挂设置,以凸显段落或整篇文档的开始位置。在 Word 2016 中设置首字下沉或悬挂的步骤如下:

①将插入点光标定位到正文第一段前,单击“插入”选项卡的“文本”功能组中的“首字下沉”按钮。

②在弹出的下拉菜单中选择“首字下沉选项”命令,打开“首字下沉”对话框,选中“下沉”选项,设置字体为“华文楷体”,下沉行数为“2”,完成设置后单击“确定”按钮即可,如图 3.23 所示。

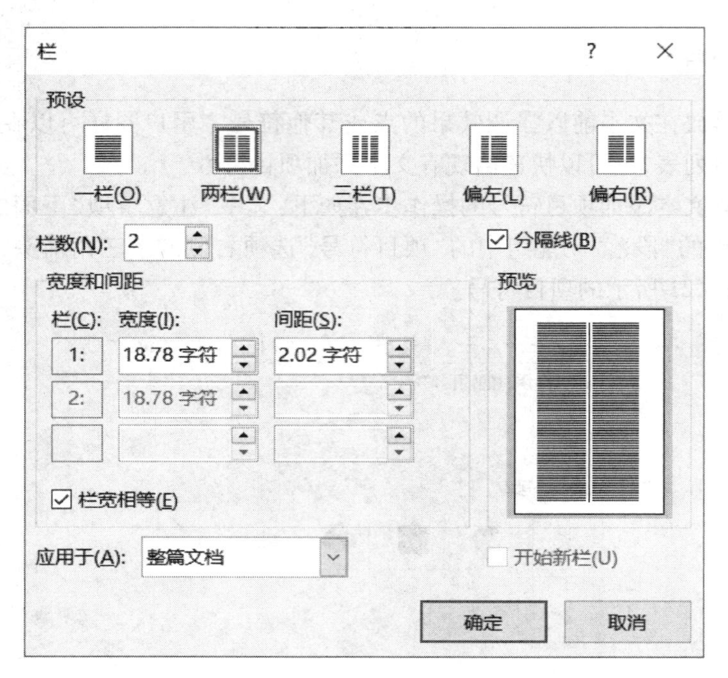

图 3.22 “栏”对话框

图 3.23 “首字下沉”对话框

5) 边框和底纹

(1) 边框

为文档设置边框的操作步骤如下:选中“注意事项”和其后的两个段落,单击“开始”选项卡的“段落”功能组中的“下框线”右侧的下三角箭头,在列表中选择“边框和底纹”命令,如图 3.24 所示。在弹出的“边框和底纹”对话框中选择边框的样式,设置宽度为“1.5 磅”,如图 3.25 所示。

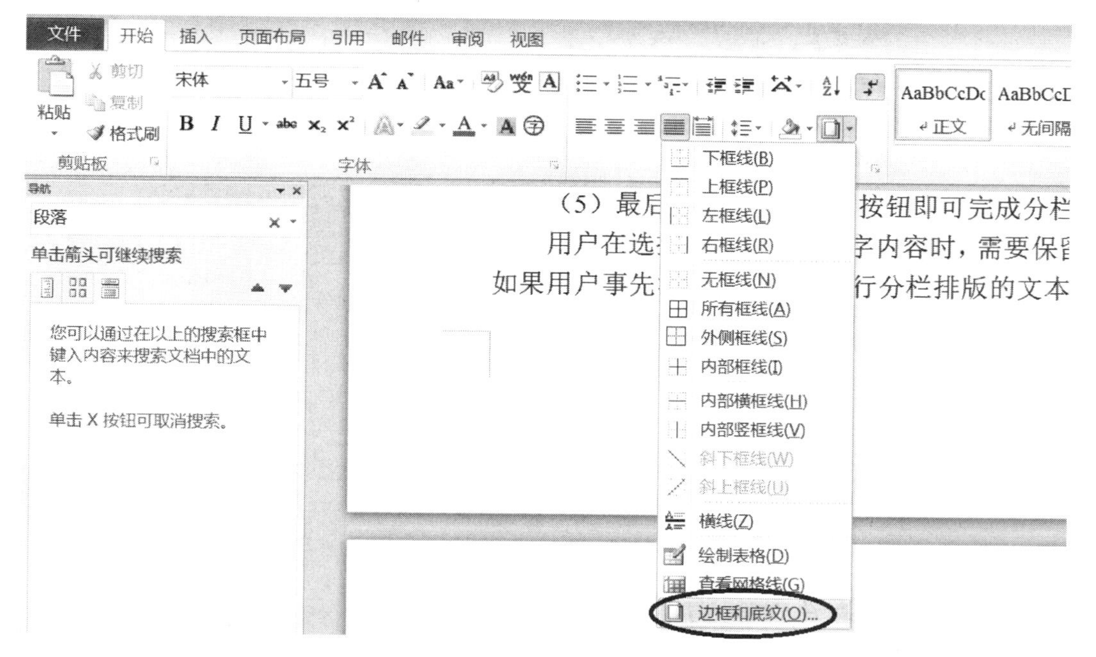

图 3.24　选择“边框和底纹”命令

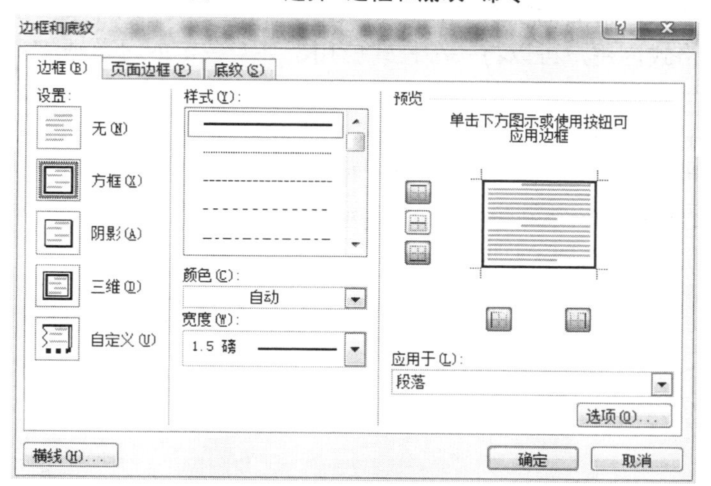

图 3.25　设置边框

(2)底纹

为文档添加底纹的操作步骤如下:选中“注意事项”和其后的两个段落,在“边框和底纹”对话框中选中“底纹”选项卡,设置底纹,如图 3.26 所示。

注意:在“边框和底纹”对话框右下角的“应用于”下拉列表框中,可根据需要选择“文字”或“段落”,如选择“文字”,给所选中的文字加上一个边框或底纹,如选择“段落”,给选中的段落加上一个边框或底纹,二者效果是不同的。

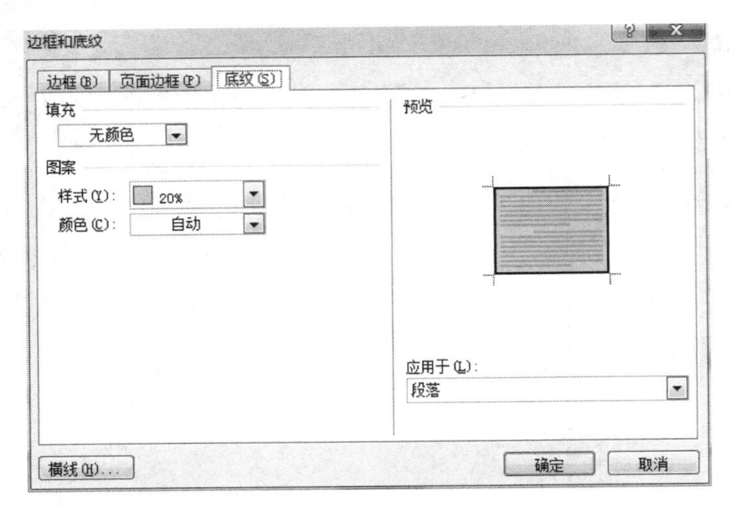

图 3.26　设置底纹

3.2.4　任务 4　设置样式

样式是指一组已经命名的字符和段落格式。它规定了文档中标题、正文,以及要点等各个文本元素的格式。用户可以将一种样式应用于某个选定的段落或字符,以使所选定的段落或字符具有这种样式所定义的格式。使用样式有诸多便利之处,它可以帮助用户轻松统一文档的格式。此外,样式还可以用来生成文档目录。

为现有文本或段落添加样式的操作步骤如下:

①首先选中文字"E-mail 至 lixin@ sohu.com",单击"开始"选项卡的"样式"功能组中的"对话框启动器"按钮,如图 3.27 所示。

图 3.27　弹出"样式"任务窗格

②在打开的"样式"任务窗格中选择希望应用到选中文本的样式即可,如选择"明显强调"。

在样式任务窗格中选中已有的某一个样式,在其下拉列表中选择"修改"命令即会弹出"修改样式"对话框,如图 3.28 所示。在该对话框中,用户可以定义该样式的样式类型是针对文本还是段落，以及样式基准和后续段落样式。除此之外，用户也可以单击“格式”按钮，分别设置该样式的字体、段落、边框、编号、文字效果、快捷键等。

若要新建一个新的样式，则单击“样式”任务窗格下方的“新建”按钮 即可，如图3.29所示。

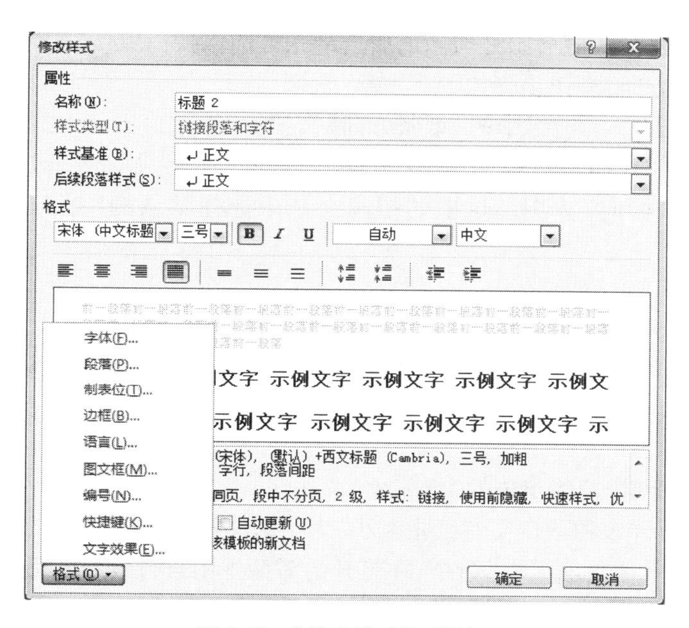

图 3.28　“修改样式”对话框

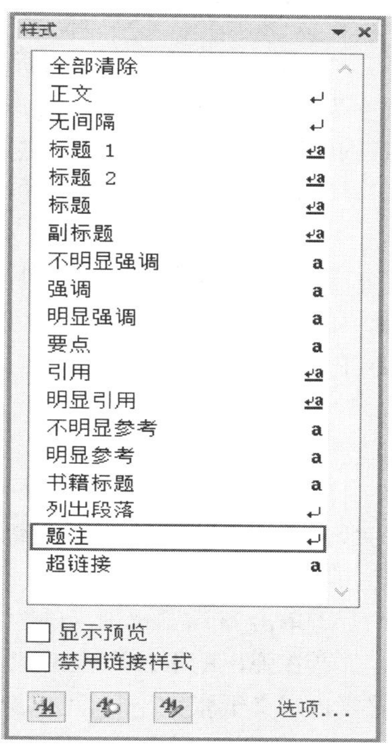

图 3.29　“样式”任务窗格

3.2.5　任务5　设置页面格式

Word 2016所提供的页面设置工具可以帮助用户轻松完成对“页边距”“纸张大小”“纸张方向”“文字排列”等诸多选项的设置工作。

1）设置页边距

为文档设置页边距的操作步骤如下：

①单击“布局”选项卡的“页面设置”功能组中的“页边距”按钮。

②在弹出的下拉列表中，提供了“常规”“窄”“中等”“宽”等预定义的页边距，这里可选择“常规”，如图3.30所示。

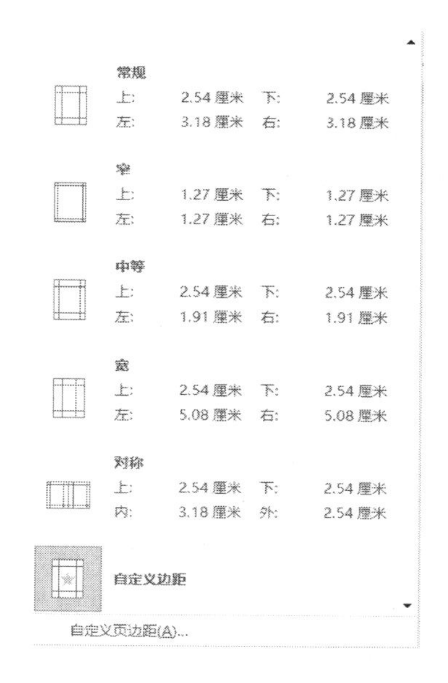

图 3.30　快速设置页边距

如果用户需要自己指定页边距，可以在弹出的下拉列表中选择“自定义边距”命令。打开“页面设置”对话框中的“页边距”选项卡，在“页边距”选项区域中，通过单击微调按钮调整“上”“下”“左”“右”4 个页边距的大小和“装订线”的大小及位置等。

2）设置纸张方向

“纸张方向”决定了页面所采用的布局方式，Word 2016 提供了纵向（垂直）和横向（水平）两种布局供用户选择。更改纸张方向时，与其相关的内容选项也会随之更改。例如，封面、页眉、页脚样式库中所提供的内置样式便会始终与当前所选纸张方向保持一致。

如果需要更改整个文档的纸张方向，操作步骤如下：

①单击“布局”选项卡的“页面设置”功能组中的“纸张方向”按钮。

②在弹出的下拉列表中，提供了“纵向”或“横向”两个方向，用户可根据实际需要任选其一即可，当表格过长时可以采用“横向”方向。这里的招聘文档中选择默认的“纵向”即可。

3）设置纸张大小

同页边距一样，Word 2016 为用户提供了预定义的纸张大小设置，用户既可以使用默认的纸张大小，又可以自己设定纸张大小，以满足不同的应用要求。设置纸张大小的操作步骤如下：

①单击“布局”选项卡的“页面设置”功能组中的“纸张大小”按钮。

②在弹出的下拉列表中，提供了许多种预定义的纸张大小，为招聘文档选择 “A4”。当需要自定义纸张大小时，可以选择“其他页面大小”命令，在打开的对话框中自行设置即可。

3.2.6 任务 6 添加水印

水印是一种特殊的背景，在 Word 2016 中添加水印的操作非常方便，用户可以使用文字或图片作为水印背景。

打开文档后，切换到“设计”选项卡，在“页面背景”功能组中单击“水印”按钮，并在打开的水印面板中选择“自定义水印”命令，如图 3.31 所示，在打开的“水印”对话框中，选中“文字水印”单选框。在“文字”编辑框中选择已有文字，或输入自定义的水印文字，此处还可以自定义设置字体、字号和颜色。选中“半透明”复选框，这样可以使水印呈现出更加模糊的效果，从而不影响正文内容的阅读。设置水

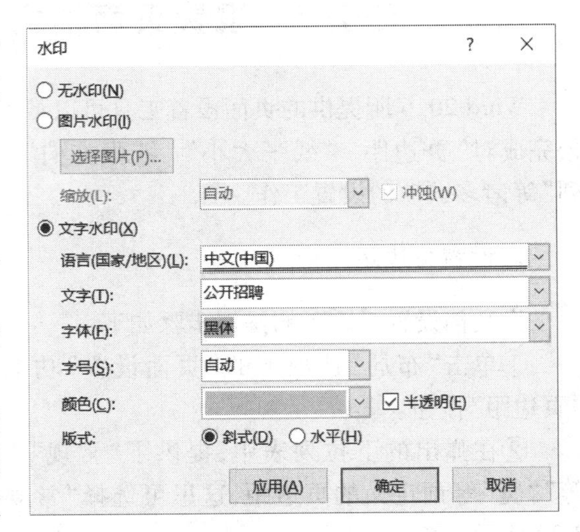

图 3.31 “水印”对话框

印版式为“斜式”或“水平”，单击“确定”按钮即可。若要去除水印，单击“设计”选项卡的“页面背景”功能组中的“水印”按钮，选择“删除水印”命令即可。

以上格式设置完毕后，就得到了如图 3.32 所示的招聘启事文档。

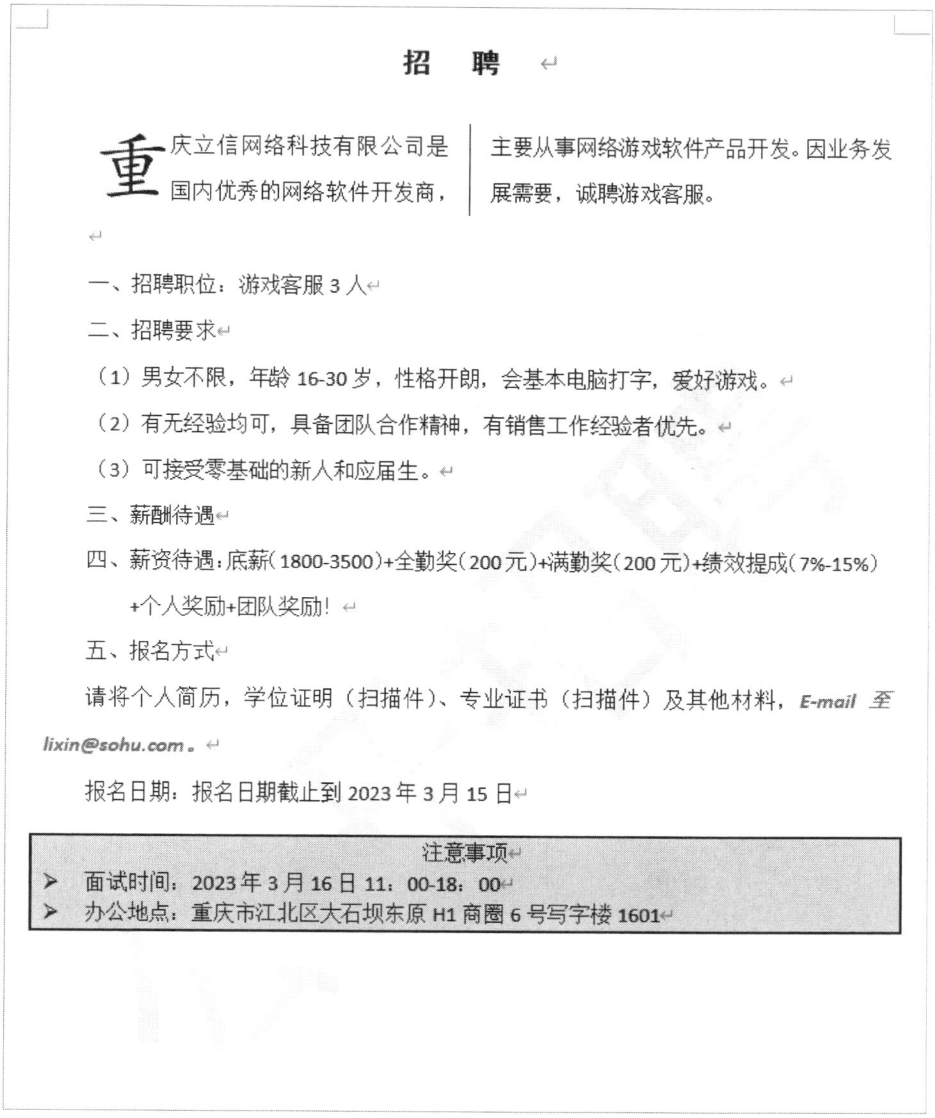

招　聘

重庆立信网络科技有限公司是国内优秀的网络软件开发商，主要从事网络游戏软件产品开发。因业务发展需要，诚聘游戏客服。

一、招聘职位：游戏客服 3 人

二、招聘要求

（1）男女不限，年龄 16-30 岁，性格开朗，会基本电脑打字，爱好游戏。

（2）有无经验均可，具备团队合作精神，有销售工作经验者优先。

（3）可接受零基础的新人和应届生。

三、薪酬待遇

四、薪资待遇：底薪（1800-3500）+全勤奖（200 元）+满勤奖（200 元）+绩效提成（7%-15%）+个人奖励+团队奖励！

五、报名方式

请将个人简历，学位证明（扫描件）、专业证书（扫描件）及其他材料，***E-mail 至 lixin@sohu.com。***

报名日期：报名日期截止到 2023 年 3 月 15 日

注意事项

- 面试时间：2023 年 3 月 16 日 11：00-18：00
- 办公地点：重庆市江北区大石坝东原 H1 商圈 6 号写字楼 1601

图 3.32　招聘启事最终效果

3.3　案例 3　制作招生宣传海报

本节以制作一个招生宣传海报为例，如图 3.33 所示，使学生掌握在 Word 2016 中使用文本框、艺术字、形状、图形、图片等的方法。

图 3.33　海报效果

首先,按前面介绍的方式,新建一个 Word 文档,并保存到计算机的相应文件夹中。首先在“布局”选项卡中,设置纸张大小为宽度 20 cm×高度 28 cm,纸张方向为“纵向”,在“页面颜色”下拉列表中,选择“填充效果”,打开“填充效果”对话框,如图 3.34 所示,选择“图片”选项卡,单击“选择图片”按钮,找到素材中的“海报背景.jpg”图片,添加到文档中,设置好图片的大小和效果。

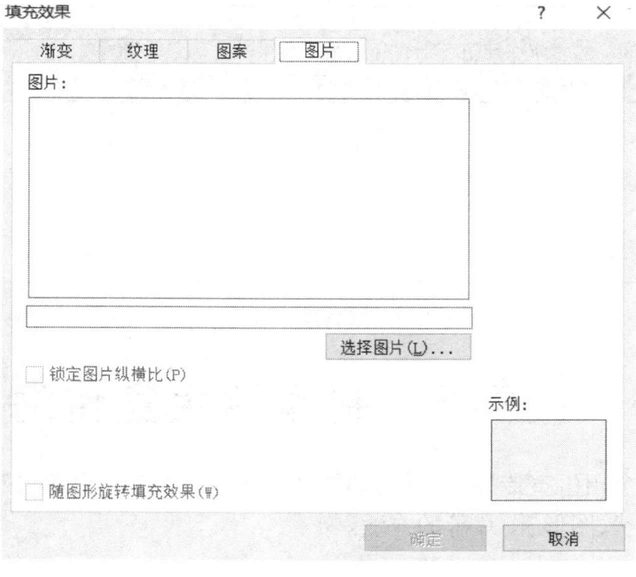

填充效果　?　×

渐变　纹理　图案　图片

图片:

选择图片(L)...

锁定图片纵横比(P)

示例:

随图形旋转填充效果(W)

确定　取消

图 3.34　“填充效果”对话框

3.3.1　任务 1　插入文本框

单击“插入”选项卡的“文本”功能组中的“文本框”按钮，在弹出的下拉列表中，可以选择文本框的类型，文本框类型有“内置样式”“绘制文本框”“绘制竖排文本框”3 类。在本文档中，选择“绘制文本框”，然后在文档内按住鼠标左键拖拉鼠标，得到一个横排文本框，在文本框内输入文字“英语培训火热招生啦”即可，文本框内文字的字体格式，可以通过“开始”选项卡中的字体格式按钮进行设置。

插入文本框并输入内容后，还可以根据需要对文本框格式进行编辑。通过拖拉文本框边框上的控制点，可以调整文本框的大小。选中文本框，此时会出现如图 3.35 所示的“绘图工具—格式”选项卡，可以利用“编辑形状”按钮修改文本框的形状，利用“形状填充”按钮设置文本框的填充效果，利用“形状轮廓”按钮设置文本框的边框效果等。在本文档中，设置文本框的形状填充为“无颜色填充”，形状轮廓为“无轮廓”，即得到了一个透明的文本框效果。

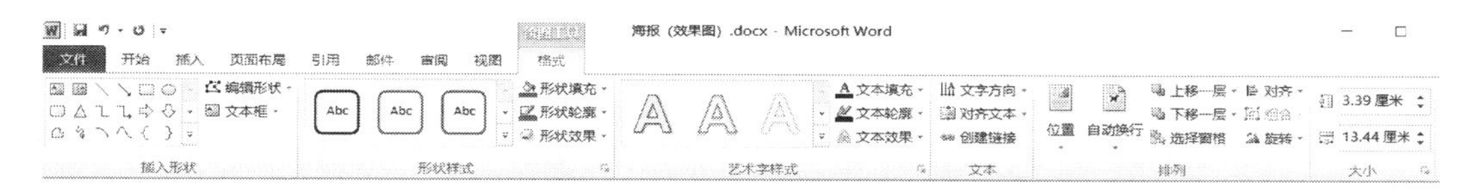

图 3.35　“绘图工具—格式”选项卡

3.3.2　任务 2　插入艺术字

单击“插入”选项卡的“文本”功能组中的“艺术字”按钮，选择一个艺术字样式，此时文档中会出现一个文本框，输入需要的文字即可。在本文档中，输入“抓紧时间，和小伙伴们一起抢购吧”。

利用“绘图工具—格式”选项卡的“艺术字样式”功能组中的按钮可以设置艺术字的样式，“文本填充”按钮可设置文字颜色，“文本轮廓”按钮可设置文字的描边效果，“文本效果”按钮可设置文字阴影、发光等多种效果。

3.3.3　任务 3　插入形状

单击“插入”选项卡的“插图”功能组中的“形状”按钮，在下拉列表中选择需要的形状类型，如图 3.36 所示，然后通过拖拉鼠标在文档中绘制出相应形状。在本文档中，分别选择了“基本形状”中的“闪电形”和“星与旗帜”中的“爆炸形”。

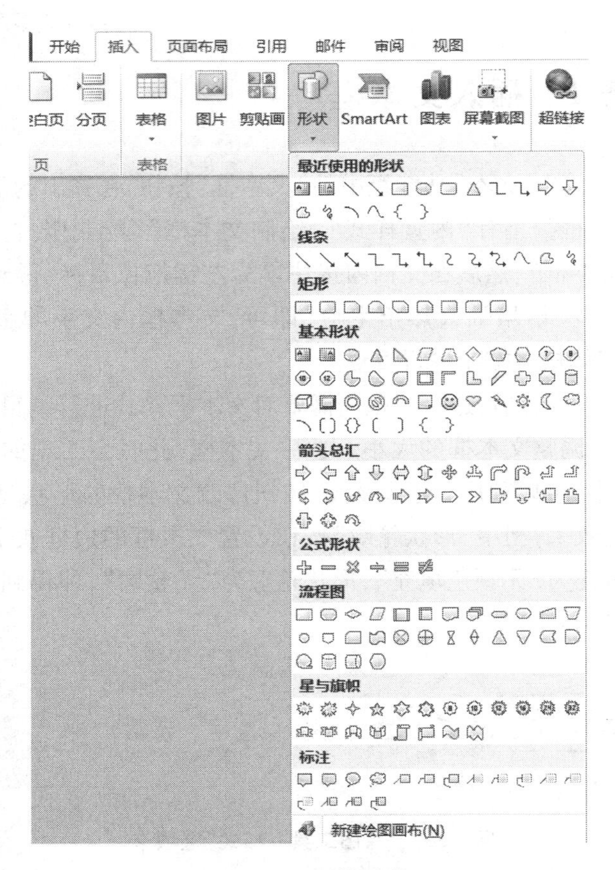

图 3.36　形状列表

对于形状的进一步编辑和文本框的编辑方法相同。

插入形状后,可以右击“爆炸形”,在弹出的快捷菜单中,选择“添加文字”命令,为其添加“抢购”文字内容。

3.3.4　任务 4　插入 SmartArt 图形

单击“插入”选项卡的“插图”功能组中的“SmartArt”按钮,弹出如图 3.37 所示对话框,选择需要的图形样式,在本文档中,选择“关系”类型中的“汇聚箭头”图形,此时在文档中会出现该图形,输入相应文字,此时图形默认为“嵌入型”,无法调整其在文档内的位置。选中图形,会出现如图 3.38 所示的“SmartArt 工具—格式”选项卡,选择“环绕文字”下拉列表中的“浮于文字上方”,此时就可以随意拖拉调整图形位置。

对 SmartArt 图形本身的调整,利用如图 3.39 所示的“SmartArt 工具—设计”选项卡,可以进行图形布局、颜色等样式的编辑。选中图形后,通过拖拉鼠标还可以实现图形大小、位置等的调整。

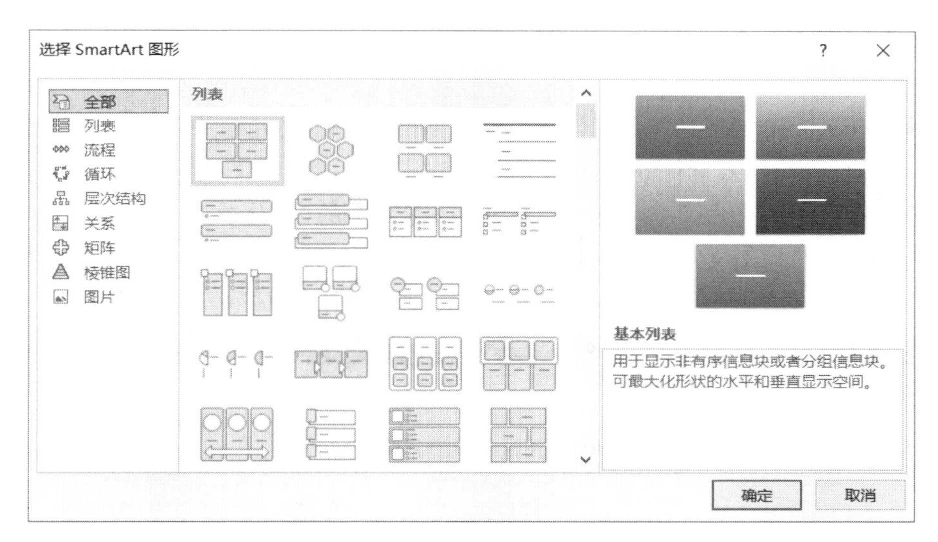

图 3.37 “选择 SmartArt 图形”对话框

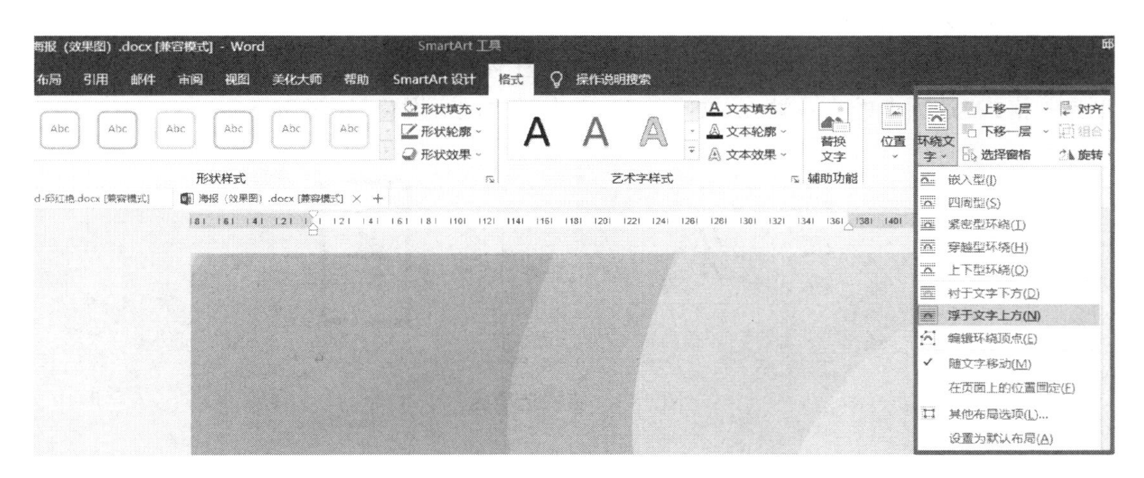

图 3.38 “SmartArt 工具—格式”选项卡

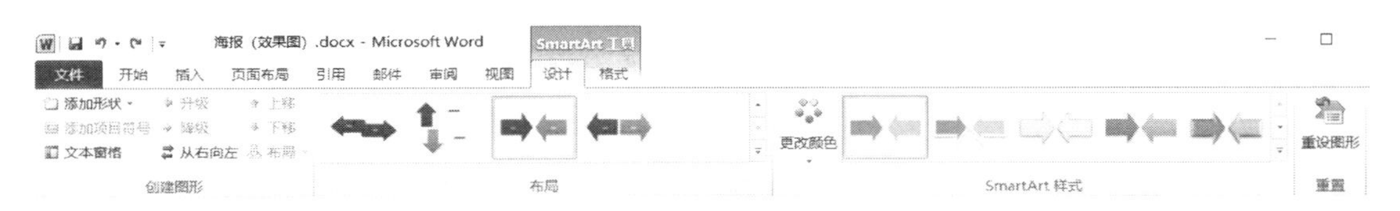

图 3.39 “SmartArt 工具—设计”选项卡

3.3.5　任务5　插入图片

将插入点定位在文档中，单击“插入”选项卡的“插图”功能组中的“图片”按钮，打开“插入图片”对话框，插入素材中的“海报素材1.jpg”图片。

单击“图片工具—格式”选项卡的“排列”功能组中的“环绕文字”按钮，如图3.40所示，在列表中选中“衬于文字下方”，即可拖拉调整图片的位置。按同样方式插入“海报素材2.jpg”图片，调整图片的大小及位置即可。

图3.40　“图片工具—格式”选项卡

3.3.6　任务6　设置字体格式

本节中，文本框内的文字、形状内的文字以及艺术字的字体格式设置，主要有两种方式，一是利用“开始”选项卡中的“字体”选项组或字体对话框设置；二是选中后，利用“绘图工具—格式”选项卡的文本填充、文本轮廓、文本样式进行设置，如图3.41所示。

图3.41　格式选项区

3.4　案例4　制作个人求职简历

本节以制作一份个人求职简历为例，最终效果如图3.42所示，介绍Word 2016中表格的基本操作，使学生可以轻松地创建出专业、美观的表格。

个人资料

姓　名：张晓	婚姻状况：未婚	
出　生：2001 年 9 月 26 日	政治面貌：党员	
性　别：男	民　族：汉	
学　位：本科	联系电话：	
专　业：机电一体化	电子邮件：	
地　址：		

求职意向

希望应聘贵公司生产部的机电数控职位，并希望在贵公司长期发展。

教育背景

2019.9— 2023.6　西南工程技术学院机电一体化专业

主修课程

机械制图、 Pro/Engineer 三维设计、 机械设计基础、 液压气动系统安装与调试、 数控加工编程与操作、自动化生产线安装与调试、 电机与拖动基础、 C 语言程序设计教程、 电气控制与 PLC 应用技术、 电子电工技术、 工程力学。

个人相关经历

在校期间参加了数控的编程与操作实习、PLC 控制实习、金工实习、电工实习、机电一体化实习等。掌握了机电一体化、数控技术等相关专业技能。在假期做过专业相关工作，同时磨炼了自己的意志和吃苦耐劳的精神。

职业技能

1. 具有扎实的专业能力。
2. 能够熟练使用 CAD、PRO-E 等绘图软件。
3. 能熟练应用 Office 办公软件。
4. 拥有数控机床证、专业证。

自我评价

本人性格开朗、稳重、有活力，待人热情、真诚。工作认真负责，积极主动，能吃苦耐劳。有较强的组织能力、实际动手能力和团体协作精神，能迅速地适应各种环境，并融入其中。我不是最优秀的，但我是最用功的；我不是太显眼，但我很踏实。希望我的努力可以让您满意。

图 3.42　个人简历最终效果

3.4.1 任务1 建立表格

在 Word 2016 中,用户可以通过多种途径来创建精美别致的表格。

1)使用即时预览创建表格

利用“表格”下拉列表插入表格的方法既简单又直观,并且可以让用户即时预览到表格在文档中的效果。其操作步骤如下:

①将光标指针定位在要插入表格的文档位置,然后单击“插入”选项卡的“表格”功能组中的“表格”按钮。

②在弹出的下拉列表中,以滑动鼠标的方式指定表格的行数和列数,与此同时,用户可以在文档中实时预览到表格的大小变化,如图 3.43 所示。确定行列数后,单击鼠标左键即可将指定行列数的表格插入到文档中。

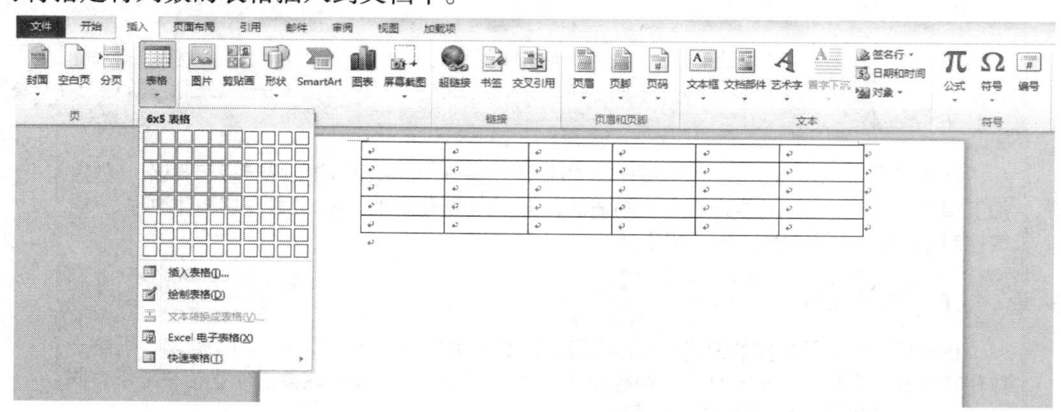

图 3.43 插入并预览表格

2)使用“插入表格”命令创建表格

在 Word 2016 中还可以使用“插入表格”命令来创建表格。该方法可以让用户在将表格插入文档之前就设置表格的尺寸和格式,其操作步骤如下:

①将光标指针定位在要插入表格的文档位置,单击“插入”选项卡的“表格”功能组中的“表格”按钮。

②在弹出的下拉列表中,选择“插入表格”命令。

③打开如图 3.44 所示的“插入表格”对话框,用户可以在“表格尺寸”选项区域中单击微调按钮分别指定表格的“列数”和“行数”。在本文档中,需要的个人简历表格为 3 列、19 行。用户还可以在“‘自动调整’操作”选项区域中根据实际需要选中相应的单选按钮(包括“固定列宽”“根据内容调整表格”和“根据窗口调整表格”),以调整表格尺寸。如果用户选中了“为新表格记忆此尺寸”复选框,那么在下次打开“插入表格”对话框时,就会默认保持此次的表格设置。设置完毕后,单击“确定”按钮,即可将表格插入到文档中。用户同样可以在 Word 2016 自动打开的“表格工具—设计”选项卡中进一步设置表格的外观和属性。

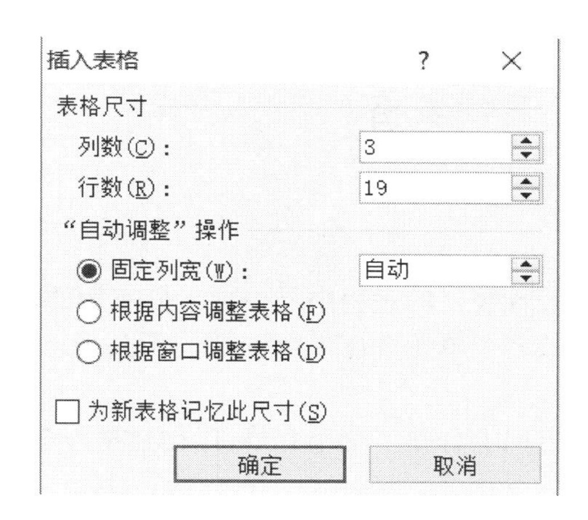

图 3.44 “插入表格”对话框

3)手动绘制表格

如果要创建不规则的复杂表格,则可以采用手动绘制表格的方法。此方法使创建表格操作更具灵活性,操作步骤如下:

①首先将鼠标指针定位在要插入表格的文档位置,单击“插入”选项卡的“表格”功能组中的“表格”按钮。

②在弹出的下拉列表中,选择“绘制表格”命令。

③此时,光标指针会变为铅笔状,用户可以先绘制一个大矩形以定义表格的外边界。然后在该矩形内根据实际需要绘制行线和列线。(注意:此时 Word 会自动打开“表格工具—设计”选项卡,并且“绘图边框”功能组中的“绘制表格”按钮处于选中状态)

④如果用户要擦除某条线,可以在“表格工具—设计”选项卡中,单击“绘制边框”功能组中的“擦除”按钮。此时鼠标指针会变为橡皮擦的形状,单击需要擦除的线条即可将其擦除。

⑤擦除线条后,再次单击“绘制边框”功能组中的“擦除”按钮,使其不再处于选中状态。这样,用户就可以继续在“表格工具—设计”选项卡中设计表格的样式,例如,在“表格样式库”中选择一种合适的样式应用到表格中。

提示:在“表格工具—设计”选项卡上,用户可以在“绘图边框”功能组中的“笔样式”下拉列表框中选择绘制边框的线型,在“笔划粗细”下拉列表框中选择绘制边框的线条宽度,在“笔颜色”下拉列表中更改绘制边框的颜色。

4)将现有文本转换为表格

①选中需要转换的文字内容。

②单击“插入”选项卡的“表格”功能组中的“表格”按钮,选择“文本转换成表格”命令。

③在弹出的对话框中设置表格的行数、列数等参数,设置完毕后单击“确认”按钮即可。

提示:建议先按照需要的单元格内容用段落标记、空格、逗号、制表符等将文字分隔开,再选择进行相应操作。此外,也可以将表格文字转换为文本,选中需要转换的表格,在“表格工具—布局”选项卡中,单击“数据”功能组中的“转换为文本”按钮即可。

3.4.2 任务2 编辑表格

1)合并或拆分单元格

合并或拆分单元格在设计表格的过程中是一项十分有用的功能。用户可以将表格中同一行或同一列中的两个或多个单元格合并为一个单元格,也可以将表格中的一个单元格拆分成多个单元格。

假设用户需要在水平方向上合并多个单元格,以创建横跨多个列的表格标题,其操作步骤如下:

①将鼠标指针定位在要合并的第一个单元格中,然后按住鼠标左键进行拖动,以选择需要合并的所有单元格。

②单击“表格工具—布局”选项卡的“合并”功能组中的“合并单元格”按钮即可。

如果用户想要将表格中的一个单元格拆分成多个单元格,其操作步骤如下:

①将鼠标指针定位在要拆分的单个单元格中,或者选择多个要拆分的单元格。

②单击“表格工具—布局”选项卡的“合并”功能组中的“拆分单元格”按钮。

③打开“拆分单元格”对话框,如图3.45所示,通过单击微调按钮指定要将选定的单元格拆分成的列数和行数,单击“确定”按钮即可。

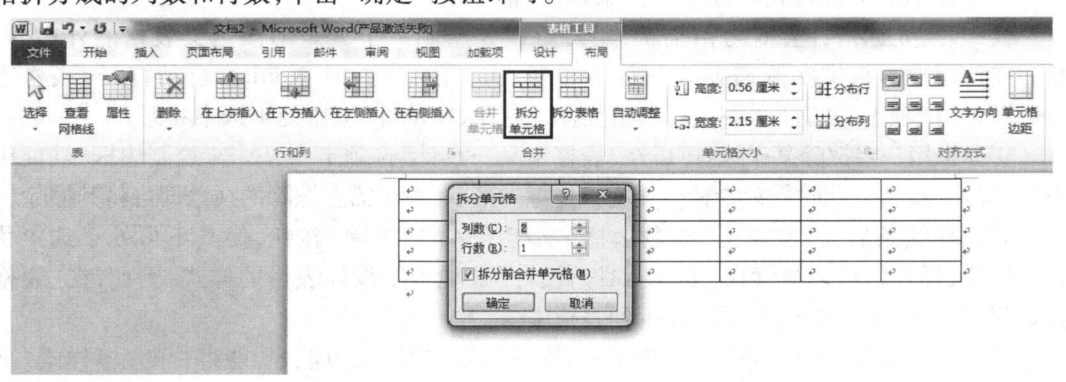

图3.45 拆分单元格

除了合并和拆分单元格外,当用户创建好表格后,往往会根据实际需求进行一些改动,例如向表格中添加单元格、添加行,或者从表格中删除列等。这些操作都可以通过“表格工具—布局”选项卡中“行和列”功能区中的按钮实现。

2)设置单元格文字的对齐方式

将光标定位在单元格中,输入相应文本后,单击“表格工具—布局”选项卡的“对齐方式”功能区中的对齐按钮,即可实现单元格内文本的对齐。Word 2016一共提供了“靠上两端对齐”“靠上居中对齐”“靠上右对齐”“中部两端对齐”“水平居中”“中部右对齐”“靠下两端对齐”“靠下居中对齐”“靠下右对齐”9种不同的对齐方式,如图3.46所示。

图 3.46　单元格对齐方式

3) 在表格中插入图片

将光标定位在需要插入图片的单元格中,单击“插入”选项卡的“插图”功能组中的“图片”按钮,选择需要插入的图片即可,单元格内的图片对齐方式与单元格内的文字对齐方式相同。

4) 调整表格的行高和列宽

通过“表格工具—布局”选项卡的“单元格大小”功能区中的参数设置,可以调整表格的行高和列宽,可以定位在某一行直接在高度及宽度文本框内输入值,也可以同时选中多行或多列,打开单元格大小对话框进行精确设置。

将光标放置到框线上,其变成上下或左右箭头形状时,按下鼠标左键拖拉框线,也可以调整行高或列宽。

3.4.3　任务 3　格式化表格

1) 设置表格框线

选中需要设置的单元格,在“表格工具—设计”选项卡的“绘图边框”功能组中,通过各个下拉列表设置框线的线型、粗细和颜色,如图 3.47 所示,然后单击“边框”按钮,在弹出的下拉列表中,如图 3.48 所示,根据需要选择为哪类框线添加刚刚设置的效果,在本文档中,选择整个表格后,选择框线的线型为“实线”,粗细为“3 磅”,颜色为“蓝色”,再在“边框”下拉列表中选择“外侧框线”,则为整个外边框设置好了边框效果。同理,依次选择需要设置的单元格,完成全部边框的设置。

2) 设置表格底纹

选中需要设置底纹效果的单元格,单击“底纹”按钮,在下拉列表中选择底纹样式即可完成底纹的设置。若要获得更多的底纹效果,也可以在选中单元格区域后,右击选择“边框和底纹”命令,在弹出的“边框和底纹”对话框中进行设置。

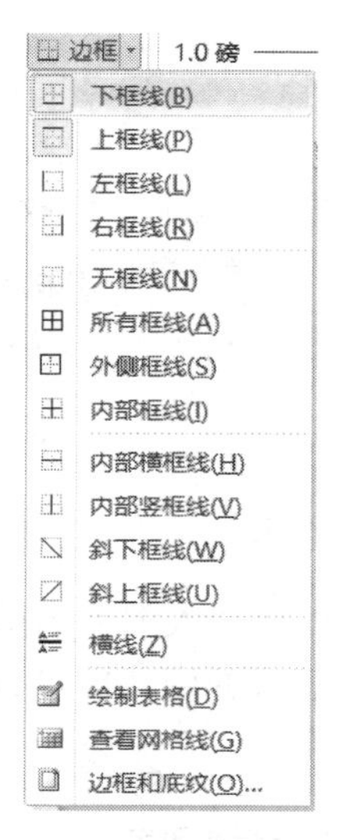

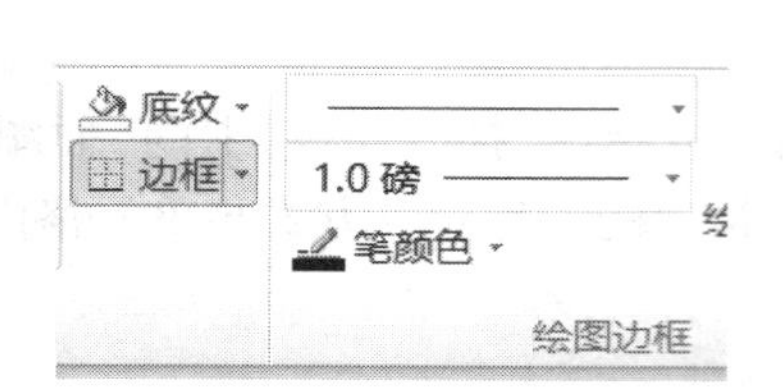

图 3.47　边框设置区域

图 3.48　边框列表

3.5　案例 5　长文档编辑

本节以制作一份可行性分析报告为例，介绍主题效果设置、封面制作、水印添加、目录制作等操作方法，帮助学生快速掌握长文档编辑的一些基本操作。

3.5.1　任务 1　设置主题效果

通过使用主题，用户可以快速改变 Word 文档的整体外观，主要包括字体、字体颜色和图形对象的效果等。打开素材中的“可行性报告-源文件.docx”，另存为“可行性报告.docx”。切换到“设计”选项卡，单击“文档格式”功能组中的“主题”按钮，如图 3.49 所示，在弹出的下拉列表中，选择一个主题样式即可。设置主题后，还可以对当前应用的主题再次修改，可修改主题的颜色、字体和效果等。

图 3.49　主题设置区域

3.5.2　任务 2　制作封面

封面设计在文档或书籍的整体设计中具有举足轻重的地位，封面设计的优劣对书籍或文档的形象有着非常重大的影响。因此，有时我们在进行文档的页面排版时需要插入封面，使其更加美观。在 Word 2016 中，系统提供了一些简单的封面设计效果，用户也可以自己设计符合自己需求的封面。

插入封面的操作步骤如下：

①打开“可行性报告.docx”文档，将光标定位在文档最前面，单击“插入”选项卡的“页”功能组中的“封面”按钮，在下拉列表中选择一个内置的封面样式。

②在封面上的“标题”处输入文字“数字影院项目可行性研究报告”，在“年份”处输入文字“2022”，其余的文本框均删除，然后在封面上插入图片“封面图.jpg”，设置图片环绕文字为“浮于文字上方”，调整大小及位置，如图3.50所示。

图3.50　封面效果

3.5.3　任务3　分隔符的使用

文档的不同部分通常会另起一页开始，很多用户习惯用加入多个空行的方法使新的部分另起一页，这种做法会导致修改文档时重复排版，从而增加工作量，降低工作效率。借助Word 2016中的分页或分节操作，可以有效划分文档内容的布局，而且使文档排版工作简洁高效。

如果只是为了排版布局的需要，单纯地将文档中的内容划分为上下两页，则在文档中插入分页符即可，操作步骤如下：

①将光标置于需要分页的位置。

②单击“布局”选项卡的“页面设置”选项组中的“分隔符”按钮，打开“插入分页符和分节符”选项列表，如图3.51所示。

③单击其中的“分页符”按钮，即可将光标后的内容布局到新的页面中，分页符前后页面的设置属性及参数均保持一致。

这里，我们定位在第二章的前面，单击“分页符”按钮，将第二章内容布局到新的页面中，用同样的方法，依次将各章节布局到新的一页。

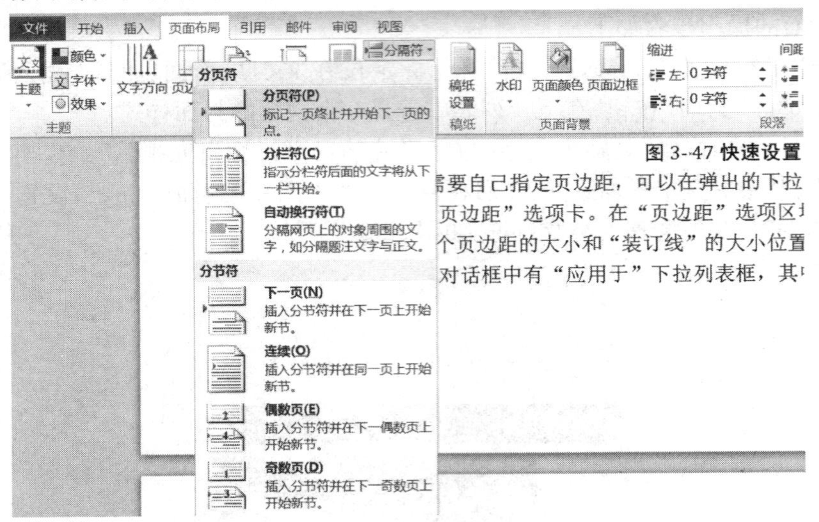

图 3.51　插入分页符和分节符

在文档中插入分节符，不仅可以将文档内容划分为不同的页面，而且还可以分别针对不同的节进行页面设置。插入分节符的操作步骤如下：

①将光标置于需要分页的位置。

②单击“布局”选项卡的“页面设置”选项组中的“分隔符”按钮，打开“插入分页符和分节符”选项列表。

分节符的类型有 4 种，分别是“下一页”“连续”“偶数页”和“奇数页”，下面分别来介绍一下它们的用途。

- “下一页”：分节符后的文本从新的一页开始。
- “连续”：新节与其前面一节同处于当前页中。
- “偶数页”：分节符后面的内容转入下一个偶数页。
- “奇数页”：分节符后面的内容转入下一个奇数页。

③单击其中的“下一页”分节符后，在当前光标位置处即插入了一个不可见的分节符，它不仅将光标位置后面的内容分为新的一节，还会使该节从新的一页开始，实现了既分节又分页的目的。

由于“节”不是一种可视的页面元素，所以很容易被用户忽视。但若是少了节的参与，许多排版效果将无法实现。默认方式下，Word 将整个文档视为一节，所有对文档的设置都是应用于整篇文档的。当插入“分节符”将文档分成几“节”后，可以根据需要设置每“节”的格式。

例如，在一篇 Word 文档中，一般情况下会将所有页面均设置为“横向”或“纵向”。但有时也需要将其中的某些页面设置为不同的方向。如对于一个包含宽度较大表格的文档，采用纵向排版无法将表格完整美观地显示在一个页面中，因此可以将放置表格这一页设置为横向排版。此时，就需要在该页面的前后插入分节符，这样对该页面设置纸张方向才不会影响其他页。

提示：插入分节符后，可以在“视图”选项卡的“大纲视图”中看到。若要删除，则在大纲视图中选中，按键盘上的 Delete 键即可。

3.5.4　任务 4　自动生成目录

目录通常是长篇幅文档不可缺少的一项内容，它列出了文档中的各级标题及其所在的页码，便于文档阅读者快速查找到所需内容。利用 word 自动生成目录的功能，可以快速生成目录，使用目录功能前，首先要对进入目录的文字段落设置大纲级别。

以可行性报告文档为例，生成目录的操作步骤如下：

①在“可行性报告.docx”中，利用 Ctrl 键，选中第一章至第四章的标题段，打开“开始”选项卡中的样式列表，选择“标题 1”样式，在样式列表中单击标题 1 后的下拉按钮，选择“修改”，在弹出的快捷菜单中修改字体为“黑体”，字号为“二号”，对齐方式为“居中对齐”。此时，所有的标题段落外观格式发生了变化，且具有大纲级别，可以通过“视图”选项卡的“大纲视图”进行文本级别的查看和修改。

②用同样的方法，将每一章中的汉字编号如“一、项目概况”“二、可行性研究报告的编制依据”……设置为“标题 2”样式，“标题 2”样式默认为大纲级别 2。

③将光标定位在第一章的标题前，单击“布局”选项卡的“页面设置”功能区中的“分隔符”按钮，在下拉列表中选择“分页符”，得到一个空白页，光标定位在空白页，输入“目录”两个字，设置字体格式。按回车键换行，单击“引用”选项卡的“目录”功能区中的“目录”按钮，在下拉列表中选择“自定义目录”，弹出“目录”对话框，如图 3.52 所示，在“目录”对话框中可以根据需求进行参数设置，这里使用默认值即可，单击“确认”按钮，自动生成如图 3. 53 所示的目录。

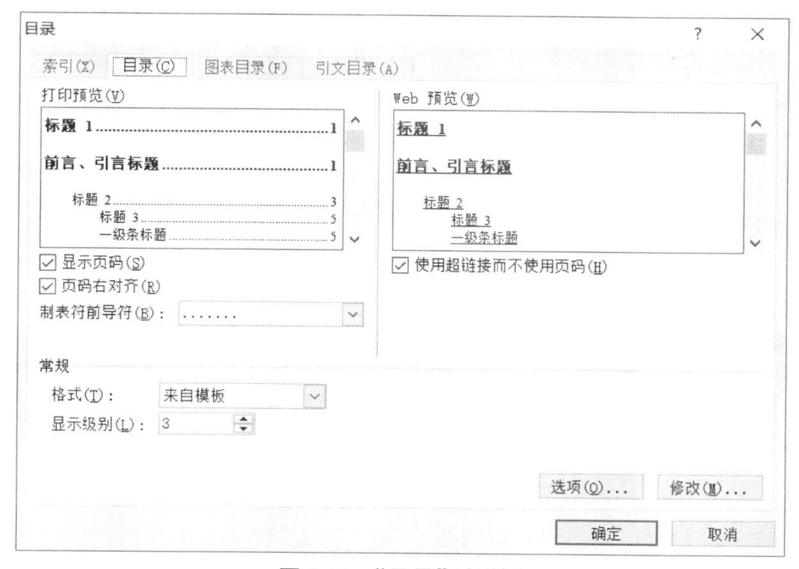

图 3.52　“目录”对话框

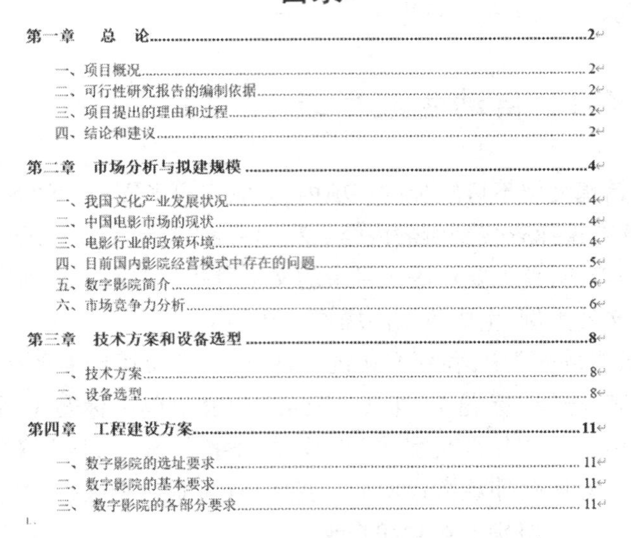

目录

第一章　总　论……2
一、项目概况……2
二、可行性研究报告的编制依据……2
三、项目提出的理由和过程……2
四、结论和建议……2
第二章　市场分析与拟建规模……4
一、我国文化产业发展状况……4
二、中国电影市场的现状……4
三、电影行业的政策环境……4
四、目前国内影院经营模式中存在的问题……5
五、数字影院简介……6
六、市场竞争力分析……6
第三章　技术方案和设备选型……8
一、技术方案……8
二、设备选型……8
第四章　工程建设方案……11
一、数字影院的选址要求……11
二、数字影院的基本要求……11
三、　数字影院的各部分要求……11

图 3.53　生成目录后的部分效果

3.5.5　任务 5　添加页眉和页脚

1) 在文档中插入预设的页眉和页脚

在整个文档中插入预设的页眉和页脚的操作方法十分相似,操作步骤如下:

①单击“插入”选项卡的“页眉和页脚”功能组中的“页眉”按钮,如图 3.54 所示。

②在打开的“页眉库”中以图示的方式罗列出许多内置的页眉样式,可以从中选择一个合适的页眉样式,或选择下拉列表中的“编辑页眉”命令,可以输入自己所需的页眉内容,并设置相应格式。

③同样,单击“插入”选项卡的“页眉和页脚”功能组中的“页脚”按钮。在打开的内置“页脚库”中可以选择合适的页脚样式或选择“编辑页脚”命令,从而获得需要的页脚效果。

另外,在文档中插入页眉或页脚后,Word 中会自动出现“页眉和页脚工具—设计”选项卡,在这个选项卡中单击“关闭”功能组中的“关闭页眉和页脚”按钮,即可关闭页眉和页脚区域。

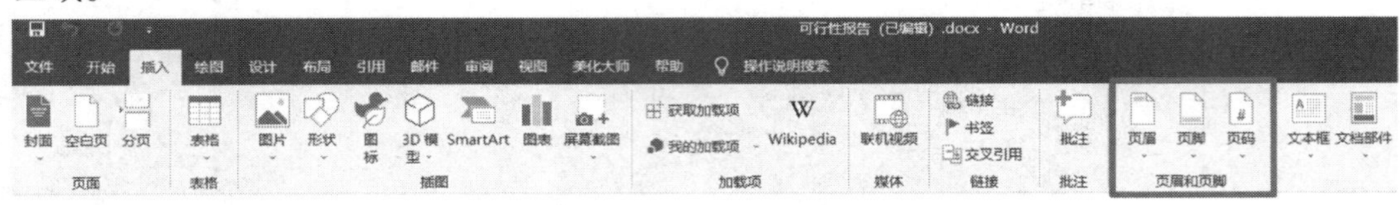

图 3.54　插入页眉

2)创建首页不同的页眉和页脚

如果希望将文档首页的页眉和页脚设置得与众不同,可以按照如下操作步骤进行设置:

①在文档中,双击已经插入在文档中的页眉或页脚区域,此时在功能区中自动出现“页眉和页脚工具—设计”选项卡,如图 3.55 所示。

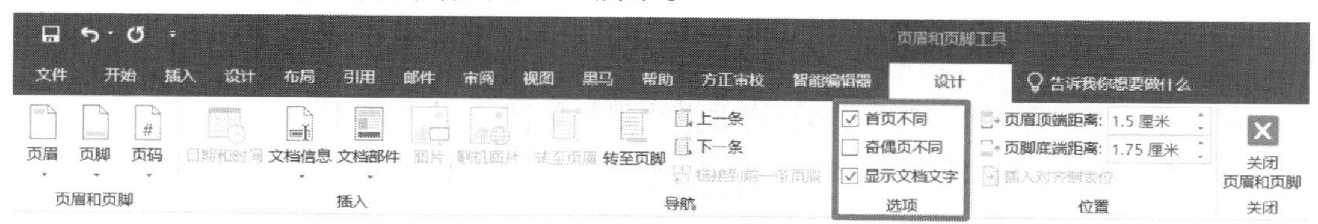

图 3.55　创建首页不同的页眉和页脚

②在“选项”功能组中选中“首页不同”复选框,此时文档首页中原先定义的页眉和页脚就被删除了,用户可以另行设置。

3)为奇偶页创建不同的页眉和页脚

有时一个文档中的奇偶页上需要使用不同的页眉或页脚。例如,在制作书籍资料时,用户选择在奇数页上显示书籍名称,而在偶数页上显示章节标题。

要对奇偶页使用不同的页眉或页脚,可以按照如下操作步骤进行设置:

①在文档中,双击已经插入在文档中的页眉或页脚区域,此时在功能区中自动出现“页眉和页脚工具—设计”选项卡。

②在“选项”功能组中选中“奇偶页不同”复选框,这样用户就可以分别创建奇数页和偶数页的页眉和页脚了。

4)为文档各节创建不同的页眉和页脚

用户可以为文档的各节创建不同的页眉和页脚,例如,需要在当前长文档中为“目录”与“内容”两部分应用不同的页眉样式,可以按照如下操作步骤进行设置:

①将鼠标指针放置在文档第一章的前面,单击“布局”选项卡的“页面设置”功能组中的“分节符”按钮,在下拉列表中选择“连续”,在第一章前插入一个分节符,此时将目录和正文分为了两个不同的节。

②定位在目录页中,切换至“插入”选项卡,在“页眉和页脚”功能组中单击“页眉”按钮,选择“编辑页眉”命令,勾选“页眉和页脚工具”选项卡中的“首页不同”单选框,输入页眉内容为“目录”。

③定位到第一章所在页面的页眉位置,在“页眉页脚工具—设计”选项卡中,取消“首页不同”单选框的选择,并单击“导航”功能组中的“链接到前一条页眉”按钮,如图 3.56 所示,断开新节中的页脚与前一节中的页脚之间的链接。此时,Word 页面中将不再显示“与上一节相同”的提示信息,此时输入页眉内容为“正文”。

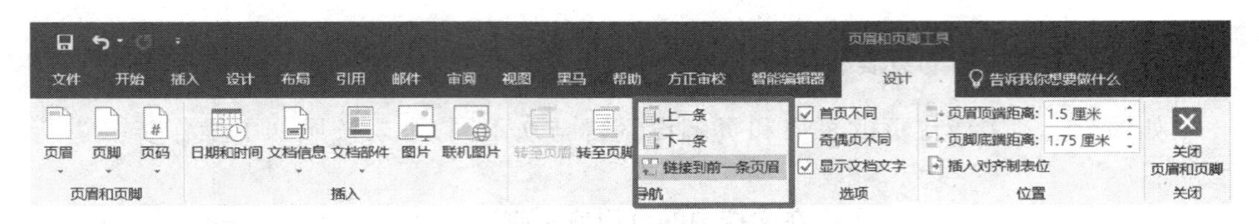

图 3.56　创建奇偶页不同的页眉或页脚

5) 删除页眉和页脚

在整个文档中删除所有页眉和页脚的方法很简单,操作步骤如下:

①单击文档中的任何位置,单击“插入”选项卡的“页眉和页脚”功能组中的“页眉”按钮。

②在弹出的下拉列表中选择“删除页眉”命令即可将文档中的所有页眉删除。

③同样,在下拉列表中选择“删除页脚”命令即可将文档中的所有页脚删除。

思考:若要为正文部分的不同章节创建不同的页眉效果,为正文部分添加从 1 开始的连续页码作为页脚,分别应该如何操作?

3.5.6　任务 6　添加脚注和尾注

编辑文档时,常常需要对一些引用的内容、名词或事件添加注释。Word 2016 提供的插入脚注和尾注功能,可以快速完成在指定的文字处插入注释。脚注和尾注的区别是:脚注是放在注释文字所在页面的底端,而尾注是放在整个文档的结尾处。插入脚注和尾注的操作步骤如下:

①打开“可行性报告.docx”文档,将插入点定位在第二章第一段文字后,单击“引用”选项卡的“脚注”功能区中的“插入脚注”按钮,此时定位处会出现数字 1,且光标自动切换到当前页的底端,输入注释文字“数据引用自 * * * * 报告”即可。

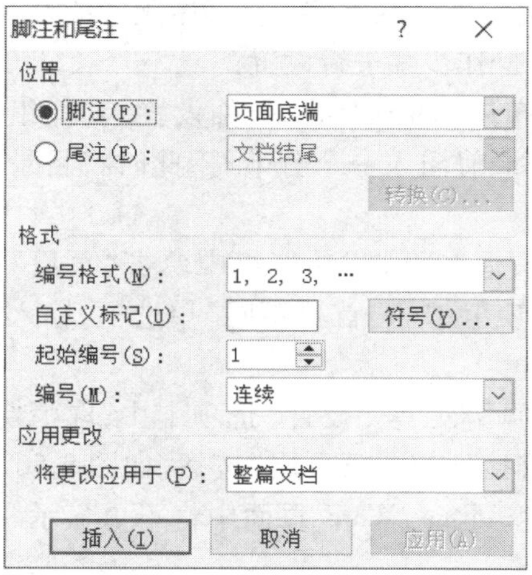

②将插入点定位在第二章第二段文字后,单击“引用”选项卡的“脚注”功能区中的“插入尾注”,此时定位处会出现数字 1,且光标自动切换到整篇文档的最后,输入注释文字“数据引用自 * * * * 调查报告”即可。

③若要对注释的编号格式、自定义标记、起始编号和编号方式等进行编辑,则可以单击“引用”选项卡的“脚注”功能组中“对话框启动”按钮,打开“脚注和尾注”对话框,如图3.57所示,在对话框中选定“脚注”或“尾注”单选项后进行设置即可。

如果要删除脚注和尾注,则在文中选定要删除的脚注或尾注编号,按“Delete”键即可。

图 3.57　“脚注和尾注”对话框

3.6　案例 6　邮件合并

Word 2016 提供了强大的邮件合并功能,该功能具有极佳的实用性和便捷性。如果用户希望批量创建一组文档(如一个寄给多个客户的套用信函),就可以使用邮件合并功能来实现。

Word 的邮件合并可以将一个主文档与一个数据源结合起来,最终生成一系列输出文档。“邮件合并”这个名称最初是在批量处理“邮件文档”时提出的。具体地说就是在邮件文档(主文档)的固定内容中,合并、发送与信息相关的一组通信资料(数据源:如 Excel 表、Access 数据表等),从而批量生成需要的邮件文档。

1) 创建主文档

主文档是经过特殊标记的 Word 文档,其中包含了基本的文本内容,这些文本内容在所有输出文档中都是相同的,如信件的信头、主体以及落款等。另外还有一系列指令(称为合并域),用于插入在每个输出文档中都要发生变化的文本,如收件人的姓名和地址等。

2) 创建或选择数据源

数据源实际上是一个数据列表,其中包含了用户希望合并到输出文档的数据。通常它保存了姓名、通信地址、电子邮件地址、传真号码等数据字段。Word 的“邮件合并”功能支持很多类型的数据源,其中主要包括下列几类数据源:

- Microsoft Office 地址列表:在邮件合并的过程中,“邮件合并”任务窗格为用户提供了创建简单的“Office 地址列表”的机会,用户可以在新建的列表中填写收件人的姓名和地址等相关信息。此方法最适合用于不经常使用的小型、简单列表。
- Microsoft Word 数据源:可以使用某个 Word 文档作为数据源。该文档应该只包含 1 个表格,该表格的第 1 行必须用于存放标题,其他行必须包含邮件合并所需要的数据记录。
- Microsoft Excel 工作表:可以从工作簿内的任意工作表或命名区域选择数据。
- Microsoft Outlook 联系人列表:可直接在“Outlook 联系人列表”中检索联系人信息。
- Microsoft Access 数据库:在 Access 中创建的数据库。
- HTML 文件:使用只包含 1 个表格的 HTML 文件。表格的第 1 行必须用于存放标题,其他行则必须包含邮件合并所需要的数据。

3) 邮件合并的最终文档

这里以制作公司邀请函为例,对相关操作进行讲解。

邮件合并的最终文档包含了所有的输出结果,其中,有些文本内容在输出文档中都是相同的,而有些内容会随着收件人的不同而发生变化。

例如,如图 3.58 所示的邀请函文档,在这个文档中已经输入了邀请函的正文内容,这一部分就是固定不变的内容,这就是主文档。邀请函中的邀请人姓名以及邀请人的称谓等信息就属于变化的内容,而这部分内容保存在如图 3.59 所示的 Excel 工作表中,这就是数据源。

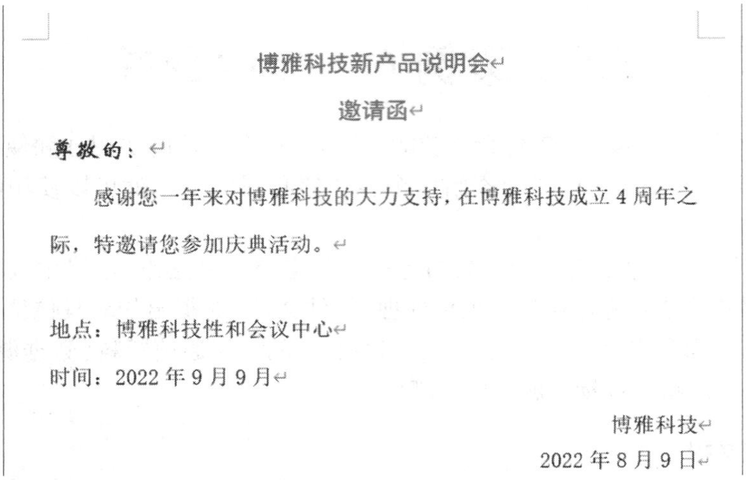

博雅科技新产品说明会

邀请函

尊敬的：

感谢您一年来对博雅科技的大力支持，在博雅科技成立 4 周年之际，特邀请您参加庆典活动。

地点：博雅科技性和会议中心

时间：2022 年 9 月 9 月

博雅科技

2022 年 8 月 9 日

图 3.58　邀请函文档

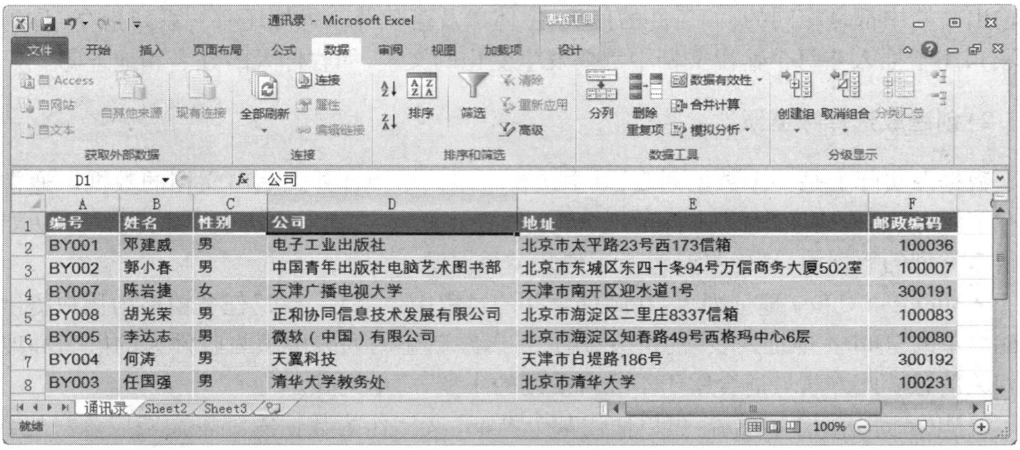

编号	姓名	性别	公司	地址	邮政编码
BY001	邓建威	男	电子工业出版社	北京市太平路23号西173信箱	100036
BY002	郭小春	男	中国青年出版社电脑艺术图书部	北京市东城区东四十条94号万信商务大厦502室	100007
BY007	陈岩捷	女	天津广播电视大学	天津市南开区迎水道1号	300191
BY008	胡光荣	男	正和协同信息技术发展有限公司	北京市海淀区二里庄8337信箱	100083
BY005	李达志	男	微软（中国）有限公司	北京市海淀区知春路49号西格玛中心6层	100080
BY004	何涛	男	天翼科技	天津市白堤路186号	300192
BY003	任国强	男	清华大学教务处	北京市清华大学	100231

图 3.59　保存在 Excel 工作表中的邀请人信息

下面就来介绍如何利用邮件合并功能将数据源中邀请人的信息自动填写到邀请函文档中。对于初次使用该功能的用户而言，Word 提供了非常周到的服务，即“邮件合并分步向导”，它能够帮助用户一步步地了解整个邮件合并的使用过程，并高效、顺利地完成邮件合并任务。

利用“邮件合并分步向导”批量创建信函的操作步骤如下：

①单击“邮件”选项卡的“开始邮件合并”功能组中的“开始邮件合并”按钮，如图 3.60 所示，在下拉列表中选择“邮件合并分步向导”命令。

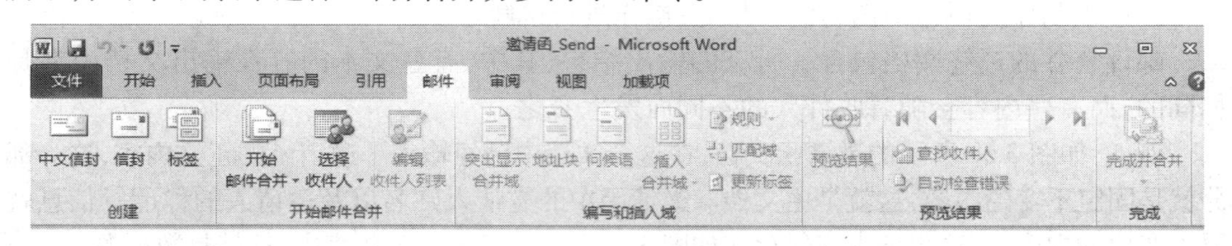

图 3.60　“邮件”选项卡

②打开“邮件合并”任务窗格，如图 3.61 所示，进入“邮件合并分步向导”的第 1 步（总共有 6 步）。在“选择文档类型”选项区域中，选择一个希望创建的输出文档的类型（本例选中“信函”单选项）。

③单击“下一步：正在启动文档”超链接，进入“邮件合并分步向导”的第 2 步，在“选择开始文档”选项区域中选中“使用当前文档”单选项，以当前文档作为邮件合并的主文档。接着单击“下一步：选取收件人”超链接，进入“邮件合并分步向导”的第 3 步，在“选择收件人”选项区域中选中“使用现有列表”单选项，如图 3.62 所示，然后单击“浏览”超链接。

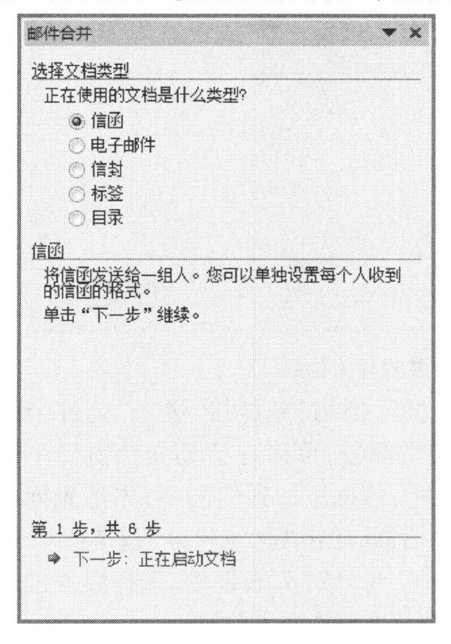

图 3.61　确定主文档类型

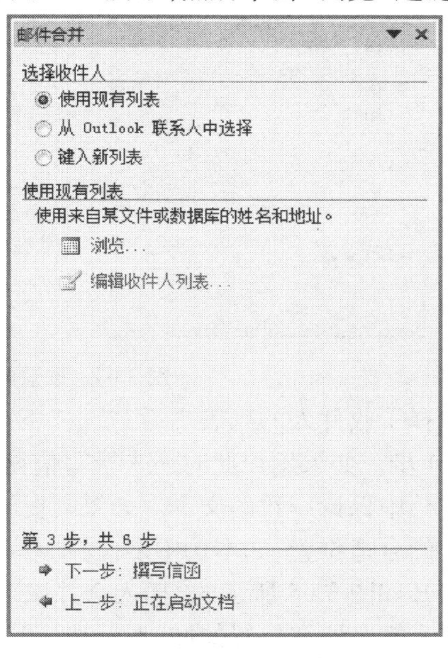

图 3.62　选择邮件合并数据源

④打开“选取数据源”对话框，选择保存客户资料的 Excel 工作表文件，然后单击“打开”按钮。此时打开“选择表格”对话框，选择保存客户信息的工作表名称，如图 3.63 所示，单击“确定”按钮。

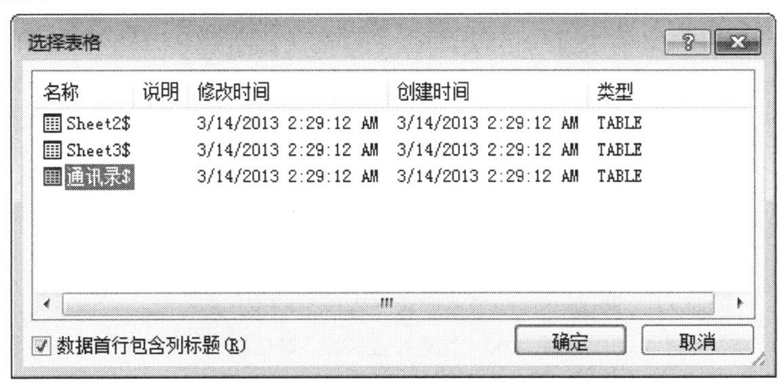

图 3.63　选择数据工作表

⑤打开如图 3.64 所示的“邮件合并收件人”对话框，可以对需要合并的收件人信息进行修改，然后单击“确定”按钮，完成现有工作表的链接工作。

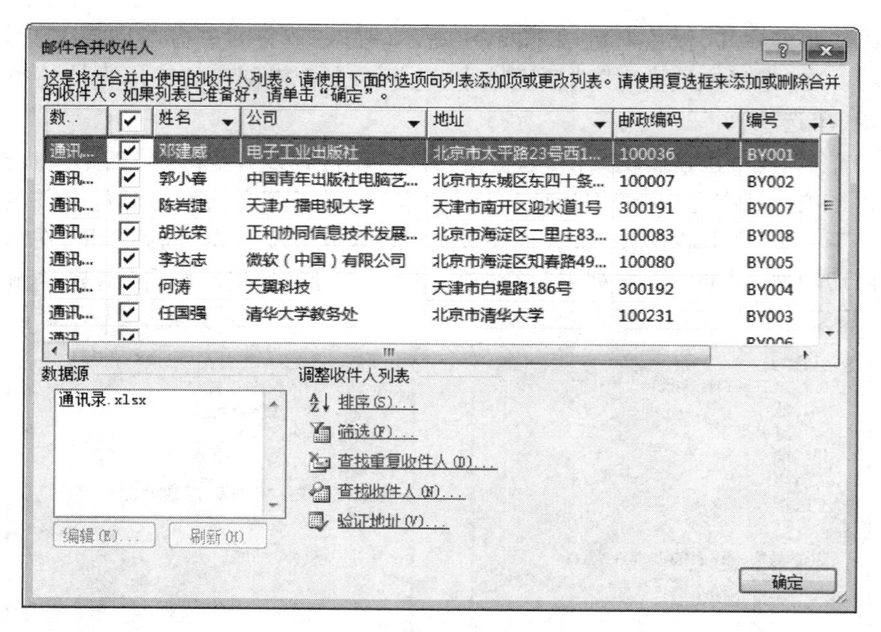

图 3.64　设置邮件合并收件人信息

⑥选择了收件人的列表之后，单击“下一步：撰写信函”超链接，进入“邮件合并分步向导”的第 4 步。如果用户此时还未撰写信函的正文部分，可以在活动文档窗口中输入在所有输出文档中保持一致的文本。如果需要将收件人信息添加到信函中，先将光标指针定位在文档中的合适位置，如本例中定位在“尊敬的”后面，单击“其他项目”超链接。

⑦打开如图 3.65 所示的“插入合并域”对话框，在“域”列表框中，选择要添加到邀请函中的邀请人姓名所在位置的域，本例选择“姓名”域，单击“插入”按钮。

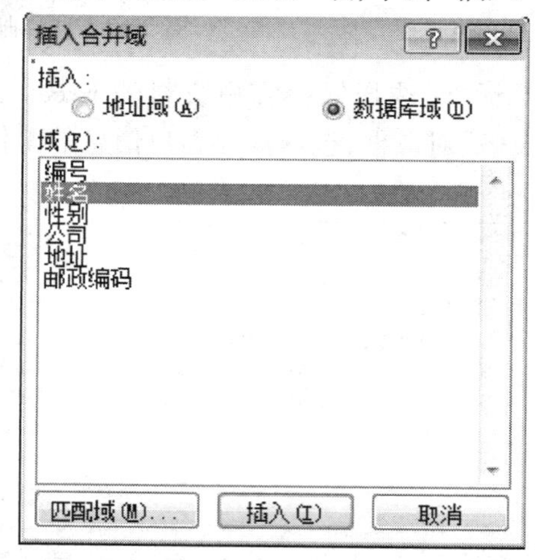

图 3.65　“插入合并域”对话框

⑧插入完所需的域后，单击“关闭”按钮，关闭“插入合并域”对话框。文档中的相应位置就会出现已插入的域标记。

⑨单击“邮件”选项卡的“编写和插入域”功能组中的“规则”按钮，在下拉列表中选择

“如果…那么…否则…”命令，打开“插入 Word 域：IF”对话框，在“域名”下拉列表框中选择“性别”，在“比较条件”下拉列表框中选择“等于”，在“比较对象”文本框中输入“男”，在“则插入此文字”文本框中输入“（先生）”，在“否则插入此文字”文本框中输入“（女士）”，如图 3.66 所示，然后单击“确定”按钮，这样就可以使被邀请人的称谓与性别建立关联。

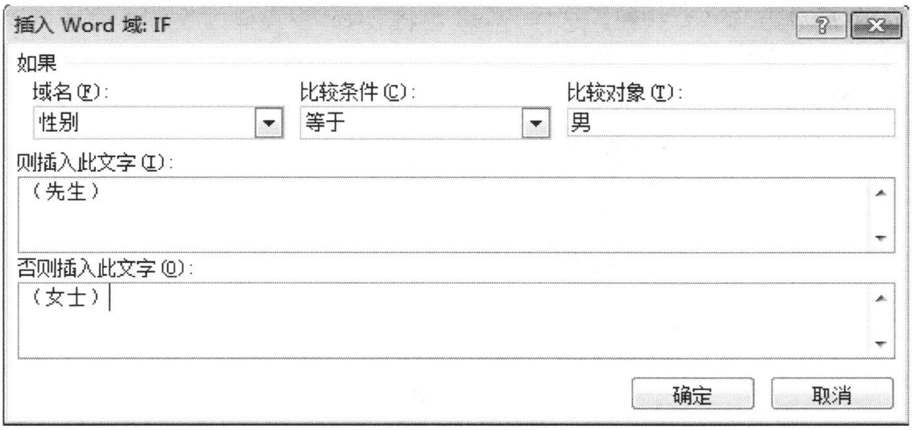

插入 Word 域: IF
如果
域名(F):　性别
比较条件(C):　等于
比较对象(T):　男
则插入此文字(I):
（先生）
否则插入此文字(O):
（女士）
确定　取消

图 3.66　确定插入域规则

⑩在“邮件合并”任务窗格中，单击“下一步：预览信函”超链接，进入“邮件合并分步向导”的第 5 步。在“预览信函”选项区域中，单击“<<”或“>>”按钮，如图 3.67 所示，查看具有不同邀请人姓名和称谓的信函。如果用户想要更改收件人列表，可单击“做出更改”选项区域中的“编辑收件人列表”超链接，在随后打开的“邮件合并收件人”对话框中进行更改。如果用户想要从最终的输出文档中删除当前显示的文档，可单击“排除此收件人”按钮。

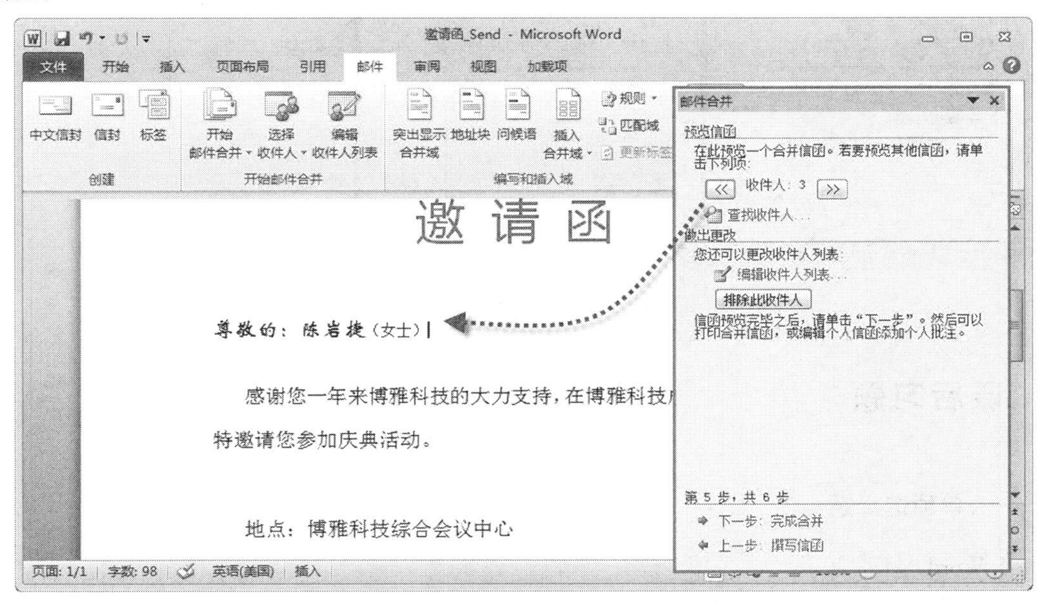

图 3.67　预览信函

⑪预览并处理输出文档后，单击“下一步：完成合并”超链接，进入“邮件合并分步向导”的最后一步。在“合并”选项区域中，用户可以根据实际需要选择单击“打印”或“编辑单个信函”超链接，进行合并工作。本例单击“编辑单个信函”超链接。

⑫打开“合并到新文档”对话框，在“合并记录”选项区域中，选中“全部”单选项，如图3.68所示，然后单击“确定”按钮。这样，Word会将Excel中存储的收件人信息自动添加到邀请函正文中，并合并生成一个如图3.69所示的新文档，在该文档中，每页中的邀请函客户信息均由数据源自动创建生成。

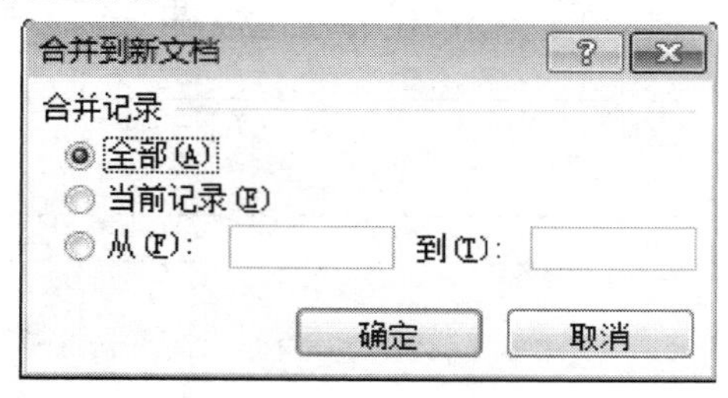

图3.68　合并到新文档

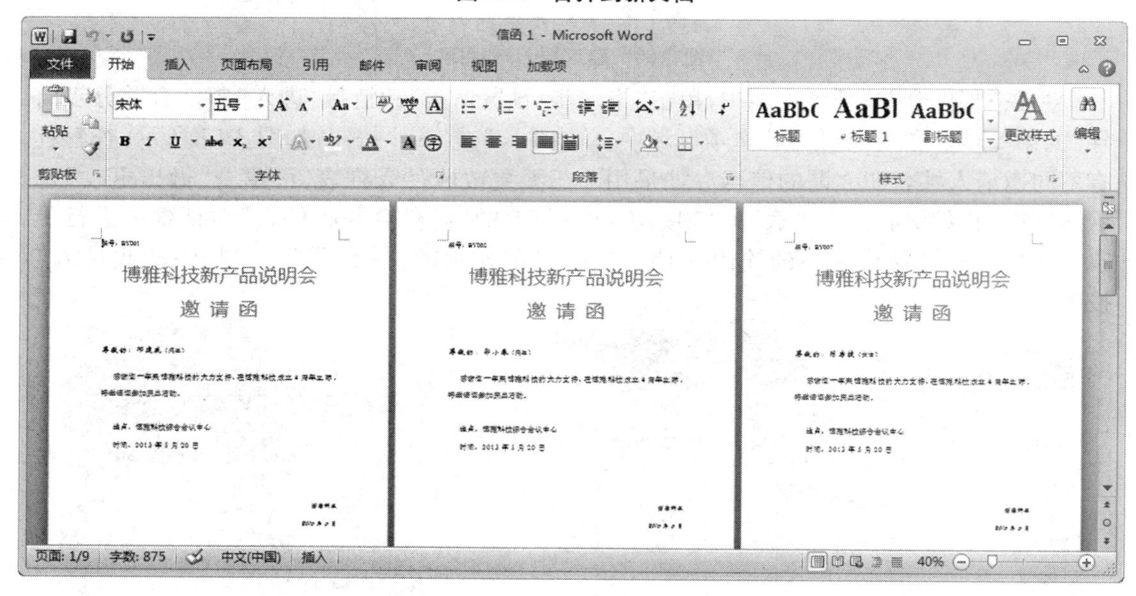

图3.69　批量生成的文档

课后习题

一、单项选择题

1.Word是(　　)。

A.字处理软件　　B.系统软件　　C.硬件　　D.操作系统

2.在 Word 文档中，每个段落都有自己的段落标记，段落标记的位置在(　　)。

A.段落的首部　　B.段落的尾处

C.段落的中间位置　　D.段落中，用户找不到

3.Word 中选择相邻的大范围文本块，可以先定位在起始位置，再按住(　　)键，在终点位置单击，即可选中中间的全部文字。

A.Ctrl　　B.Alt　　C.Shift　　D.Enter

4.Word 中删除单元格的正确操作是(　　)。

A.选中要删除的单元格，按 Delete 键

B.选中要删除的单元格，单击“剪切”按钮

C.选中要删除的单元格，按快捷键 Shift+Delete

D.选中要删除的单元格，使用右键的“删除单元格”命令

5.关于 Word 特点的描述，正确的是(　　)。

A.一定要使用“打印预览”才能看到打印出来的效果

B.不能进行图文混排

C.在页面视图下所见即所得

D.无法检查拼写及语法错误

6.Word 中的页边距可以通过(　　)设置。

A.“页面”视图下的“标尺”　　B.“开始”选项卡中的“段落”功能组

C.“页面布局”选项卡中的“页边距”　　D.“插入”选项卡中的“页边距”

7.Word 中要自动生成目录，首先要为正文中需要进入目录的标题文本设置(　　)。

A.大纲级别　　B.字体格式　　C.段落格式　　D.主题

8.在 Word 中，调整文本行间距应选取(　　)。

A.开始选项卡中段落组中的行距　　B.插入选项卡段落中的行距

C.视图选项卡中的标尺　　D.格式选项卡中段落中的行距

9.如果用户想保存一个正在编辑的文档，但希望以不同文件名存储，可用(　　)命令。

A.保存　　B.另存为　　C.比较　　D.限制编辑

10.老师要给班级中的每位学生家长发送一份“期末成绩通知单”，用(　　)命令最简便。

A.复制　　B.信封　　C.标签　　D.邮件合并

二、填空题

1.在 Word 2016 中，默认保存后的文档格式扩展名为________。

2.在 Word 中，默认的视图方式是________。

3.Word 中的段落标记是在输入________之后产生的。

4.在 Word 文档中，在录入文本时，默认为“插入”方式，可按键盘上的________键切换变为“改写”方式。

5.Word 2016 中的“替换”按钮在________选项卡中。

6.在 Word 的编辑状态下，“复制”操作的组合键是________。

7.Word 中将文档分为左右两个版面的功能称为________。

8.将段落的第一个字放大突击显示使用的是首字下沉功能,在________选项卡中可以找到该操作命令。

9.当执行了误操作后,可以单击________按钮撤销当前操作。

10.在 Word 文档中插入公式,应单击“插入”选项卡的“符号”功能组中的________按钮。

三、简答题

1.Word 2016 有哪些视图模式?

2.简述在 Word 2016 中查找某一文本的步骤。

3.Word 2016 中的段落对齐方式有哪几种?

4.什么叫文档样式?

5.简述邮件合并的概念。

第 4 章　表格处理软件 Excel

Excel 也称为电子表格，是 Microsoft Office 套装软件的一个重要组成部分，也是人们在现代商务办公中使用率极高的软件之一。人们利用它可以完成各种数据的处理、统计分析和辅助决策等工作。本章使用 Excel 2016 为大家讲解和演示相关知识点及操作。

Excel 2016 以新的界面面向用户，与其他版本相比，新增功能如下：

①内置的 PowerQuery 功能：以前的版本如果要使用 PowerQuery，需要独立安装，而 Excel 2016 已经内置了这个功能。

②自带 Power Map 的插件，在播放的时候将二维地图和三维地球完美对接。

③在数据菜单中新增了数据预测功能。

④新增了 Tellme 功能。通过“告诉我你想做什么”功能快速检索 Excel 功能按钮。

⑤主题颜色更加丰富多样，可选择性更多。

⑥透视表字段列提供搜索功能，当数据源字段数量很多时非常方便。

4.1　案例 1　制作学生成绩表

4.1.1　任务 1　熟悉 Excel 2016 的工作环境

1) Excel 2016 操作界面

启动 Excel 2016 后，可以看到如图 4.1 所示的界面。

- 快速访问工具栏　该工具栏位于工作界面的左上角，包含一组用户使用频率较高的工具，如“保存”“撤销”和“恢复”。用户可单击“快速访问工具栏”右侧的下三角按钮，在展开的列表中选择要在其中显示或隐藏的工具按钮。
- 功能区　功能区位于标题栏的下方，由一组选项卡组成。Excel 2016 将用于处理数据的所有命令放置在不同的选项卡中。单击不同的选项卡标签，可切换功能区中显示的工具命令。在每一个选项卡中，命令又被分类放置在不同的组中。组的右下角通常都会有一个对话框启动器按钮，用于打开与该组命令相关的对话框，以便用户对相关操作做更进一步的设置。

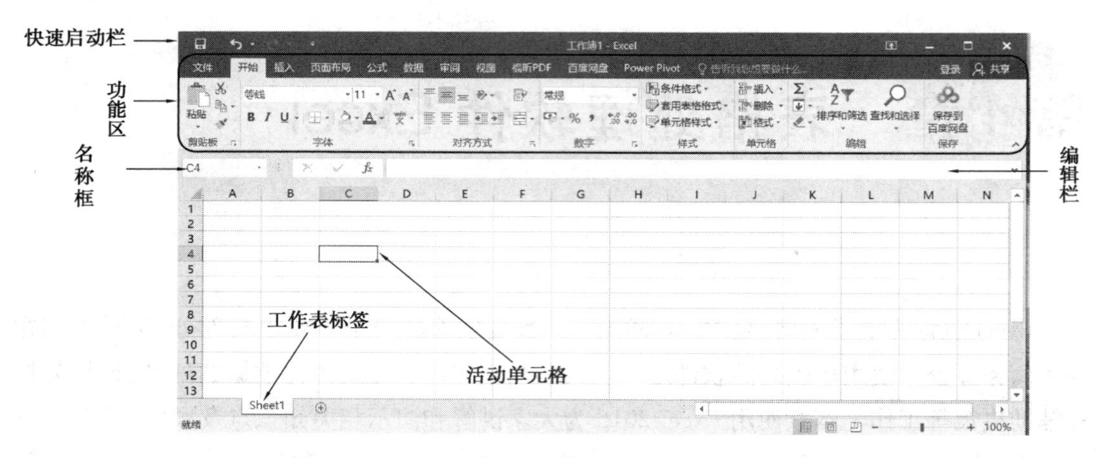

图 4.1　Excel 2016 窗口

● 编辑栏　编辑栏主要用于输入和修改活动单元格中的数据。当在工作表的某个单元格中输入数据时，编辑栏会同步显示输入的内容。

● 工作表标签　工作表标签位于工作簿窗口的左下角，默认名称为 Sheet1，单击右键可以插入更多的工作表。

2）工作簿、工作表、单元格

在 Excel 中，用户接触最多的就是工作簿、工作表和单元格，工作簿就像是我们日常生活中的账本，而账本中的每一页账表就是工作表，账表中的一格就是单元格，工作表中包含了数以百万计的单元格。

工作簿是指 Excel 环境中用来储存并处理工作数据的文件，也就是说一个 Excel 文档就是一个工作簿。它是 Excel 工作区中一个或多个工作表的集合，其扩展名为.xlsx。

工作表是显示在工作簿窗口中由行和列构成的表格。它主要由单元格、行号、列标和工作表标签等组成。工作表中行和列的交叉部分称为单元格，是存放数据的最小单元。例如，工作表最左上角的单元格位于第 1 列第 1 行，其地址便是 A1。行标用数字表示，列标用英文字母表示。

每一个工作簿可由一个或多个工作表组成，默认情况下由一个工作表组成，最多可建立 255 个工作表。不同的工作表通过工作表标签进行区别，如 sheet1、sheet2、sheet3……工作表标签的名称、颜色和工作表的个数均可以根据实际需要手动更改。工作簿可以拥有许多不同的工作表。

为了区分不同工作表的单元格，需要在单元格地址前添加工作表名称的标识，如 Sheet1！B3，表示单元格 B3 隶属于工作表 sheet1。

4.1.2　任务 2　掌握 Excel 2016 的基本操作

Excel 的基本操作包括对工作簿的基本操作和对单元格的基本操作。

1) 工作簿基本操作

工作簿的基本操作包括新建、保存、打开、关闭等。

• 新建工作簿　通常情况下，启动 Excel 2016 时，系统会自动新建一个名为“工作簿1”的空白工作簿。若要再新建空白工作簿，可按快捷键 Ctrl+N，或单击“文件”选项卡，在打开的界面中选择“新建”命令，在窗口中的“可用模板”列表中选择“空白工作簿”项，然后单击“创建”按钮即可，如图 4.2 所示。

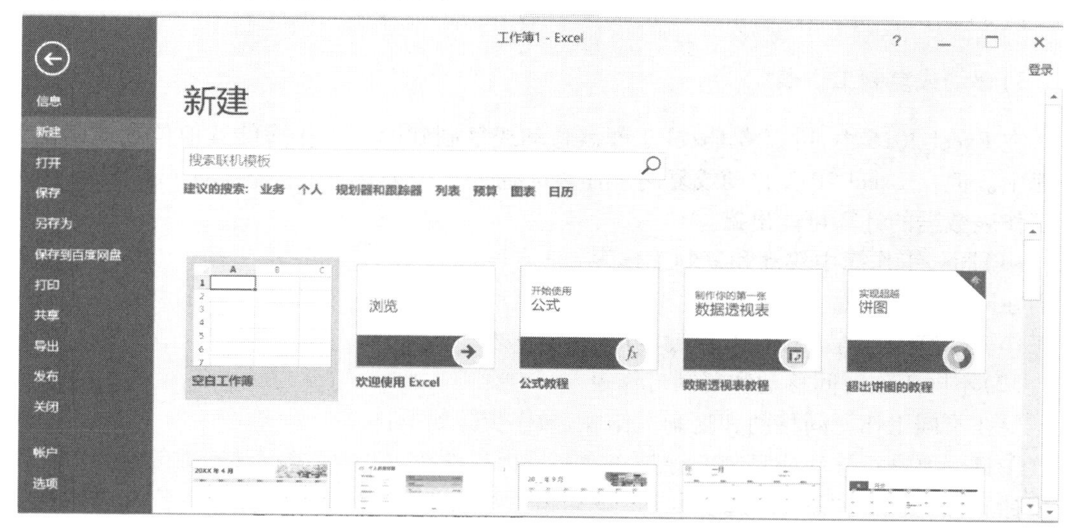

图 4.2　新建 Excel 2016 工作簿

• 保存新工作簿　当对工作簿进行了编辑操作后，为防止数据丢失，需将其保存。按快捷键 Ctrl+S，或单击“文件”选项卡，在打开的界面中选择“保存”命令，打开“另存为”对话框，在其中选择工作簿的保存位置，输入工作簿名称，最后单击“保存”按钮即可。

当对工作簿执行第二次保存操作时，不会再打开“另存为”对话框。若要将工作簿另存，可在“文件”选项卡中选择“另存为”命令，在打开的“另存为”对话框中重新设置工作簿的保存位置或名称等，然后单击“保存”按钮即可。

• 关闭工作簿　如果不使用 Excel 2016，需要退出该程序。用户可单击程序窗口右上角(即标题栏右侧)“关闭”按钮退出程序，也可双击窗口左上角的程序控制图标或按Alt+F4 组合键退出。若执行关闭操作时工作簿尚未保存，此时会打开一个提示对话框，用户可根据提示进行相应操作。

• 打开工作簿　在“文件”界面中选择“打开”选项，然后在“打开”对话框中找到工作簿的放置位置，选择要打开的工作簿，单击“打开”按钮。此外，在“文件”界面中列出了用户最近使用过的 25 个工作簿，单击某个工作簿名称即可将其打开。

2) 工作表基本操作

• 插入工作表　单击工作表标签右侧的“插入工作表”按钮，可在工作表末尾插入一张新工作表。选择要在其左侧插入工作表的工作表，然后单击“开始”选项卡中的“单元格”功能组中的“插入”按钮，在下拉列表中选择“插入工作表”，即可在所选的 Excel 工作表的左侧插入一张新工作表。

• 删除工作表　单击要删除的工作表的标签，单击“开始”选项卡的“单元格”功能组中的“删除”按钮，在下拉列表中选择“删除工作表”，或右击要删除的工作表标签，在弹出的快捷菜单中选择“删除”命令。

• 重命名工作表　双击要重命名的工作表标签，然后输入工作表名称并按 Enter 键即可。

以上操作都可以通过右击工作表标签，选择相应的命令来完成。

3) 移动或复制工作表

在 Excel 2016 中，可以将 Excel 工作表移动或复制到同一工作簿的其他位置或其他工作簿中。但在 Excel 2016 移动或复制工作表时需要十分谨慎，因为若移动了工作表，则基于工作表数据的计算可能出错。

(1) 同一工作簿中移动和复制工作表

在同一个工作簿中，直接拖动工作表标签至所需位置即可实现工作表的移动。若在拖动工作表标签的过程中按住 Ctrl 键，可复制工作表。

(2) 不同工作簿间移动和复制工作表

要在不同工作簿间移动和复制工作表，操作步骤如下：

①打开要进行移动或复制的源工作簿和目标工作簿，单击要进行移动或复制操作的工作表标签，然后单击“开始”选项卡的“单元格”功能组中“格式”按钮，在下拉列表中选择“移动或复制工作表”，打开“移动或复制工作表”对话框。

②在“将选定工作表移至工作簿”下拉列表中选择目标工作簿，在“下列选定工作表之前”的列表中选择要将工作表复制或移动到目标工作簿的位置；若要复制工作表，需选中“建立副本”复选框，最后单击“确定”按钮，即可实现不同工作簿间工作表的移动或复制。

4) 选择单元格

• 选择单个单元格　单击选择单个单元格，选中的单元格以黑色边框显示，此时该单元格行号上的数字和列标上的字母将突出显示。

• 选择相邻的单元格　按下鼠标左键拖过选择多个相邻的单元格，然后释放鼠标即可；或单击要选择区域的第一个单元格，然后按住 Shift 键单击要选择区域的最后一个单元格。

• 选择不相邻的单元格或单元格区域　选择一个单元格或单元格区域后，按住 Ctrl 键依次选择其他单元格或单元格区域。

● 选取所有单元格　按快捷键 Ctrl+A,或单击工作表左上角行号与列标交叉处的“全选”按钮。

● 选择整行或整列　要选择工作表中的一行或一列,可将鼠标指针移到该行的左侧的行号或该列顶端的列标上方,当鼠标指针变成向右或向下的黑色箭头形状时单击即可。参考同时选择多个单元格的方法,可同时选择多行或多列。

5)调整行高和列宽

默认情况下,Excel 中所有行的高度和所有列的宽度都是相等的。

● 鼠标拖动　在对行高和列宽要求不十分精确时,可以利用鼠标拖动来调整。将鼠标指针指向要调整行高的行号或列宽的列标交界处,当鼠标指针变为上下或左右箭头形状时,按住鼠标左键并上下或左右拖动,到达合适位置后释放鼠标,即可调整行高或列宽。要同时调整多行或多列,可同时选择要调整的行或列,然后使用以上方法调整。

● 利用功能按钮　要精确调整行高或列宽,可选中要调整行或列,然后单击“开始”选项卡的“单元格”功能组中的“格式”按钮,在下拉列表中选择“行高”或“列宽”,打开“行高”或“列宽”对话框,直接输入行高或列宽值,然后单击“确定”按钮即可。若选择下拉列表中的“自动调整行高”或“自动调整列宽”,还可将行高或列宽自动调整为合适的大小(自动适应单元格中数据的宽度或高度)。

4.1.3　任务 3　输入与编辑工作表数据

1)录入数据

输入数据是建立工作表时最基本的操作,只有输入数据后才可以对其进行计算及分析操作。Excel 中可以输入的数据包括文本、数字、日期、时间等。默认状态下,文本型数据靠左对齐,数值型数据靠右对齐。

(1)输入文本型数据

Excel 中的文本通常是数字、字符以及它们的组合。有些文本型数据(如身份证号、学号、职工号等)应在输入数据前先加英文的单引号,再录入相关数据。例如,输入职工号为 0001 的信息时,应该在单元格内输入“' 0001”。

(2)输入数值型数据

数值型数据由数字 0~9、正号、负号、小数点、分数号(/)、百分号(%)、指数符号(E 或 e)、货币符号(￥或$)和千位分隔号(,)等组成。

数值型数据超过 11 位时,默认会用科学计数法表示。若输入的数据长度大于单元格的宽度,则会以“#####”填充。

输入分数时,应该先输入“0+空格”,之后再输入分数的内容。如想要显示“1/2”时,应该输入“0 1/2”,直接输入“1/2”则会显示为日期形式。

输入负数时,可以直接在数字前面加负号,或者用圆括号括起来。如“(4)”表示“-4”。

(3)输入日期和时间

输入系统日期的快捷键是“Ctrl+;”,输入系统时间的快捷键是“Ctrl+Shift+;”。需要注意的是日期之间合法的分隔符可以是“/”“-”,但不可以是“.”。例如,2020 年 9 月 20 日,可以录入“2020/9/20”或者“2020-9-20”,再进行单元格格式的设置即可实现“2020 年 9 月 20 日”的显示。

总之,不管是文字还是数字,其输入程序都是一样的。首先是选取要输入内容的单元格,鼠标左键单击后录入内容即可。同理,工作表以及行和列的操作也是遵循先选择再操作的原理。

2)自动填充数据

自动填充数据分 3 种情况:

- 复制数据　选中一个单元格,按住鼠标左键直接拖曳,便会产生相同的数据,如果不是相同的数据,则需要在拖曳的同时按住 Ctrl 键。
- 填充序列数据　单击“开始”选项卡的“编辑”功能组中的“填充”按钮,选择“序列”命令,在打开的“序列”对话框中进行有关内容的设置即可,如图 4.3 所示。

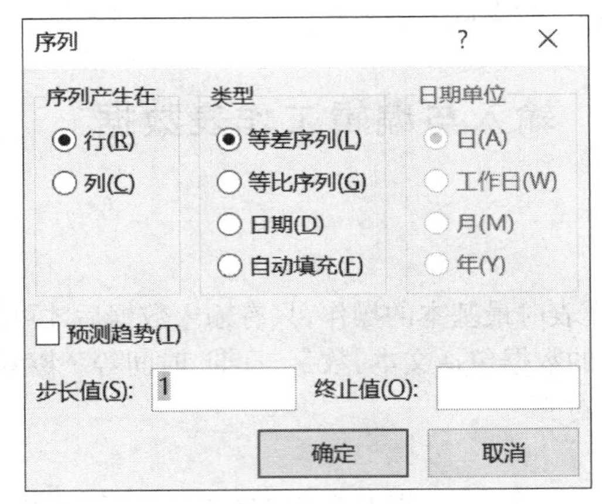

图 4.3　“序列”对话框

- 填充用户自定义序列数据　单击“文件”选项卡中的“选项”,打开“Excel 选项”对话框,选择“高级”,如图 4.4 所示。单击“编辑自定义列表”按钮,出现如图 4.5 所示的“自定义序列”对话框,在“输入序列”文本框中输入自定义序列的内容即可。需要注意的是输入的序列内容之间用回车键或英文半角的逗号隔开。

3)编辑单元格数据

在 Excel 单元格中输入数据后,可以利用 Excel 2016 的编辑功能对数据进行各种操作,如修改、清除、复制、移动、查找与替换等。

图 4.4　“Excel 选项”对话框

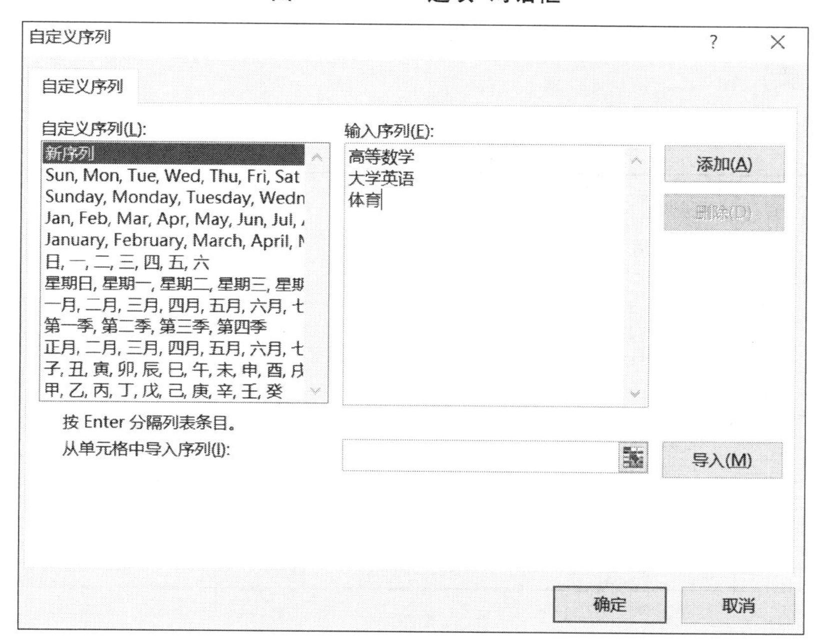

图 4.5　“自定义序列”对话框

• 修改数据　在选中的单元格内直接修改或利用编辑栏进行修改。

• 清除数据　在选择单元格后按 Delete 键或按 BackSpace 键，或单击“开始”选项卡中“编辑”功能组中的“清除”按钮，在下拉列表中选择“清除内容”命令。清除单元格内容后，单元格仍然存在。

• 移动数据　选中要移动数据的单元格或单元格区域，将鼠标指针移到所选区域的边框线上，待鼠标指针变成十字箭头形状时按住鼠标左键并拖动，到目标位置后释放鼠标，即可将所选单元格数据移动到目标位置。

• 复制数据　若在移动数据的过程中按住 Ctrl 键，此时的鼠标指针变成带“+”号的箭头形状，到目标位置后释放鼠标，所选数据将被复制到目标位置。

• 查找数据　要在工作表中查找需要的数据，可单击工作表中的任意单元格，然后单击“开始”选项卡的“编辑”功能组中的“查找和选择”按钮，在下拉列表中选择“查找”命令，打开“查找和替换”对话框，在“查找内容”文本框中输入要查找的内容，然后单击“查找下一个”按钮即可。

• 替换数据　打开“查找和替换”对话框，切换到“替换”选项卡，然后在“查找内容”文本框中输入要查找的内容，在“替换为”文本框中输入要替换为的内容。此时，若单击“替换”按钮，将逐一对查找到的内容进行替换；单击“全部替换”按钮，将替换所有符合条件的内容；单击“查找下一个”按钮，将跳过查找到的内容（不替换）。

【实例要求】

新建 Excel 文件“学生成绩表.xlsx”，创建 3 张工作表，添加并修改工作表标签的名字，在对应工作表中完成数据的录入，具体内容如图 4.6 至图 4.8 所示。

【操作步骤】

略。

	第一学期期末成绩											
2	学号	姓名	出生日期	班级	语文	数学	英语	计算机	体育	总分	排名	年龄
3	A120305		1999年1月25日		91.5	89	94	92	91			
4	A120101		1995年10月6日		97.5	106	108	98	79			
5	A120203		1992年8月8日		93	99	92	86	86			
6	A120104		1996年3月20日		102	116	113	78	48			
7	A120301		1995年5月29日		99	98	101	95	90			
8	A120306		1997年1月30日		101	94	99	90	87			
9	A120206		1998年7月22日		100.5	103	104	88	69			
10	A120302		1996年11月11日		78	95	94	62	90			
11	A120204		1997年2月23日		95.5	92	96	84	83			
12	A120201		1993年8月13日		94.5	107	96	80	93			
13	A120304		1997年2月4日		95	97	102	93	55			
14	A120103		1998年4月1日		95	85	99	78	92			
15	A120105		1997年2月6日		88	98	101	89	73			
16	A120202		1992年1月1日		86	107	89	88	92			
17	A120205		1996年7月15日		103.5	105	105	93	93			
18	A120102		1997年2月9日		110	95	98	99	53			
19	A120303		1995年9月10日		85.5	100	97	87	78			
20	A120106		1992年12月12日		90	111	116	75	85			

第一学期期末成绩 / 学号对照 / 成绩分析表

图 4.6　学生成绩表之第一学期期末成绩表

学号对照	
学号	姓名
A120305	王华
A120101	包宏伟
A120203	章祥
A120104	刘康
A120301	刘鹏举
A120306	齐飞扬
A120206	闫朝霞
A120302	孙玉敏
A120204	苏放
A120201	杜江
A120304	李梅梅
A120103	张娜
A120105	刘柳
A120202	陈依依
A120205	倪景阳
A120102	欧阳丹
A120303	曾令煊
A120106	谢如康

第一学期期末成绩　学号对照　成绩分析表

图 4.7　学生成绩表之学号对照表

学生成绩统计	
全部学生的总分和	
2班语文95分以上的学生对总分求和	
体育成绩的优秀率	

第一学期期末成绩　学号对照　成绩分析表

图 4.8　学生成绩表之成绩分析表

4.1.4　任务 4　验证数据

验证数据，又称设置数据有效性。在 Excel 2016 中，若想实现此功能，可通过“数据”选项卡的“数据工具”功能组中的“数据验证”按钮实现，如图 4.9 所示。

图 4.9　选择"数据验证"命令

1) 建立下拉列表

通过下拉列表,可以限定录入的内容,同时可以加快录入进度。如"学历"限定为高中及以下、专科、本科、研究生,则可以通过数据有效性设置来实现。具体操作步骤如下:

①选中需要进行有效性设置的单元格,如选中 E3:E11 单元格。

②打开"数据验证"对话框,选择"设置"选项卡,在"允许"下拉菜单中选择"序列","来源"打开后自己录入下拉列表的内容,如图 4.10 所示。需要注意列表值之间是用英文半角逗号隔开。

③单击"确定"按钮,在步骤①选中的单元格中单击,就会出现如图 4.11 所示的下拉列表选项,根据实际情况进行选择即可。

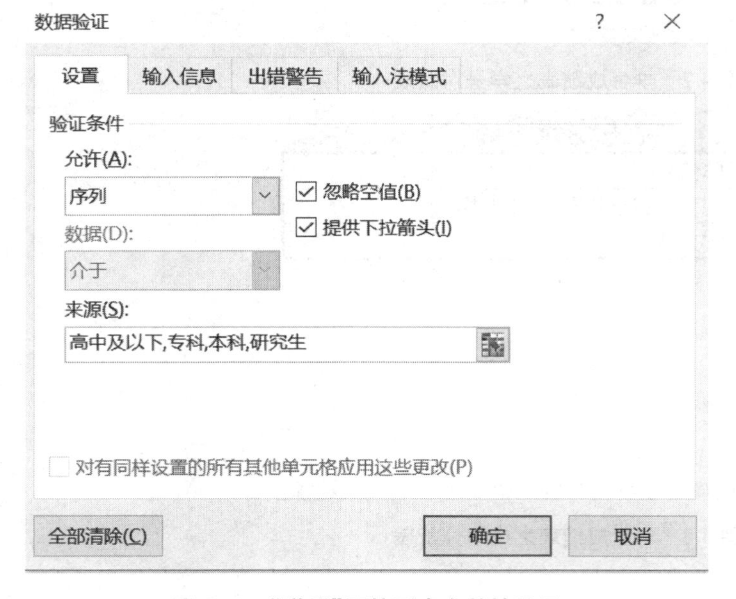

图 4.10　"学历"下拉列表有效性设置

图 4.11　"学历"下拉列表

2) 防止录入重复数据

对于"姓名"数据,设置不允许出现重复姓名的情况,操作步骤如下:

选中需要设置的单元格,如 A2:A6 单元格区域,如果不允许出现重名的情况,则设置数据有效性的参数，如图 4.12 所示。

如果在 A2、A3 单元格依次输入“章一”，则会出现如图 4.13 所示的错误提示信息。修改 A3 单元格的内容，使之不与 A2 重复，则能实现正常录入，不会出现错误提示。

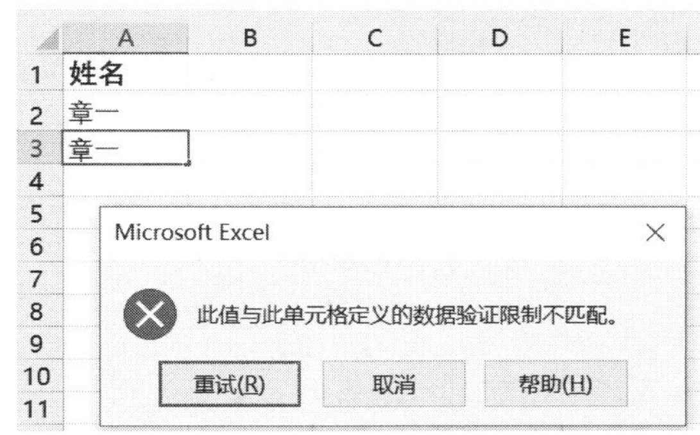

图 4.12　“姓名”不重复有效性设置

图 4.13　“姓名”有效性错误提示

3）限定输入数据的范围

如果要限制所有科目（语文、数学、计算机）的成绩为 0～100 的整数，操作步骤如下：

选中所有科目的成绩区域，如 B2：D6 单元格区域，打开“数据验证”对话框，进行如图 4.14 所示的设置，单击“确定”按钮即可。当录入的数据不满足“0～100 的整数”的要求时，则会出现如图 4.13 所示的错误提示，录入不成功，需要重新修改；反之，录入成功。

图 4.14　“成绩”范围有效性设置

4）限定录入文本的长度

如果要限定“家庭住址”的内容不能超过 40 个字符，操作步骤如下：

首先选中需要设置的单元格区域，打开“数据验证”对话框，具体设置如图 4.15 所示，单击“确定”按钮即可。

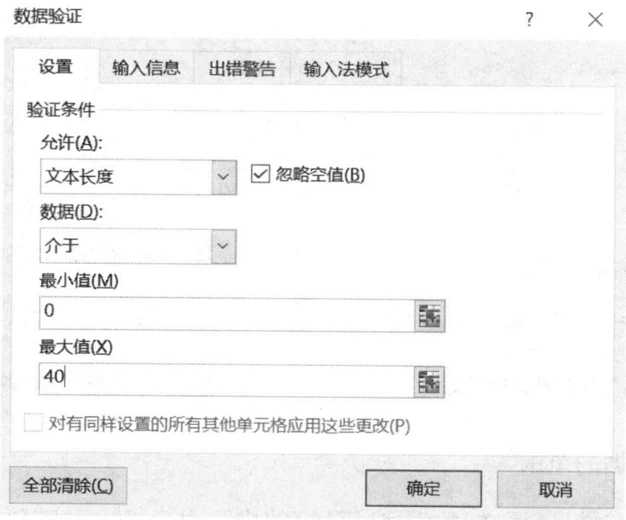

数据验证 ? ×

设置 输入信息 出错警告 输入法模式

验证条件

允许(A):

文本长度 ☑ 忽略空值(B)

数据(D):

介于

最小值(M)

0

最大值(X)

40

☐ 对有同样设置的所有其他单元格应用这些更改(P)

全部清除(C) 确定 取消

图 4.15 文本长度有效性设置

5）圈释无效数据

需要注意的是，设置数据有效性并不能完全阻止用户输入无效数据。例如，复制其他单元格数据粘贴到已经设置过数据有效性的单元格中，虽然其可能不满足有效性设置，但同样可以粘贴成功，还会破坏原来的数据有效性设置。对于最终内容的表格，可以再重新设置一遍数据有效性，然后通过选择“圈释无效数据”命令（图 4.16）能快速标记出不符合要求的数据，如之前所做的限制所有科目（语文、数学、计算机）的成绩为 0~100 的整数，检查结果如图 4.17 所示。

图 4.16 选择“圈释无效数据”命令

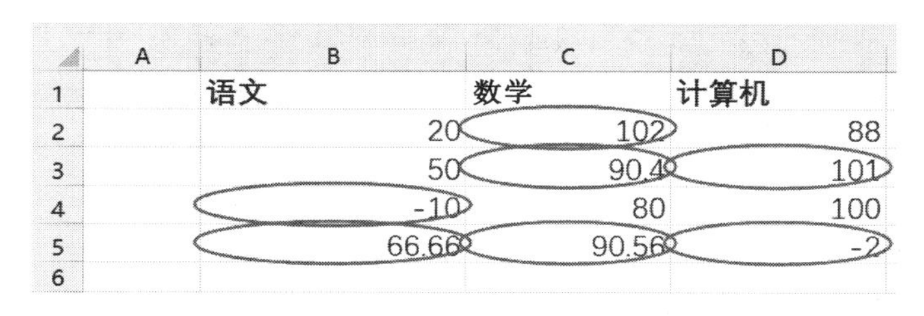

图 4.17　圈释成绩(0~100 的整数)中的无效数据

4.2　案例 2　格式化学生成绩表

4.2.1　任务 1　格式化单元格

1)合并与拆分单元格

单元格的合并是指将两个或两个以上的单元格合并成一个单元格的操作。实现单元格合并的方法有两种:

方法 1:选择需要合并的单元格(必须选择两个或两个以上的单元格,不然无效),单击"开始"选项卡的"对齐方式"功能组中的"合并后居中"按钮,即可完成。

方法 2:选定单元格区域,单击鼠标右键,从弹出的快捷菜单中选择"设置单元格格式"命令,在"设置单元格格式"对话框的"对齐"选项卡下勾选"合并单元格"复选框,单击"确定"按钮即可。

单元格的拆分是指将一个单元格拆分成多个单元格的操作。拆分合并的单元格:只需选中合并的单元格,然后单击"合并后居中"按钮即可,此时合并单元格内的内容将出现在拆分后的单元格区域左上角的单元格中。注意,不能拆分没合并的单元格。

2)格式化单元格

当单元格的数据录入完毕后,可以对单元格进行格式化,即美化单元格。方法有两种,第一种较为简单的是直接套用给定的模板,即自动套用格式;第二种是手动进行格式的设置。

(1)自动套用格式

自动套用格式是一组已定义好的格式组合,包括数据类型、字体、对齐方式、边框、颜色、行高和列宽等内容。

操作步骤如下:选中需要进行格式设置的单元格区域,单击"开始"选项卡的"样式"功能组中的"套用表格格式"按钮,在下拉列表中选中相应的样式即可,如图 4.18 所示。

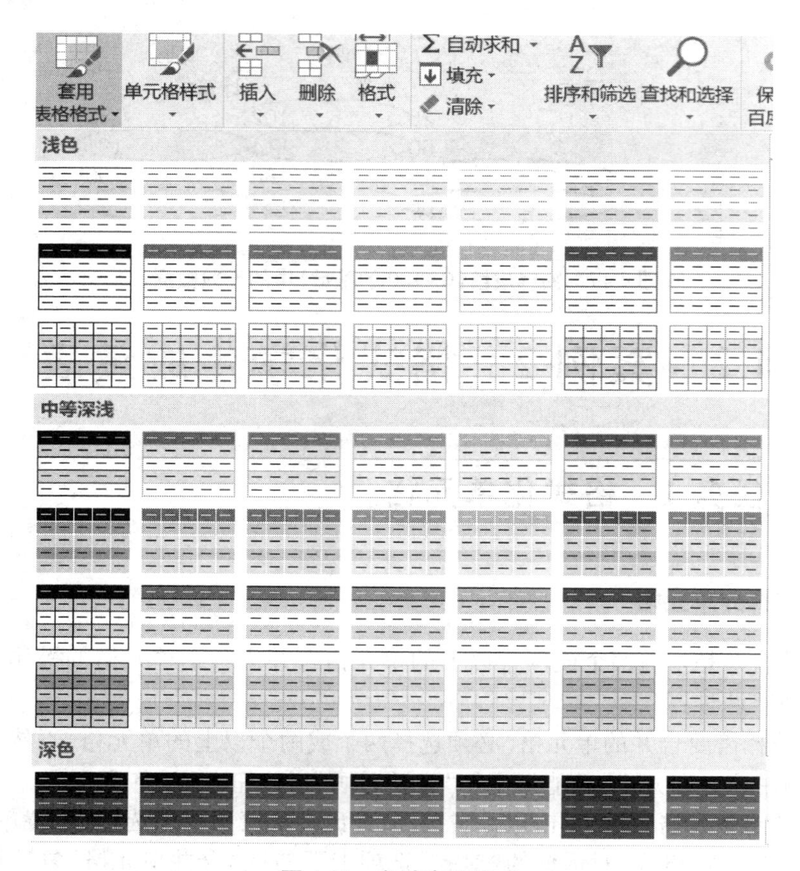

图 4.18　自动套用格式

(2)手动设置单元格格式

在“设置单元格格式”对话框中,可手动设置单元格的各种格式,如图 4.19 所示。

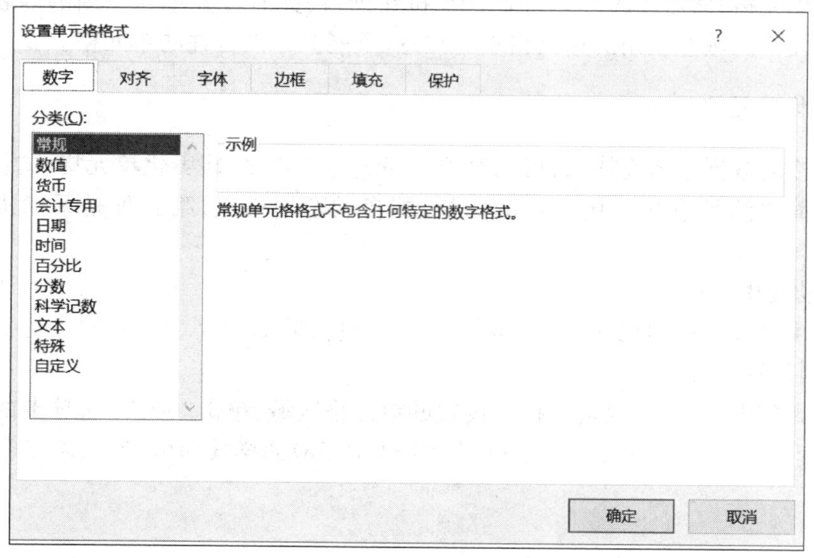

图 4.19　单元格格式设置

“数字”选项卡：Excel 中的数据类型有常规、数字、货币、会计专用、日期、时间、百分比、分数和文本等。为 Excel 中的数据设置不同数字格式只是更改它的显示形式，不影响其实际值。如果想为单元格中的数据快速设置会计数字格式、百分比样式、千位分隔或增加小数位数等，可直接单击“开始”选项卡的“数字”功能组中的相应按钮进行设置。如果希望设置更多的数字格式，可单击“数字”组中“数字格式”下拉列表框右侧的三角按钮，在展开的下拉列表中进行选择。此外，如果希望为数字格式设置更多选项，可单击“数字”功能组右下角的对话框启动器按钮，或在“数字格式”下拉列表中选择“其他数字格式”选项，打开“设置单元格格式”对话框的“数字”选项卡进行设置。

“对齐”选项卡：在其中可以设置水平和垂直方向的对齐方式，以及合并单元格。

“字体”选项卡：略。Word 里已经详细介绍过。

“边框”选项卡：需要注意的是，不添加边框线，在打印时是不会有边框线的。但在实际应用中，可以手动设置选中表格的内、外边框的颜色、线型，使其在打印时更加美观、醒目。基本原则：先选中，再操作；先选择颜色、线型，再确定内边框或外边框。

“填充”选项卡：在其中设置所选单元格的内部填充色，等价于 Word 里的底纹。

【实例要求】

打开之前完成数据录入的 Excel 文件“学生成绩表.xlsx”。对工作表“第一学期期末成绩”中的数据列表进行格式化操作：将第一列“学号”列设为文本，将所有学科的成绩设为保留两位小数的数值。表格内容水平、垂直都居中对齐。

【操作步骤】

①打开“学生成绩表.xlsx”，选择第一张工作表“第一学期期末成绩”。

②选中第一列的所有学号即 A3：A20 单元格区域，单击鼠标右键，选择“设置单元格格式”命令，选择“数字”选项卡，选择“文本”即可。

③选中 E3：I20 单元格区域，单击鼠标右键，选择“设置单元格格式”命令，选择“数字”选项卡，选择“数值”，设置保留的小数位数为“2”，单击“确定”按钮完成操作，如图 4.20 所示。

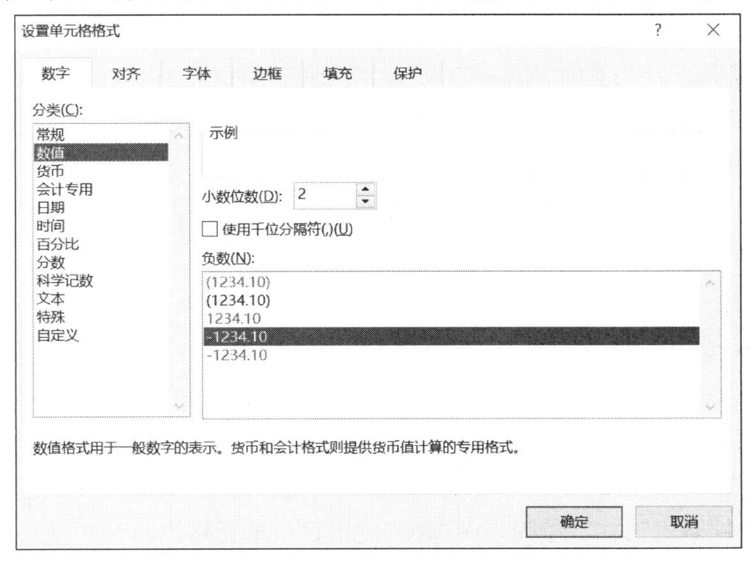

图 4.20　设置单元格的数据类型

④选中 A1:L20 单元格区域,选择"对齐"选项卡,水平和垂直的对齐方式都设为"居中",如图 4.21 所示,单击"确定"按钮。

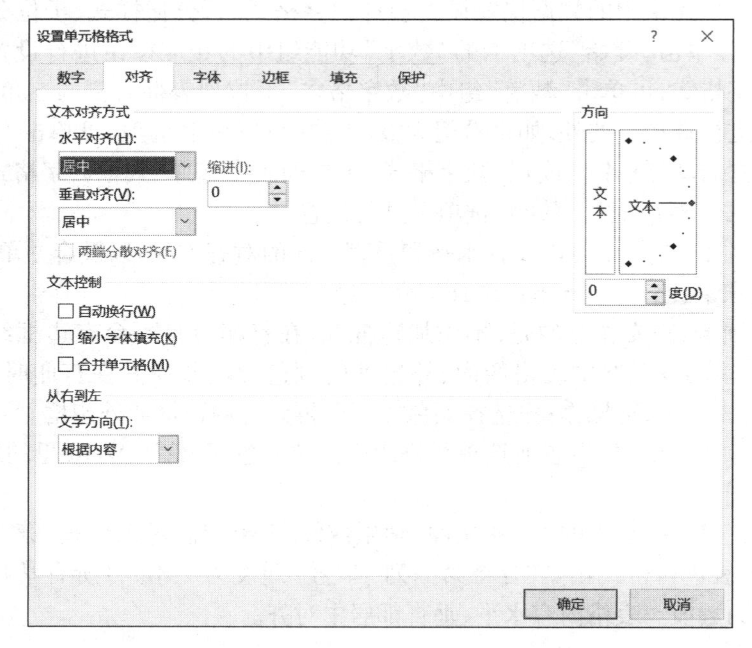

图 4.21　设置单元格的对齐方式

4.2.2　任务 2　使用条件格式

在 Excel 中,使用条件格式可以方便、快捷地将符合要求的数据突出显示,使工作表中的数据一目了然。

条件格式是指条件为真时,Excel 自动应用于所选单元格的格式(如单元格的底纹或字体颜色),即在所选的单元格中,符合条件的单元格以一种格式显示,不符合条件的单元格以另一种格式显示。

单击"开始"选项卡"单元格"组中的"条件格式"按钮 ,在下拉菜单中选择对应的命令,如图 4.22 所示。

【实例要求】

打开之前完成数据录入的 Excel 文件"学生成绩表.xlsx"。利用"条件格式"功能进行下列设置:将语文、数学、英语三科中不低于 100 分的成绩所在的单元格以黑底白字填充。

【操作步骤】

选中语文、数学、英语的数值区域即 E3:G20 单元格区域,单击"开始"选项卡的"样式"功能区中的"条件格式",在下拉列表中选择"突出显示单元格规则"→"其他规则"命令,在"新建格式规则"对话框中,在下拉菜单中选择"大于或等于",在右侧文本框中输入"100",

如图 4.23 所示。单击“格式”按钮，设置黑底白字的格式，即字体颜色选择白色，填充色选择黑色。单击“确定”按钮，完成操作，效果如图 4.24 所示。

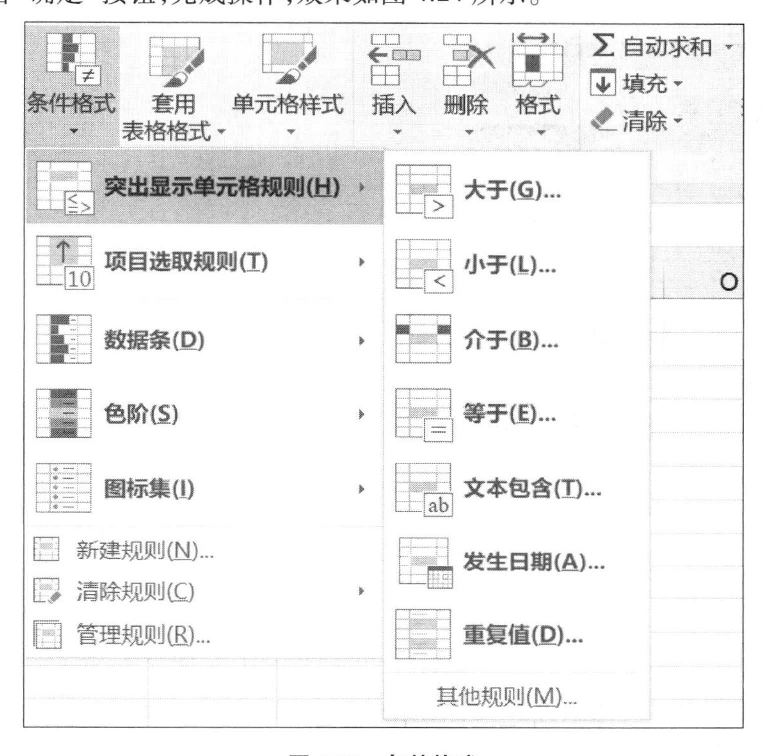

图 4.22　条件格式

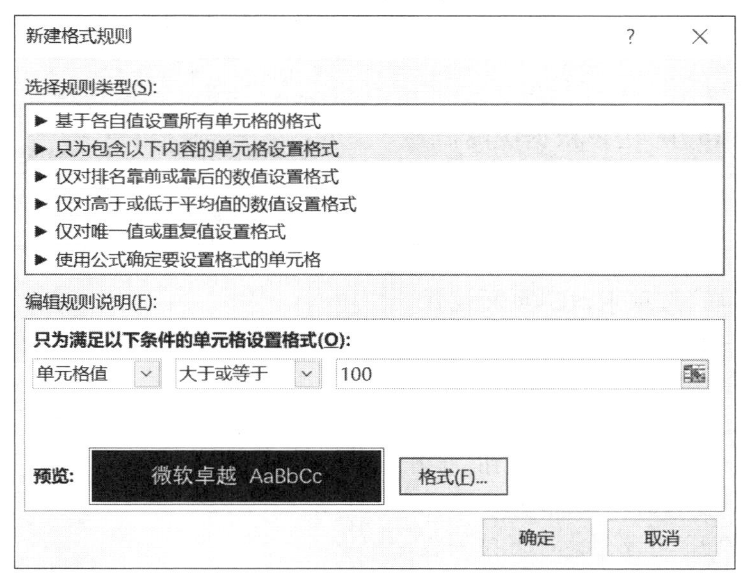

图 4.23　条件格式的设置

语文	数学	英语	计算机	体育	总分	排名	年龄
91.50	89.00	94.00	92.00	91.00			
97.50	106.00	108.00	98.00	79.00			
93.00	99.00	92.00	86.00	86.00			
102.00	116.00	113.00	78.00	48.00			
99.00	98.00	101.00	95.00	90.00			
101.00	94.00	99.00	90.00	87.00			
100.50	103.00	104.00	88.00	69.00			
78.00	95.00	94.00	62.00	90.00			
95.50	92.00	96.00	84.00	83.00			
94.50	107.00	96.00	80.00	93.00			
95.00	97.00	102.00	93.00	55.00			
95.00	85.00	99.00	78.00	92.00			
88.00	98.00	101.00	89.00	73.00			
86.00	107.00	89.00	88.00	92.00			
103.50	105.00	105.00	93.00	93.00			
110.00	95.00	98.00	99.00	53.00			
85.50	100.00	97.00	87.00	78.00			
90.00	111.00	116.00	75.00	85.00			

图 4.24　条件格式的显示效果

4.2.3　任务 3　打印工作表

在打印 Excel 工作表之前，都要先进行预览，预览工作表是否符合所需的要求，然后需要设置打印选项以及打印区域等。在这之前进行的操作就是工作表的页面、纸张大小、对齐方式、缩放比例等的设置。

1)设置工作表

(1)页面设置

在 Excel 2016 中，用户根据实际需要设置工作表所使用的纸张大小有两种方法。

方式 1：打开 Excel 2016 工作表窗口，切换到“页面布局”选项卡，在“页面设置”功能组中单击“纸张大小”按钮，并在打开的列表中选择合适的纸张，如图 4.25 所示。

方式 2：单击“页面布局”选项卡的“页面设置”功能组中的对话框启动按钮，打开“页面设置”对话框，选择“页面”选项卡，如图 4.26 所示。打开“纸张大小”下拉列表，选择合适的纸张，单击“确定”按钮，如图 4. 26 所示。

图 4.25　选择合适的纸张

图 4.26　“页面设置”对话框

(2)设置页边距

在“页面设置”对话框的“页边距”选项卡中设置页边距,如图 4.27 所示。

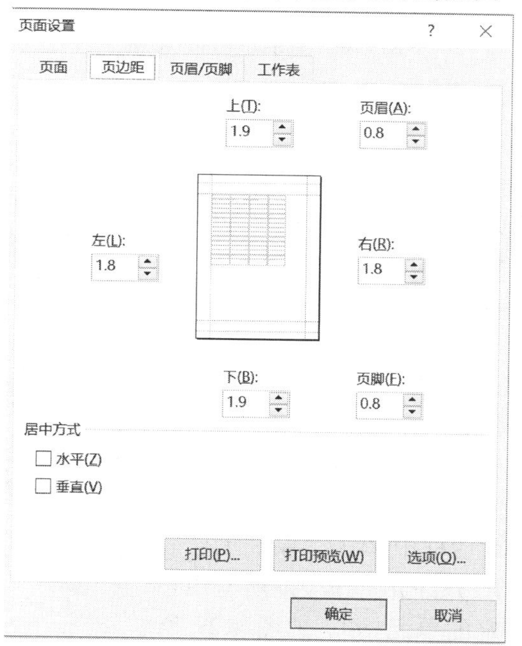

图 4.27　页边距的设置

(3)设置页眉/页脚

单击"自定义页眉"按钮,进入"页眉设置"对话框。可以使用系统自带的格式,如页码、页数、日期、时间、文件名、数据表名称、文件路径名、图片(并可设置图片格式)等,也可以根据需要进行自定义,如报表的标题、作者等,如图4.28所示。

图 4.28　页眉/页脚的设置

2)保护工作表

如果工作表中的部分内容不希望被修改,可以设置保护工作表,操作步骤如下:

①全选整个工作表,打开"设置单元格格式"对话框,在"保护"选项卡中勾选"锁定"复选框,单击"确定"按钮。

②选择允许用户编辑的区域。这些编辑区域可以是连续的单元格,也可以是多个不相连的单元格。

③单击"格式"按钮,选择"锁定单元格"命令。

④再单击"格式"按钮,选择"保护工作表"命令。在弹出的"保护工作表"对话框中,勾选"保护工作表及锁定的单元格内容",在"允许此工作表的所有用户进行"下勾选"选定未锁定的单元格",如图4.29所示。在"取消工作表保护时使用的密码"栏下填写密码,单击"确定"按钮,在弹出的对话框中再次输入密码,单击"确定"按钮,关闭对话框,完成设置。

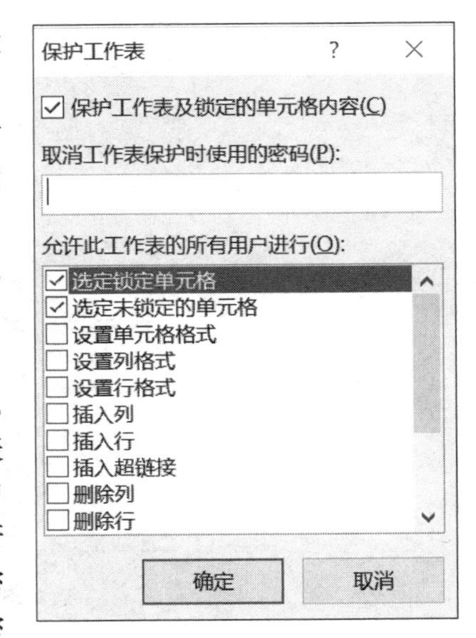

图 4.29　"保护工作表"对话框

3)打印工作表

默认情况下,如果用户在 Excel 2016 工作表中执行打印操作,会打印当前工作表中所有非空单元格中的内容。而有时,用户可能仅仅需要打印当前 Excel 2016 工作表中的部分内容,而非所有内容,可以设置打印区域,操作步骤如下:选中需要打印的工作表内容,单击“页面布局”选项卡的“页面设置”功能组中的“打印区域”按钮,选择“设置打印区域”命令即可。

小提示:如果为当前 Excel 2016 工作表设置打印区域后又希望能临时打印全部内容,则可以使用“忽略打印区域”功能。操作步骤如下:单击“文件”选项,选择“打印”命令,在打开的打印窗口中单击“设置”区域的打印范围下拉三角按钮,并在打开的列表中选中“忽略打印区域”选项。

4.3　案例 3　统计分析学生成绩表

4.3.1　任务 1　了解常用公式

函数是 Excel 中的重头戏,大部分的数据自动化处理都需要使用函数。Excel 2016 中提供了大量、实用的函数,用好函数是在 Excel 中高效、便捷处理数据的保证。

1)公式与函数输入方法

所有的函数或公式必须以等号(=)开始,它是预定义的内置公式,必须按语法的特定顺序进行计算。公式是由用户自己设计并结合常量数据、单元格引用、运算符等元素进行数据处理和计算的算式。用户使用公式是为了有目的地计算结果,因此 Excel 的公式必须(且只能)返回值。

Excel 中的公式会用到的运算符见表 4.1 和表 4.2。

表 4.1　Excel 运算符

类　型	运算符
算术运算符	+、-、*、/、^
关系运算符	=、>、<、>=、<=、<>、! =
文本运算符	&
引用运算符	:、,、空格

表 4.2　引用运算符

引用运算符	含　义	示　例
:(区域运算符)	两个地址之间的所有单元格	SUM(A1:B3)
,(联合运算符)	多个引用合并为一个	SUM(A1,B3)
空格(交叉运算符)	对同时属于两个引用区域的单元格进行引用	SUM(A1:B4　B2:C5)

(1)建立公式

公式由函数名、括号及括号内的参数组成。其中参数可以是常量、单元格、单元格区域、公式及其他函数。多个参数之间用“,”分隔。

手动输入公式的基本步骤如下:

①选中要输入公式的单元格。

②在编辑栏或者单元格中先输入“=”。

③输入计算的公式。

④按回车键或单击编辑栏中的✓按钮,计算结果会显示在所选中的单元格内。

(2)插入函数

可以利用如下任意一个方式使用函数:

- 选中要输入公式的单元格,直接输入函数内容,如“=SUM(A1:B3)”。
- 单击常用工具栏里的 fx 按钮,打开“插入函数”对话框进行设置。
- 单击“开始”选项卡的“编辑”功能区中的“自动求和”按钮。
- 单击“公式”选项卡的“函数库”功能组中的“插入函数”按钮。

2)单元格地址引用技巧

Excel 中对单元格的引用方式分为 3 种:相对引用、绝对引用和混合引用。

相对引用:Excel 默认的单元格引用方式。当公式在复制或填入新位置时,公式不变,单元格地址随着位置的不同而发生变化。

绝对引用:公式在复制或填入到新位置时,单元格地址始终保持不变。使用时在行号和列号前都加上“$”符号,如$B$1。

混合引用:在一个单元格地址中,既有相对引用又有绝对引用,即只在行号前或者列号前加上“$”符号,如$B1 或 B$1。$B1 是列不变,行变化;B$1 是列变化,行不变。

3)常用函数介绍

(1)SUM(区域)函数

功能:求各个参数单元格的数值和。

例如,“=SUM(A1:B3)”表示对数值区域 A1:B3 之间所有单元格中的数值型数据求和。

(2)AVERAGE(区域)函数

功能:求所有参数单元格的平均值。

例如,“=AVERAGE(A1:B3)”表示对数值区域A1:B3之间所有单元格中的数值型数据求平均值。

(3)MAX(区域)函数

功能:求最大值。

(4)MIN(区域)函数

功能:求最小值。

(5)SUMIF(条件区域,条件,求和范围)

功能:根据指定条件对若干单元格求和。

注意:只能添加单个条件的限制。

(6)SUMIFS(求和范围,条件区域1,条件1,条件区域2,条件2,…)函数

功能:根据指定条件对若干单元格求和。

注意:最多允许127个区域/条件对。

(7)IF(logical test,true value,false value)函数

功能:根据指定条件进行逻辑判断,返回对应值。

logical test:逻辑判断。

true value:满足指定条件返回的值。

false value:不满足指定条件返回的值。

例如,根据学生成绩表A1单元格内的成绩判断及格与否,若成绩大于等于60分,输出“及格”,否则输出“不及格”。对应的函数书写应该为“=IF(A1>=60,"及格","不及格")”。

(8)COUNT(区域)函数

功能:统计所选区域内单元格的数目。仅对数值型单元格起作用。

(9)COUNTA(区域)函数

功能:统计所选区域内单元格的数目。不限定所选单元格的数据类型,可以是数值型,也可以是文本型。

(10)COUNTIF(区域,条件)函数

功能:统计选定区域内满足一定条件的单元格数目。

思考:某一门课程的及格率、优秀率如何用函数实现?

(11)RANK(number,ref,order)函数

功能:返回某一数值在一列数值中相对于其他数值的排位。

number:参与排序的数值。

ref:排序数值所处的单元格区域。

order:可以缺省。“0”或省略:降序;非“0”:升序 。

(12)MID(text,start_num,num_chars)函数

功能:取子串。不区分中英文。

Text:包含要提取字符的文本字符串,可以直接输入含有目标文字的单元格名称。

Start_num:文本中要提取的第一个字符的位置。文本中第一个字符的 start_num 为 1,以此类推。

Num_chars:指定希望 MID 从文本中返回字符的个数。

(13)VLOOKUP(文本,范围,列,是否精确匹配)函数

功能:以列的方式查找表格中的值。

文本:条件。

范围:参照的表格。

列:范围中对应列,用数值表示。

FALSE:精确查找。

(14)日期函数

TODAY( ):返回系统今天的日期。内部不含参数。

NOW( ):返回系统今天的日期与时间。内部不含参数。

WEEKDAY(serial_number,return_tpye):返回对应日期的星期数。

serial_number:指定的日期或含有日期的单元格。

return_tpye:星期的表示方式。返回值为 1:表示星期天为 1,星期一为 2……星期六为 7;返回值为 2:表示星期一为 1,星期二为 2……星期天为 7;返回值为 3:表示星期一为 0,星期二为 1……星期天为 6。很明显,返回值为 2 的形式,最符合人们的习惯。

(15)取整函数

INT( ):对参与运算的数值型数据取整,即不管小数部分为多少,全部丢弃。如 INT(10.9)= 10,INT(10.1)= 10。

ROUND( ):对参与运算的数值型数据四舍五入。如 ROUND (10.9)= 11,ROUND (10.1)= 10。

4.3.2 任务 2 统计分析学生成绩表

【实例要求】

①利用函数计算每一个学生的总分、排名、年龄。要求:总分、排名和年龄均为数值型,不要小数。字体,为微软雅黑、11 号。

②根据学号,请在“第一学期期末成绩”工作表的“姓名”列中,使用 VLOOKUP 函数完成姓名的自动填充。“姓名”和“学号”的对应关系在“学号对照”工作表中。

③学号第 4、5 位代表学生所在的班级,如“C120101”代表 12 级 1 班。请通过函数提取每个学生所在的班级,并按下列对应关系填写在“班级”列中:

“学号”的4、5 位	对应班级
01	1 班
02	2 班
03	3 班

④在“成绩分析表”工作表中,利用公式或者函数填充空白单元格的内容。

a.在 B2 单元格中,对所有学生的总分求和。要求:不保留小数。

b.在B3单元格中,对于班级是2班并且语文成绩在95分以上的学生的总分求和。要求:保留1位小数。

c.在B4单元格中,计算所有学生体育成绩的优秀率。体育成绩满足大于或者等于85分,则为优秀。要求:优秀率表示为百分比形式,保留2位小数。

【操作步骤】

(1)总分、排名和年龄的计算方法

总分的计算方法:单击J3单元格,插入SUM函数,鼠标框选E3:I3单元格区域,单击"确定"按钮,得到第一位学生的总分,拖曳填充得到所有学生的总分。选中J3:J20单元格区域,单击右键选择"设置单元格格式"命令,选择"数字"选项卡,设为"数值",小数位数为"0"即可。

排名的计算方法:单击K3单元格,插入RANK函数。

参数设置如下:

Number:参与排序的数字,在本例里,排名应该按照总分的降序进行,所以当前的参数应该为J3单元格。

Ref:参考区,个人排名的参考区应该是所有人的总分区域,即J3:J20单元格区域。但是鼠标拖曳填充时,要求所有人的参考区始终保持不变,所以应该将其改为绝对引用(行和列前加$),本参数的正确使用应该为$J$3:$J$20。

Order:本例中可以忽略。原因是排名应该为降序,而Order为0或者忽略就代表降序。求排名函数的所有参数设置如图4.30所示。

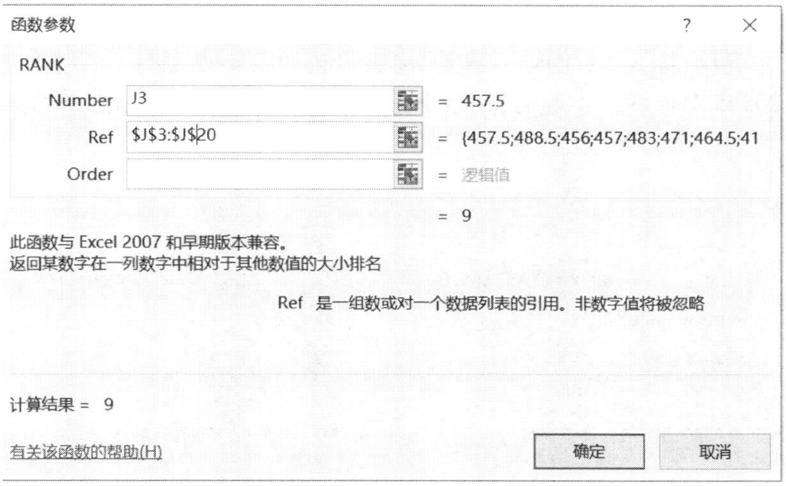

函数参数 ? ×

RANK

Number J3 = 457.5

Ref $J$3:$J$20 = {457.5;488.5;456;457;483;471;464.5;41

Order = 逻辑值

= 9

此函数与Excel 2007和早期版本兼容。

返回某数字在一列数字中相对于其他数值的大小排名

Ref 是一组数或对一个数据列表的引用。非数字值将被忽略

计算结果 = 9

有关该函数的帮助(H) 确定 取消

图4.30 RANK函数的参数设置

选中K3:K20单元格区域,单击右键选择"设置单元格格式"命令,选择"数字"选项卡,设为"数值",小数位数为"0"即可。

年龄的求解方法:

分析:今天的日期-出生日期得到的单位是天数,年龄应该用年计算,(今天的日期-出生日期)/365得到的商有可能带有小数,所以使用取整函数(int),求周岁。今天的日期用today()函数求解,综合之后的解题步骤为:

单击 L3 单元格，录入函数“=int((today()-C3)/365)”，按回车键得到结果。如果公式没问题，但是显示为日期型数据，则选中 L3:L20 单元格区域，格式设为“数值”，小数位数为“0”即可。

总分、排名和年龄的计算结果如图 4.31 所示。

语文	数学	英语	计算机	体育	总分	排名	年龄
91.50	89.00	94.00	92.00	91.00	458	9	23
97.50	106.00	108.00	98.00	79.00	489	2	26
93.00	99.00	92.00	86.00	86.00	456	11	30
102.00	116.00	113.00	78.00	48.00	457	10	26
99.00	98.00	101.00	95.00	90.00	483	3	27
101.00	94.00	99.00	90.00	87.00	471	5	25
100.50	103.00	104.00	88.00	69.00	465	7	24
78.00	95.00	94.00	62.00	90.00	419	18	25
95.50	92.00	96.00	84.00	83.00	451	13	25
94.50	107.00	96.00	80.00	93.00	471	6	29
95.00	97.00	102.00	93.00	55.00	442	17	25
95.00	85.00	99.00	78.00	92.00	449	14	24
88.00	98.00	101.00	89.00	73.00	449	14	25
86.00	107.00	89.00	88.00	92.00	462	8	30
103.50	105.00	105.00	93.00	93.00	500	1	26
110.00	95.00	98.00	99.00	53.00	455	12	25
85.50	100.00	97.00	87.00	78.00	448	16	26
90.00	111.00	116.00	75.00	85.00	477	4	29

图 4.31　总分、排名、年龄的计算结果

(2)姓名的填充

单击 B3 单元格，插入 VLOOKUP 函数，参数设置如图 4.32 所示。单击“确定”按钮，则求出学号 A120305 对应的学生姓名，其余学生姓名采用鼠标拖曳填充的方式实现。

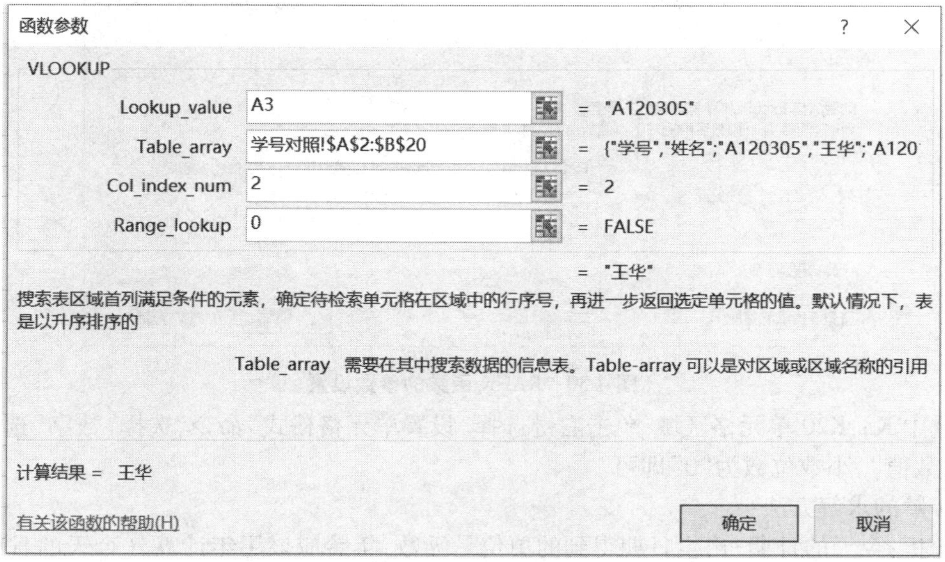

函数参数　? ×

VLOOKUP

Lookup_value　A3　= "A120305"

Table_array　学号对照!$A$2:$B$20　= {"学号","姓名";"A120305","王华";"A120

Col_index_num　2　= 2

Range_lookup　0　= FALSE

= "王华"

搜索表区域首列满足条件的元素，确定待检索单元格在区域中的行序号，再进一步返回选定单元格的值。默认情况下，表是以升序排序的

Table_array　需要在其中搜索数据的信息表。Table-array 可以是对区域或区域名称的引用

计算结果 =　王华

有关该函数的帮助(H)　确定　取消

图 4.32　姓名查找

Lookup_value：单击 A3 单元格，即第一个学生的学号。

Table_array：参照表。选择工作表“学号对照”除标题以外的全部内容。

Col_index_num：待填充的字段所在的列数，用数字表示，本例中列数为 2，所以键盘录入数字 2。

Range_lookup：是否精确匹配，本例为精确匹配。

(3)班级的求解

分析：使用 MID 函数，学号第 4、5 位表示班级，所以取学号的起始位置应该为 4，长度为 2，所以函数应该为 MID(A3,4,2)；班级一共有 3 种可能的输出值，可以使用 IF 函数嵌套 MID 函数来实现，采用两层 IF 函数的嵌套可以实现。

单击 D3 单元格，插入 IF 函数，内部嵌套 MID 函数，完整公式如下：=IF(MID(A3,4,2)="01","1 班",IF(MID(A3,4,2)="02","2 班","3 班"))，如图 4.33 所示，其余同学的所在班级通过鼠标拖曳填充的方式求解。

IF　=IF(MID(A3,4,2)="01","1班",IF(MID(A3,4,2)="02","2班","3班"))

IF(logical_test, **[value_if_true]**, [value_if_false])

	A	B	C	D	E	F	G	H
1					第一学期期末成绩			
2	学号	姓名	出生日期	班级	语文	数学	英语	计算机
3	A120305	王华	1999年1月25日	"01","1班	91.5	89	94	92
4	A120101	包宏伟	1995年10月6日		97.5	106	108	98
5	A120203	章祥	1992年8月8日		93	99	92	86
6	A120104	刘康	1996年3月20日		102	116	113	78

图 4.33　班级求解

(4)填充“成绩分析表”工作表中的内容

①在 B2 单元格填充所有学生的总分和。要求：不保留小数。

分析：求解对象是所有学生的总分和，所以使用 SUM 函数。

单击“成绩分析表”工作表的 B2 单元格，插入 SUM 函数。参与运算的数值在“第一学期期末成绩”工作表中，所以鼠标框选对应工作表的 J3:J20 单元格区域，单击“确定”按钮即可，如图 4.34 所示。设置格式为“数值”，小数位数为“0”。

②在 B3 单元格填充 2 班语文 95 分以上的学生的总分求和。要求：保留 1 位小数。

分析：最后还是求和，但是前面有限制性条件，要求班级是 2 班并且语文成绩>95 分，所以两个以上条件求和，使用的函数应该为 SUMIFS。该函数的各个参数分析如下：

Sum_range：求和区域。本例是对总分求和，所以求和区域为“第一学期期末成绩”工作表的 J3:J20 单元格区域。

Criteria_range1：条件区域 1，即前面所提的限制性条件。如先限制为 2 班学生，则区域应该为“第一学期期末成绩”工作表的 D3:D20 单元格区域。

Criteria1：对应 2 班区域的限制性条件为“2 班”，可以从键盘录入“2 班”，也可以鼠标单击任意一个值为“2 班”的单元格。

Criteria_range2：条件区域 2。限定语文 95 分以上，所以区域应该为所有人的语文成绩，即“第一学期期末成绩”工作表的 E3:E20 单元格区域。

Criteria2：语文大于 95 分，即表达式>95。

单击“成绩分析表”工作表的 B3 单元格，插入 SUMIFS 函数，具体参数设置如图 4.35 所示。设置格式为“数值”，小数位数为“1”。

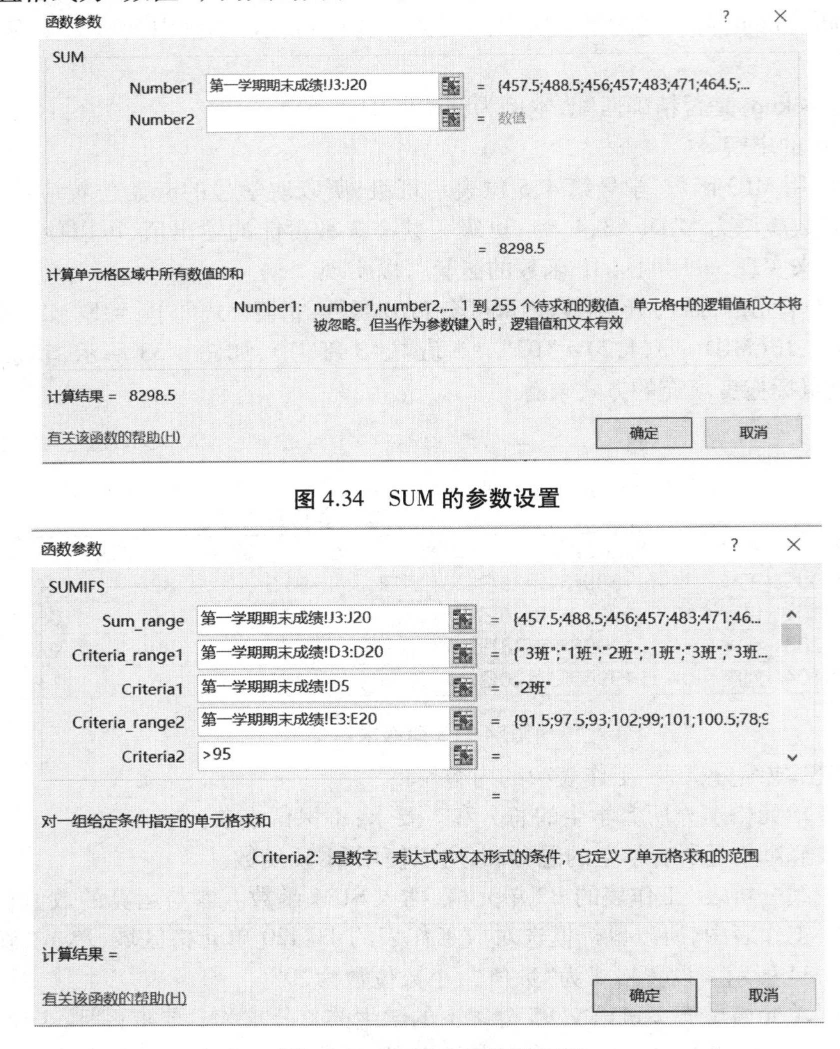

图 4.34　SUM 的参数设置

图 4.35　SUMIFS 的参数设置

③在 B4 单元格填充“全部学生体育成绩的优秀率”。要求：优秀率表示为百分比形式，保留 2 位小数。

分析：体育成绩的优秀率 = 体育为 85 分及以上的人数/总人数。优秀的人数，可以用 COUNTIF 函数统计（Range：圈选所有人的体育成绩；Criteria：>=85），总人数可以用 COUNT 或者 COUNTA 函数统计。唯一需要注意的是 COUNTA 对圈选的单元格数据类型没有限制，COUNT 则必须选择数值型区域才可以。所以建议用 COUNTA 统计全部人数。插入函数的时候先进分子，再进分母。

单击“成绩分析表”工作表的 B4 单元格，插入 COUNTIF 函数，参数设置如图 4.36 所示。单击编辑栏的最后，继续录入公式“ = COUNTIF（第一学期期末成绩！ I3：I20，" >=

85")/COUNTA(第一学期期末成绩! I3:I20)",确定得到结果。设置格式为"百分比",小数位数为"2"。

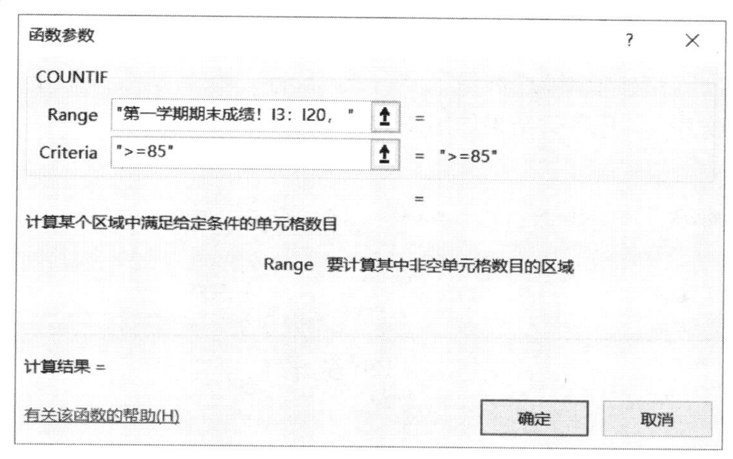

图 4.36 COUNTIF 的参数设置

"成绩分析表"中的计算结果如图 4.37 所示。

学生成绩统计	
全部学生的总分和	8299
2班语文95分以上的学生对总分求和	1414.5
体育成绩的优秀率	55.56%

图 4.37 "成绩分析表"的计算结果

4.4 案例 4 管理学生成绩表

Excel 除了具有数据计算的功能外,还具有数据管理的功能,可以对数据进行排序、筛选、分类汇总等操作。

4.4.1 任务 1 排序

排序的作用:便于比较、查找、分类。排序分为简单排序(一个关键字)和复杂排序(两个及以上关键字)。

单个字段的排序:单击"数据"选项卡的"排序和筛选"功能组中的"升序排序"按钮或"降序排序"按钮即可。

多个字段的排序需要用到"排序"按钮。

【实例要求】

打开工作薄"学生成绩表.xlsx",在"第一学期期末成绩"工作表中按照总分的降序排序,若总分一样,则按照年龄的升序排序。

【操作步骤】

分析可知，排序依据是两个，所以单击工作表中的任意一个单元格，单击“数据”选项卡的“排序和筛选”功能组中的“排序”按钮，打开如图 4.38 所示的“排序”对话框，设置主要关键字为“总分”，排序依据为“数值”，次序为“降序”，设置次要关键字为“年龄”，排序依据为“数值”，次序为“升序”，结果如图 4.39 所示。

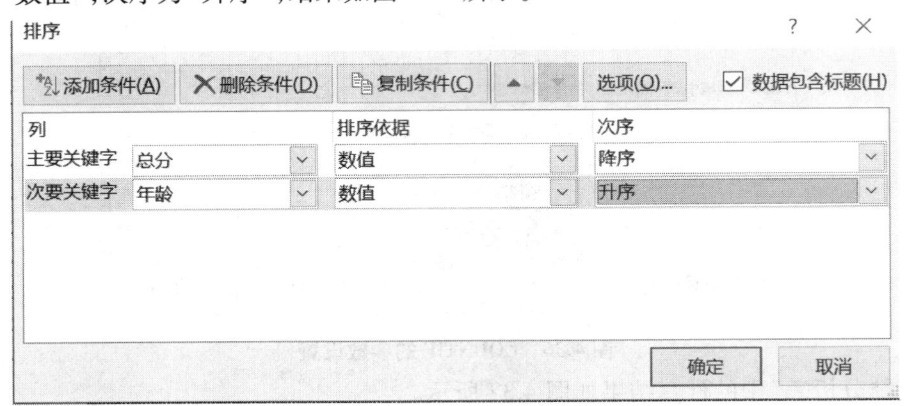

图 4.38 “排序”对话框

第一学期期末成绩											
学号	姓名	出生日期	班级	语文	数学	英语	计算机	体育	总分	排名	年龄
A120205	倪景阳	1996年7月15日	2班	103.50	105.00	105.00	93.00	93.00	500	1	24
A120101	包宏伟	1995年10月6日	1班	97.50	106.00	108.00	98.00	79.00	489	2	24
A120301	刘鹏举	1995年5月29日	3班	99.00	98.00	101.00	95.00	90.00	483	3	25
A120106	谢如康	1992年12月12日	1班	90.00	111.00	116.00	75.00	85.00	477	4	27
A120306	齐飞扬	1997年1月30日	3班	101.00	94.00	99.00	90.00	87.00	471	5	23
A120201	杜江	1993年8月13日	2班	94.50	107.00	96.00	80.00	93.00	471	6	27
A120206	闫朝霞	1998年7月22日	2班	100.50	103.00	104.00	88.00	69.00	465	7	22
A120202	陈依依	1992年1月1日	2班	86.00	107.00	89.00	88.00	92.00	462	8	28
A120305	王华	1999年1月25日	3班	91.50	89.00	94.00	92.00	91.00	458	9	21
A120104	刘康	1996年3月20日	1班	102.00	116.00	113.00	78.00	48.00	457	10	24
A120203	章祥	1992年8月8日	2班	93.00	99.00	92.00	86.00	86.00	456	11	28
A120102	欧阳丹	1997年2月9日	1班	110.00	95.00	98.00	99.00	53.00	455	12	23
A120204	苏放	1997年2月23日	2班	95.50	92.00	96.00	84.00	83.00	451	13	23
A120103	张娜	1998年4月1日	1班	95.00	85.00	99.00	78.00	92.00	449	14	22
A120105	刘柳	1997年2月6日	1班	88.00	98.00	101.00	89.00	73.00	449	14	23
A120303	曾令煊	1995年9月10日	3班	85.50	100.00	97.00	87.00	78.00	448	16	24
A120304	李梅梅	1997年2月4日	3班	95.00	97.00	102.00	93.00	55.00	442	17	23
A120302	孙玉敏	1996年11月11日	3班	78.00	95.00	94.00	62.00	90.00	419	18	23

图 4.39 “排序”结果

4.4.2 任务 2 筛选

数据筛选就是将数据表中所有不满足条件的记录行暂时隐藏起来，只显示那些满足条件的数据行。需要注意的是，隐藏的数据并未被删除，需要的时候仍可以显示出来。

Excel 的数据筛选方式分为自动筛选和高级筛选两种。

- 自动筛选　只能实现单个字段的筛选或者多个字段的逻辑“与”运算，不能实现多个字段的逻辑“或”运算。使用“数据”选项卡的“排序和筛选”功能组中的“筛选”按钮来实现。

● 高级筛选　可以实现多个字段的逻辑“与”运算，也可以实现多个字段的逻辑“或”运算。使用“数据”选项卡的“排序和筛选”功能组中的“高级”按钮，在“高级筛选”对话框中设置完成。

高级筛选需要考虑3个区域：数据区域、条件区域、筛选结果区域。

数据区域是指原始数据区，即要进行筛选操作的对象区域。

条件区域需要手动建立，即通过分析，把涉及的字段（属性）及对应条件按照“与”运算或者“或”运算的方式进行不同排列，条件区域的建立方法如下：

①在数据区域以外的任意位置建立条件区域，首行输入筛选条件中所涉及的字段名，字段名必须与源数据表中的完全一致。

②在对应字段名下面输入条件表达式。同一行的条件互为逻辑“与”关系，不同行的条件互为逻辑“或”关系。

③筛选结果区域通过手动框选建立。一般而言，不会让筛选结果覆盖原始数据，除非题目明确要求。

【实例要求】

打开文件“学生成绩表.xlsx”，插入两个新的工作表，并重命名为“筛选01”“筛选02”，复制“第一学期期末成绩”工作表中的全部数据并粘贴到“筛选01”“筛选02”工作表中，修改“出生日期”的单元格格式，完成以下操作：

a.在“筛选01”工作表中，筛选出总分在460分以上的学生。

b.在“筛选02”工作表中，筛选出总分在460分以上或者年龄小于26岁的学生。

c.在“筛选02”工作表中，使用高级筛选，筛选出总分在460分以上并且年龄小于26岁的学生。

【操作步骤】

①筛选出总分在460分以上的学生。

分析：只涉及一个字段的筛选，所以选择最简单的自动筛选。

在“筛选01”工作表中，鼠标定位在数据区域内部，单击“数据”选项卡的“排序和筛选”功能组中的“筛选”按钮，则每个字段的右下角均出现“筛选”的标识，单击“总分”下拉菜单，设置如图4.40所示，单击“确定”按钮，筛选结果如图4.41所示。

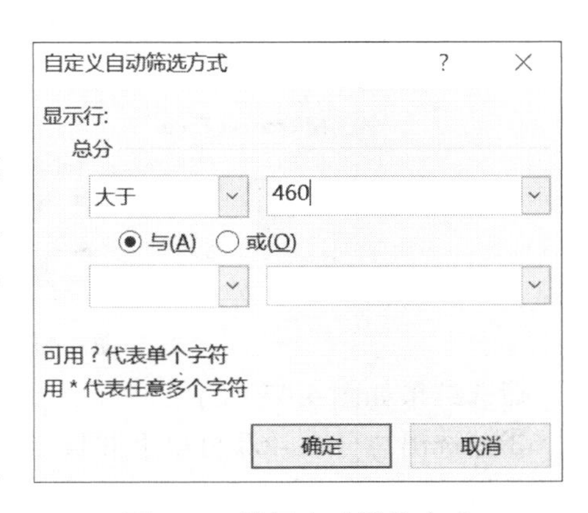

图4.40　设置自动筛选方式

②筛选出总分在460分以上或者年龄小于26岁的学生。

第一学期期末成绩											
学号	姓名	出生日期	班级	语文	数学	英语	计算机	体育	总分	排名	年龄
A120101	包宏伟	1995年10月6日	1班	97.5	106	108	98	79	488.5	2	24
A120301	刘鹏举	1995年5月29日	3班	99	98	101	95	90	483	3	25
A120306	齐飞扬	1997年1月30日	3班	101	94	99	90	87	471	5	23
A120206	闫朝霞	1998年7月22日	2班	100.5	103	104	88	69	464.5	7	22
A120201	杜江	1993年8月13日	2班	94.5	107	96	80	93	470.5	6	27
A120202	陈依依	1992年1月1日	2班	86	107	89	88	92	462	8	28
A120205	倪景阳	1996年7月15日	2班	103.5	105	105	93	93	499.5	1	24
A120106	谢如康	1992年12月12日	1班	90	111	116	75	85	477	4	27

图 4.41　自动筛选结果

总分	年龄
>460	
	<26

图 4.42　“或”运算条件区域的建立

分析:涉及两个字段的筛选,且属于逻辑“或”运算,所以只能选择高级筛选。在“筛选 02”工作表中,首先建立条件区域,涉及的字段是逻辑“或”运算,所以应该放在不同行,如图 4.42 所示。

鼠标定位在原始数据区域内的任意一个单元格,单击“数据”选项卡的“排序和筛选”功能区中的“高级”按钮,在“高级筛选”对话框中选择“将筛选结果复制到其他区域”,框选“列表区域”“条件区域”以及“复制到”的范围,如图 4.43 所示。

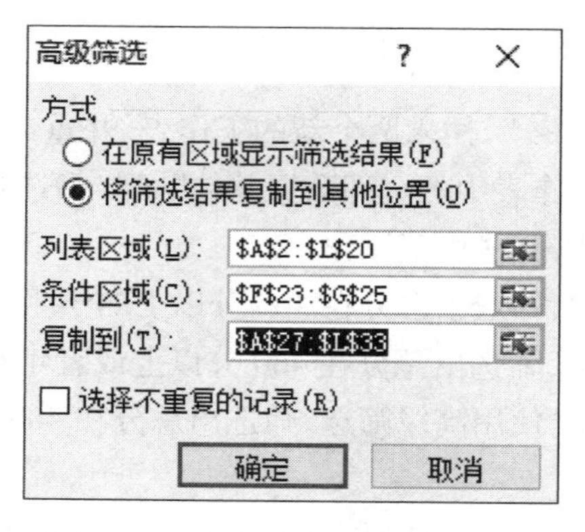

图 4.43　“或”运算高级筛选区域设置

需要注意:列表区域是指原始数据区域的全部内容,“复制到”的区域框选要和原来的数据等宽,行数不够则会出现如图 4.44 所示的提示,单击“是”按钮即可。

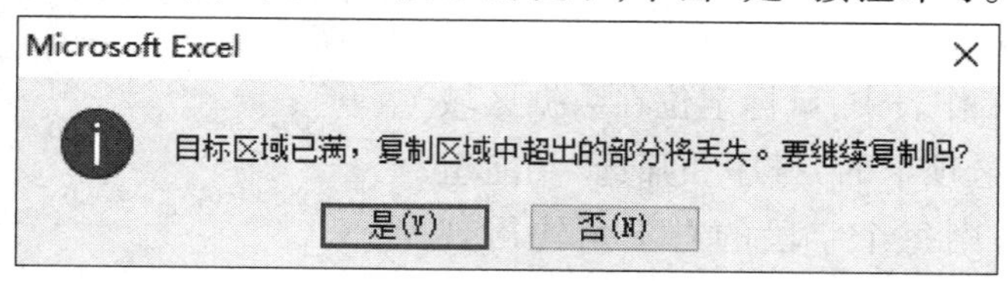

图 4.44　目标区域超区提示

筛选结果如图 4.45 所示。

③筛选出总分在 460 分以上并且年龄小于 26 岁的学生。

分析:涉及两个字段的筛选,且属于逻辑“与”运算,所以可以选择自动筛选,也可以选择高级筛选。但因题目有明确要求,所以按照高级筛选的方法进行求解。

在“筛选 02”工作表中,首先建立条件区域,涉及的字段是逻辑“与”运算,所以应该放在同一行,如图 4.46 所示。

学号	姓名	出生日期	班级	语文	数学	英语	计算机	体育	总分	排名	年龄
A120305	王华	1999年1月25日	3班	91.5	89	94	92	91	457.5	9	21
A120101	包宏伟	1995年10月6日	1班	97.5	106	108	98	79	488.5	2	24
A120104	刘康	1996年3月20日	1班	102	116	113	78	48	457	10	24
A120301	刘鹏举	1995年5月29日	3班	99	98	101	95	90	483	3	25
A120306	齐飞扬	1997年1月30日	3班	101	94	99	90	87	471	5	23
A120206	闫朝霞	1998年7月22日	2班	100.5	103	104	88	69	464.5	7	22
A120302	孙玉敏	1996年11月11日	3班	78	95	94	62	90	419	18	23
A120204	苏放	1997年2月23日	2班	95.5	92	96	84	83	450.5	13	23
A120201	杜江	1993年8月13日	2班	94.5	107	96	80	93	470.5	6	27
A120304	李梅梅	1997年2月4日	3班	95	97	102	93	55	442	17	23
A120103	张娜	1998年4月1日	1班	95	85	99	78	92	449	14	22
A120105	刘柳	1997年2月6日	1班	88	98	101	89	73	449	14	23
A120202	陈依依	1992年1月1日	2班	86	107	89	88	92	462	8	28
A120205	倪景阳	1996年7月15日	2班	103.5	105	105	93	93	499.5	1	24
A120102	欧阳丹	1997年2月9日	1班	110	95	98	99	53	455	12	23
A120303	曾令煊	1995年9月10日	3班	85.5	100	97	87	78	447.5	16	24
A120106	谢如康	1992年12月12日	1班	90	111	116	75	85	477	4	27

图 4.45　“或”运算筛选结果

总分	年龄
>460	<26

图 4.46　“与”运算条件区域的建立

鼠标定位在原始数据区域内的任意一个单元格，同样单击“高级”按钮，选择“将筛选结果复制到其他区域”，框选“列表区域”“条件区域”以及“复制到”，单击“确定”按钮，结果如图 4.47 所示。可以看到②和③的筛选结果差异较大。

学号	姓名	出生日期	班级	语文	数学	英语	计算机	体育	总分	排名	年龄
A120101	包宏伟	1995年10月6日	1班	97.5	106	108	98	79	488.5	2	24
A120301	刘鹏举	1995年5月29日	3班	99	98	101	95	90	483	3	25
A120306	齐飞扬	1997年1月30日	3班	101	94	99	90	87	471	5	23
A120206	闫朝霞	1998年7月22日	2班	100.5	103	104	88	69	464.5	7	22
A120205	倪景阳	1996年7月15日	2班	103.5	105	105	93	93	499.5	1	24

图 4.47　“与”运算筛选结果

做此类题目的关键是先分析筛选字段的逻辑关系，若使用高级筛选，则先建立正确的条件区域，再按照给定提示圈选指定区域，得到筛选结果后，可以采用逆向思维，拿结果对比题目要求，如果出现不满足条件的记录，则回去查看条件区域的逻辑关系以及各区域的圈选是否正确。

4.4.3　任务 3　数据库函数

在 Excel 中包含了一些工作表函数，它们用于对存储在数据清单或数据库中的数据进行分析，这些函数统称为数据库函数（Dfunctions）。由于 Excel 中的数据库函数，都有一个共同的特点：功能强大，使用灵活。因此，所设置的条件没一个固定的格式，可根据需要来设置！

1）数据库函数的共同特点

- 每个函数均有 3 个参数：Database、Field 和 Criteria。这些参数指向函数所使用的工作表区域。
- 除了 GETPIVOTDATA 函数之外，其余 12 个函数都以字母 D 开头。
- 如果将字母 D 去掉，可以发现其实大多数数据库函数已经在 Excel 的其他类型函数中出现过。例如，DAVERAGE 将 D 去掉的话，就是求平均值的函数 AVERAGE。

2)数据库函数名称及功能

Excel 包含的数据库函数及其功能见表 4.3。

表 4.3　数据库函数及其功能

函数名	功　能
DAVERAGE	返回选定数据库项的平均值
DCOUNT	计算数据库中包含数字的单元格个数
DCOUNTA	计算数据库中非空单元格的个数
DGET	从数据库中提取满足指定条件的单个记录
DMAX	返回选定数据库项中的最大值
DMIN	返回选定数据库项中的最小值
DPRODUCT	将数据库中满足条件的记录的特定字段中的数值相乘
DSTDEV	基于选定数据库项中的单个样本估算标准偏差
DSTDEVP	基于选定数据库项中的样本总体计算标准偏差
DSUM	对数据库中满足条件的记录的字段列中的数字求和
DVAR	基于选定的数据库项的单个样本估算方差
DVARP	基于选定的数据库项的样本总体估算方差
GETPIVOTDA	返回存储于数据透视表中的数据

3)数据库函数的参数含义

数据库函数的语法形式为:函数名称(Database,Field,Criteria)。

Database 为构成数据清单或数据库的单元格区域。数据库是包含一组相关数据的数据清单,其中包含相关信息的行为记录,而包含数据的列为字段。数据清单的第一行包含着每一列的标志项。

Field 为指定函数所使用的数据列。数据清单中的数据列必须在第一行具有标志项。Field 可以是文本,即两端带引号的标志项,如“使用年数”或“产量”;此外,Field 也可以是代表数据清单中数据列位置的数字:“1”表示第一列,“2”表示第二列,等等。

Criteria 为一组包含给定条件的单元格区域。可以为参数 Criteria 指定任意区域,只要它至少包含一个列标志和列标志下方用于设定条件的单元格。

下面以 DCOUNT 函数为例介绍数据库函数。

4)DCOUNT(Database,Field,Criteria)函数

主要功能:返回数据库或列表的列中满足指定条件并且包含数字的单元格数目。

使用格式：DCOUNT(Database,Field,Criteria)。

参数说明：Database 表示需要统计的单元格区域；Field 表示函数所使用的数据列(在第一行必须要有标志项)；Criteria 包含条件的单元格区域。

格式的中文解释：DCOUNT(求统计的数据区域，统计的数据列，限制统计的条件单元格)。

以“学生成绩表.xlsx”中的“第一学期期末成绩”工作表的数据为例，插入新的工作表，并重命名为“dcount 函数的使用”，复制“第一学期期末成绩”工作表中的一部分数据粘贴到新的“dcount 函数的使用”工作表中，利用数据库函数计算“语文>100”的学生人数，填充在 C23 单元格中，计算“数学<100”的学生人数，填充在 D23 单元格中，如图 4.48 所示。

	A	B	C	D
1	学号	姓名	语文	数学
2	A120205	倪景阳	103.5	105
3	A120101	包宏伟	97.5	106
4	A120301	刘鹏举	99	98
5	A120106	谢如康	90	111
6	A120306	齐飞扬	101	94
7	A120201	杜江	94.5	107
8	A120206	闫朝霞	100.5	103
9	A120202	陈依依	86	107
10	A120305	王华	91.5	89
11	A120104	刘康	102	116
12	A120203	章祥	93	99
13	A120102	欧阳丹	110	95
14	A120204	苏放	95.5	92
15	A120103	张娜	95	85
16	A120105	刘柳	88	98
17	A120303	曾令煊	85.5	100
18	A120304	李梅梅	95	97
19	A120302	孙玉敏	78	95
20				
21			语文	数学
22			>100	<100
23				

图 4.48　复制的部分数据

计算“语文>100”的学生人数的函数和计算结果，如图 4.49 所示。具体参数解释如下：

Database：包含所有数据区域，范围应该是 A1:D19，直接使用鼠标框选即可。

Field：限制对象所在列，可以用列数表示，左边开始是第一列，“语文”是第 3 列，所以用数字 3 表示。

C23　　fx　=DCOUNT(A1:D19,3,C21:C22)

	A	B	C	D	E	F
1	学号	姓名	语文	数学		
2	A120205	倪景阳	103.5	105		
3	A120101	包宏伟	97.5	106		
4	A120301	刘鹏举	99	98		
5	A120106	谢如康	90	111		
6	A120306	齐飞扬	101	94		
7	A120201	杜江	94.5	107		
8	A120206	闫朝霞	100.5	103		
9	A120202	陈依依	86	107		
10	A120305	王华	91.5	89		
11	A120104	刘康	102	116		
12	A120203	章祥	93	99		
13	A120102	欧阳丹	110	95		
14	A120204	苏放	95.5	92		
15	A120103	张娜	95	85		
16	A120105	刘柳	88	98		
17	A120303	曾令煊	85.5	100		
18	A120304	李梅梅	95	97		
19	A120302	孙玉敏	78	95		
20						
21			语文	数学		
22			>100	<100		
23			5			

图 4.49　函数和结果

Criteria：判定标准，直接框选所在条件限定区域，即 C21:C22 单元格区域。

计算“数学<100”的学生人数的函数和计算结果如图 4.50 所示。

D23 | fx | =DCOUNT(A1:D19,"数学",D21:D22)

	A	B	C	D	E	F
1	学号	姓名	语文	数学		
2	A120205	倪景阳	103.5	105		
3	A120101	包宏伟	97.5	106		
4	A120301	刘鹏举	99	98		
5	A120106	谢如康	90	111		
6	A120306	齐飞扬	101	94		
7	A120201	杜江	94.5	107		
8	A120206	闫朝霞	100.5	103		
9	A120202	陈依依	86	107		
10	A120305	王华	91.5	89		
11	A120104	刘康	102	116		
12	A120203	章祥	93	99		
13	A120102	欧阳丹	110	95		
14	A120204	苏放	95.5	92		
15	A120103	张娜	95	85		
16	A120105	刘柳	88	98		
17	A120303	曾令煊	85.5	100		
18	A120304	李梅梅	95	97		
19	A120302	孙玉敏	78	95		
20						
21			语文	数学		
22			>100	<100		
23			5	10		

图 4.50　函数和结果

求解数学<100 分的数学成绩的个数,其代码还可以为:=DCOUNT(A1:D19,"数学",D21:D22),而图中的代码则为=DCOUNT(A1:D7,4,C9:C10),可以看到,第二个参数即可以为列的序号,也可以为列的字符,其灵活性是比较大的。同理,求解语文>100 分的学生个数的公式可以是给定的=DCOUNT(A1:D19,3,C21:C22),也可以修改为=DCOUNT(A1:D19,"语文",C21:C22),甚至对于第二个参数不想输入“语文”的话可以直接圈选“语文”所在的单元格,公式就可以修改为=DCOUNT(A1:D19,C1,C21:C22),公式灵活性其实是很大的,可以根据个人习惯进行公式的书写。

4.4.4　任务 4　分类汇总与数据透视表

1)分类汇总

分类汇总:对数据清单按某个字段进行分类,将字段值相同的连续记录作为一类,进行求和、平均、计数等汇总运算。按某一个字段将数据进行汇总统计,可以做成分级显示,但分类汇总用途有限。

分类汇总前必须先对分类字段进行排序,否则操作无效。

【实例要求】

打开文件“学生成绩表.xlsx”,插入两个新的工作表,并重命名为“分类汇总 01”“分类汇总 02”,复制“第一学期期末成绩”的全部数据粘贴到“分类汇总 01”“分类汇总 02”工作表,修改下出生日期的单元格格式,完成以下操作:

①在“分类汇总 01”工作表中,统计不同班级各科的最高分。

②在“分类汇总02”工作表中，统计不同年龄总分的平均值。

【操作步骤】

①在“分类汇总01”工作表中，首先确定分类字段，并对其进行排序。本题中的分类字段为“班级”，所以对“班级”进行排序，升序、降序都可以。

单击数据源区域内部的任意一个单元格，单击“数据”选项卡的“分级显示”功能组中的“分类汇总”按钮，弹出对应的对话框，分类字段选择“班级”，即进行分组的依据或者刚做完排序操作的字段；“汇总项”和“汇总方式”则是从题目后半句读取，求解的是“各科的最高分”，所以“最高分”即最大值，应该是“汇总方式”，而“汇总项”是指的科目，即原始数据区域里的各科，在需要汇总项前打钩，把不需要的√去掉即可。具体设置如图4.51所示。

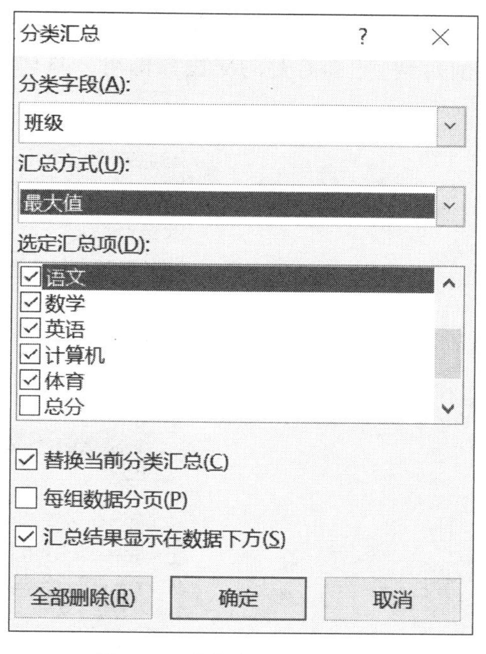

图4.51 “分类汇总”对话框

单击“确定”按钮完成操作，结果如图4.52所示。

1	第一学期期末成绩											
2	学号	姓名	出生日期	班级	语文	数学	英语	计算机	体育	总分	排名	年龄
3	A120101	包宏伟	1995年10月6日	1班	97.5	106	108	98	79	488.5	2	24
4	A120106	谢如康	1992年12月12日	1班	90	111	116	75	85	477	4	27
5	A120104	刘康	1996年3月20日	1班	102	116	113	78	48	457	10	24
6	A120102	欧阳丹	1997年2月9日	1班	110	95	98	99	53	455	12	23
7	A120103	张娜	1998年4月1日	1班	95	85	99	78	92	449	14	22
8	A120105	刘柳	1997年2月6日	1班	88	98	101	89	73	449	14	23
9				**1班 最大值**	110	116	116	99	92			
10	A120205	倪景阳	1996年7月15日	2班	103.5	105	105	93	93	499.5	1	24
11	A120201	杜江	1993年8月13日	2班	94.5	107	96	80	93	470.5	6	27
12	A120206	闫朝霞	1998年7月22日	2班	100.5	103	104	88	69	464.5	7	22
13	A120202	陈依依	1992年1月1日	2班	86	107	89	88	92	462	8	28
14	A120203	章祥	1992年8月8日	2班	93	99	92	86	86	456	11	28
15	A120204	苏放	1997年2月23日	2班	95.5	92	96	84	83	450.5	13	23
16				**2班 最大值**	103.5	107	105	93	93			
17	A120301	刘鹏举	1995年5月29日	3班	99	98	101	95	90	483	3	25
18	A120306	齐飞扬	1997年1月30日	3班	101	94	99	90	87	471	5	23
19	A120305	王华	1999年1月25日	3班	91.5	89	94	92	91	457.5	9	21
20	A120303	曾令煊	1995年9月10日	3班	85.5	100	97	87	78	447.5	16	24
21	A120304	李梅梅	1997年2月4日	3班	95	97	102	93	55	442	17	23
22	A120302	孙玉敏	1996年11月11日	3班	78	95	94	62	90	419	18	23
23				**3班 最大值**	101	100	102	95	91			
24				**总计最大值**	110	116	116	99	93			

图4.52 分类汇总结果

为了方便查看结果，可以折叠汇总后的结果，单击汇总后左侧的减号，只显示需要的3个班各科的最高分。

②做法同上。在“分类汇总02”工作表中，首先确定分类字段，并对其进行排序。本题中的分类字段为“年龄”，所以对“年龄”进行排序，升序、降序都可以。

单击数据源区域内部的任意一个单元格，单击“数据”选项卡的“分级显示”功能组中的“分类汇总”按钮，弹出对应的对话框，分类字段选择“年龄”，即进行分组的依据或者刚做完排序操作的字段；“汇总项”和“汇总方式”则是从题目后半句读取，求解的是“总分的平均值”,所以“平均值”应该是“汇总方式”,而“汇总项”则是指的“总分”,在需要的汇总项前打钩,把不需要的√去掉即可。具体设置如图 4.53 所示。

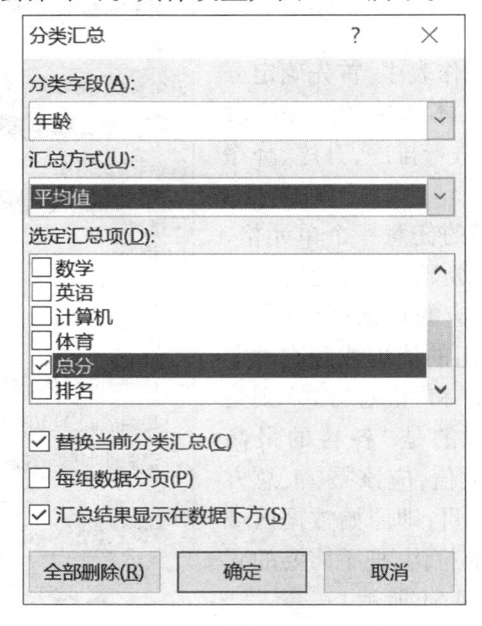

图 4.53 “分类汇总”对话框

单击“确定”按钮完成操作,结果如图 4.54 所示。

	A	B	C	D	E	F	G	H	I	J	K	L
1	第一学期期末成绩											
2	学号	姓名	出生日期	班级	语文	数学	英语	计算机	体育	总分	排名	年龄
4										457.5		21 平均值
7										456.75		22 平均值
14										447.75		23 平均值
19										473.125		24 平均值
21										483		25 平均值
24										473.75		27 平均值
27										459		28 平均值
28										461.0278		总计平均值

图 4.54 分类汇总结果

本题为了查看方便,把汇总后的结果进行了折叠。

2)数据透视表

数据透视表是功能非常强大的数据处理工具,字段拖拉灵活,可以实现多种方式的组合,透视表独立于数据源之外,数据可以刷新。

如果要对多个字段进行分类汇总,需要利用数据透视表。分类汇总只能实现按照单个字段进行分类,对单个或者多个字段进行汇总。若涉及的分类字段达到 2 个甚至 2 个以上,则使用数据透视表。使用数据透视表无须对分类字段进行排序操作。

使用方法:单击“插入”选项卡中的“数据透视表”按钮,再根据题目要求进行后面的选择。下面通过一个实例给大家讲解如何插入和生成数据透视表。

【实例要求】

打开文件“学生成绩表.xlsx”，插入一个新的工作表，并重命名为“数据透视表”，复制“第一学期期末成绩”工作表的全部数据粘贴到“数据透视表”工作表中，修改出生日期的单元格格式，完成以下操作：

在当前“数据透视表”工作表中，统计不同班级不同年龄总分的平均值。

【操作步骤】

①题目分析，因为分类依据是两个（班级和年龄），所以分类汇总无法完成，只能用数据透视表。鼠标定位在当前“数据透视表”工作表中源数据区域内的任意一个单元格，单击“插入”选项卡中的“数据透视表”按钮，如图 4.55 所示。

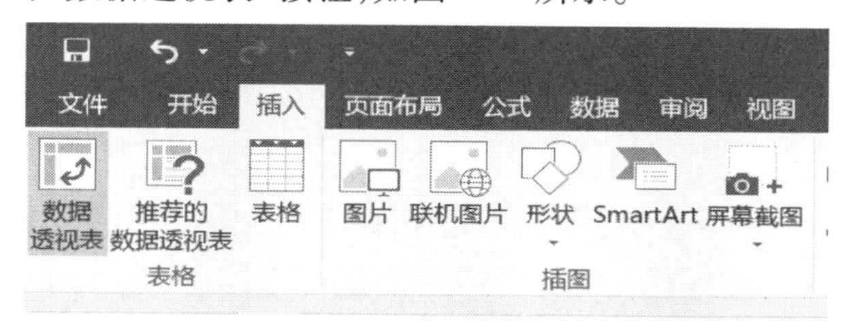

图 4.55　插入数据透视表

②打开“创建数据透视表”对话框，如图 4.56 所示。这里的数据源是现成的，所以选择“选择一个表或区域”，因为上一步我们鼠标是定位在数据区域内部，所以只需要观察是否除了标题以外的数据源均被圈选即可。若选择数据不全，重新进行圈选即可。

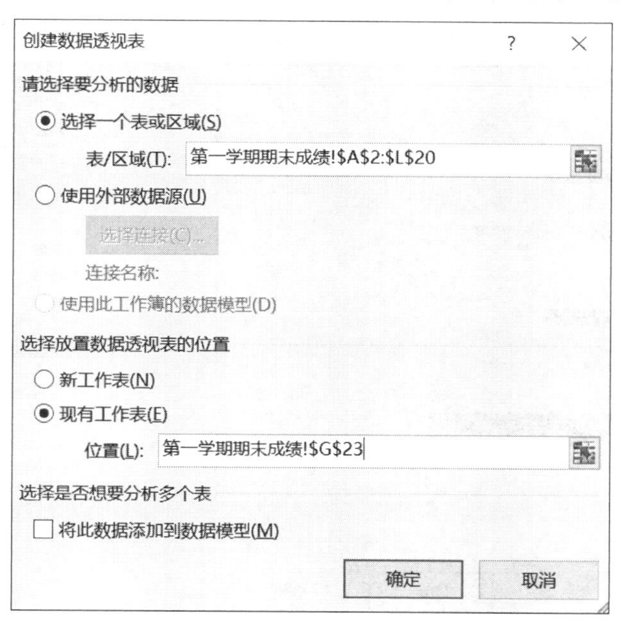

图 4.56　“创建数据透视表”对话框

因为题目要求在当前工作表中，“选择放置数据透视表的位置”选择“现有工作表”，可以圈选存放数据透视表的一片区域或者只圈选存放数据透视表的最左上角的单元格都可以。

③单击“确定”按钮。此时出现“数据透视表列表”窗格。观察会发现在当前窗口的右侧会同时出现“数据透视表字段列表”的窗口。通过分析题目“统计不同班级不同年龄总分的平均值”,将分类字段拖动到“行或“列”的位置,将汇总数据项“总分”拖到“值”的对应位置,如图 4.57 所示。(提示:列、行位置的字段可以互换)

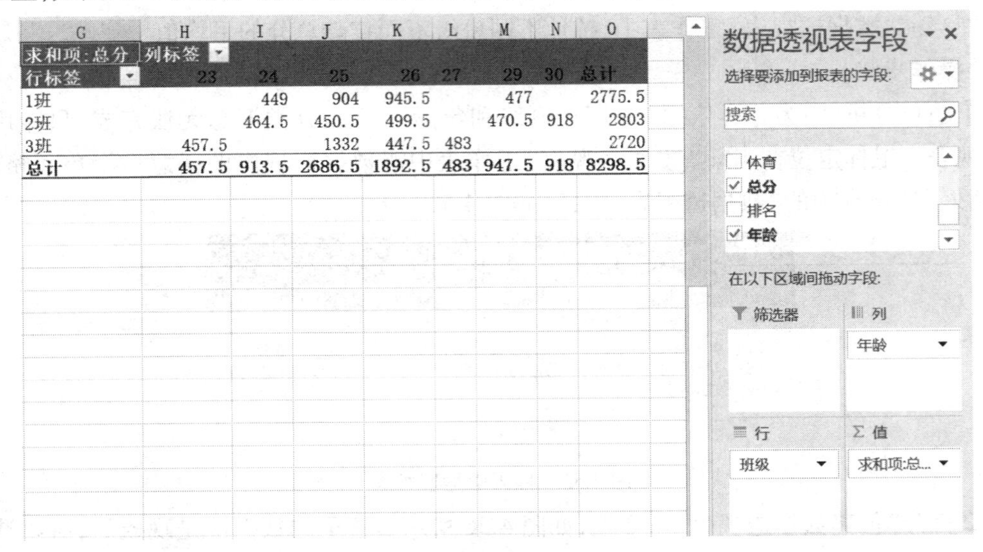

求和项:总分	列标签							
行标签	23	24	25	26	27	29	30	总计
1班		449	904	945.5		477		2775.5
2班		464.5	450.5	499.5		470.5	918	2803
3班	457.5		1332	447.5	483			2720
总计	457.5	913.5	2686.5	1892.5	483	947.5	918	8298.5

图 4.57 数据透视表字段列表

④修改汇总方式为“平均值”,修改方法如下:单击“求和项:总分”下拉菜单选择“值字段设置”,选择“平均值,单击“确定”按钮,如图 4.58 所示。

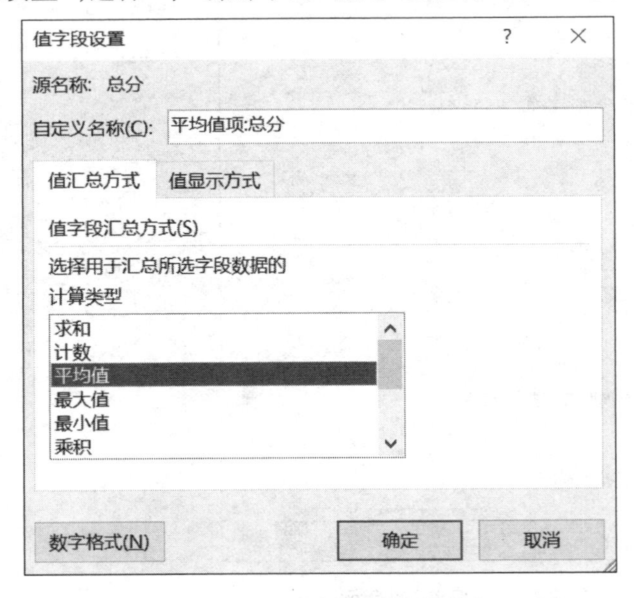

图 4.58 更改值字段设置

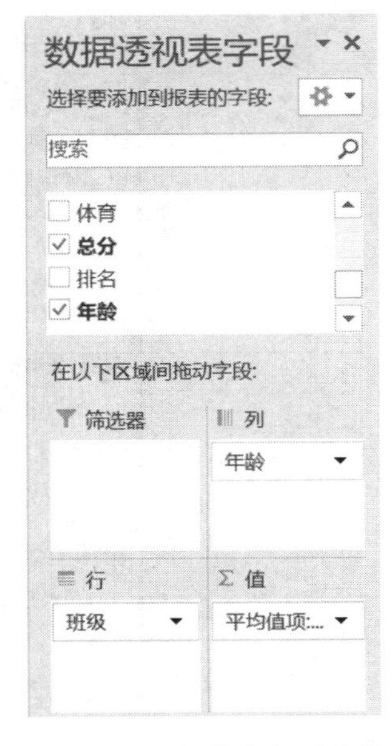

图 4.59 数据透视表字段列表的内容

⑤此时,数据透视表字段列表全部设置完成,具体如图 4.59 所示。结果如图 4.60 所示。

平均值项:总分	列标签							
行标签	23	24	25	26	27	29	30	总计
1班		449	452	472.75		477		462.5833333
2班		464.5	450.5	499.5		470.5	459	467.1666667
3班	457.5		444	447.5	483			453.3333333
总计	457.5	456.75	447.75	473.125	483	473.75	459	461.0277778

图 4.60　数据透视表生成结果

需要注意的是:数据透视表生成后,若修改了原始数据表里的数据,数据透视表不会自动更新,需要手动刷新。但下节大家即将接触到的图表是会随着数据源的更新自动更新,无须手动刷新。

4.4.5　任务 5　图表

在 Microsoft Excel 中图表是指将工作表中的数据用图形表示出来。图表可以使数据更加有趣、吸引人、易于阅读和评价。它们也可以帮助我们分析和比较数据。建立了图表后,我们可以通过增加图表项,如数据标记,图例、标题、文字、趋势线,误差线及网格线来美化图表及强调某些信息。大多数图表项可被移动或调整大小。我们也可以用图案、颜色、对齐、字体及其他格式属性来设置这些图表项的格式。

Excel 提供了 14 种标准的图表类型,每一种都具有多种组合和变换。常见的图表类型如下:

面积图:显示一段时间内变动的幅值。

条形图:由一系列水平条组成。

柱形图:由一系列垂直条组成,通常用来比较一段时间中两个或多个项目的相对尺寸。

折线图:显示一段时间内的趋势。

股价图:具有 3 个数据序列的折线图,被用来显示一段给定时间内一种股票的最高价、最低价和收盘价。

饼形图:对比几个数据在其形成的总和中所占的百分比。

雷达图:显示数据如何按中心点或其他数据变动。

XY 散点图:展示成对的数和它们所代表的趋势之间的关系。

还有其他一些类型的图表,如圆柱图、圆锥图、棱锥图,都是由条形图和柱形图变化而来的,没有突出的特点,而且用得相对较少,这里就不一一赘述。

【实例要求】

打开文件"学生成绩表.xlsx",插入一个新的工作表,并重命名为"数据图表",复制"第一学期期末成绩"工作表的全部数据粘贴到"数据图表"工作表中,修改出生日期的单元格格式,完成以下操作:将 1 班学生的姓名和数学、英语、计算机的成绩以二维簇状柱形图显示。图表标题为"1 班成绩表",华文楷体,字号 20,位于图表上方;横轴标题是"姓名",横向;纵轴标题是"成绩",纵向,并将纵轴主要刻度值修改为 30;图例位于底部;在柱形图上方只标记所有学生的数学成绩；整个图表的外边框设成圆角矩形、红色、3 磅，内部填充蓝白渐变色。

【操作步骤】

①先按班级排序，选中 1 班学生的姓名、数学、英语、计算机 4 列数据，如图 4.61 所示。

学号	姓名	出生日期	班级	语文	数学	英语	计算机	体育	总分	排名	年龄
A120101	包宏伟	1995年10月6日	1班	97.5	106	108	98	79	488.5	2	24
A120106	谢如康	1992年12月12日	1班	90	111	116	75	85	477	4	27
A120104	刘康	1996年3月20日	1班	102	116	113	78	48	457	10	24
A120102	欧阳丹	1997年2月9日	1班	110	95	98	99	53	455	12	23
A120103	张娜	1998年4月1日	1班	95	85	99	78	92	449	14	22
A120105	刘柳	1997年2月6日	1班	88	98	101	89	73	449	14	23
A120205	倪景阳	1996年7月15日	2班	103.5	105	105	93	93	499.5	1	24
A120201	杜江	1993年8月13日	2班	94.5	107	96	80	93	470.5	6	27
A120206	闫朝霞	1998年7月22日	2班	100.5	103	104	88	69	464.5	7	22
A120202	陈依依	1992年1月1日	2班	86	107	89	88	92	462	8	28
A120203	章祥	1992年8月8日	2班	93	99	92	86	86	456	11	28
A120204	苏放	1997年2月23日	2班	95.5	92	96	84	83	450.5	13	23
A120301	刘鹏举	1995年5月29日	3班	99	98	101	95	90	483	3	25
A120306	齐飞扬	1997年1月30日	3班	101	94	99	90	87	471	5	23
A120305	王华	1999年1月25日	3班	91.5	89	94	92	91	457.5	9	21
A120303	曾令煊	1995年9月10日	3班	85.5	100	97	87	78	447.5	16	24
A120304	李梅梅	1997年2月4日	3班	95	97	102	93	55	442	17	23
A120302	孙玉敏	1996年11月11日	3班	78	95	94	62	90	419	18	23

图 4.61 选择数据源

②单击“插入”选项卡的“图表”功能组中的“柱形图”按钮，在下拉列表中选择“二维柱形图”下的“簇状柱形图”，如图 4.62 所示。生成如图 4.63 所示的簇状柱形图。

图 4.62 选择图表类型

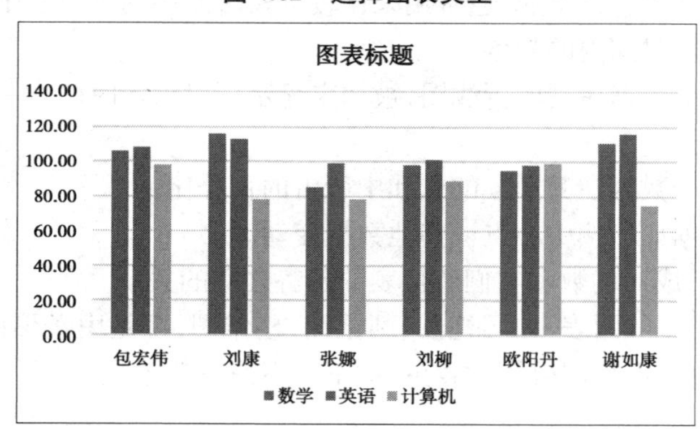

图 4.63 簇状柱形图

③单击“图表工具—布局”选项卡的“标签”功能组中的“图表标题”按钮，选择“图表上方”命令，将图表标题修改为“1 班成绩表”。选中该标题，单击“开始”选项卡，设置字体为华文楷体，字号为 20。效果如图 4.64 所示。

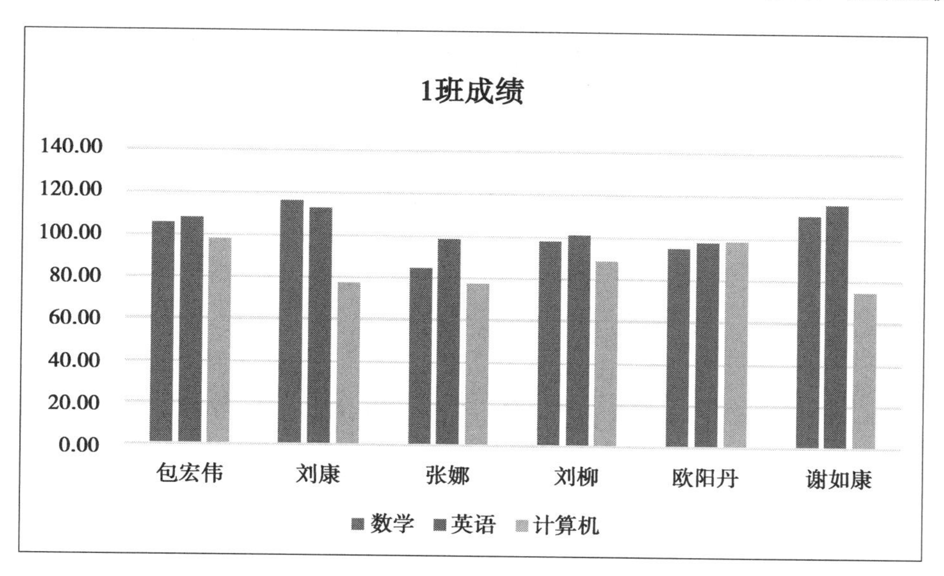

图 4.64　修改图表标题

④在图表的任意位置单击，单击“图表工具—设计”选项卡中的“添加图表元素”按钮，选择“轴标题”下的“主要横坐标轴”，如图 4.65 所示。

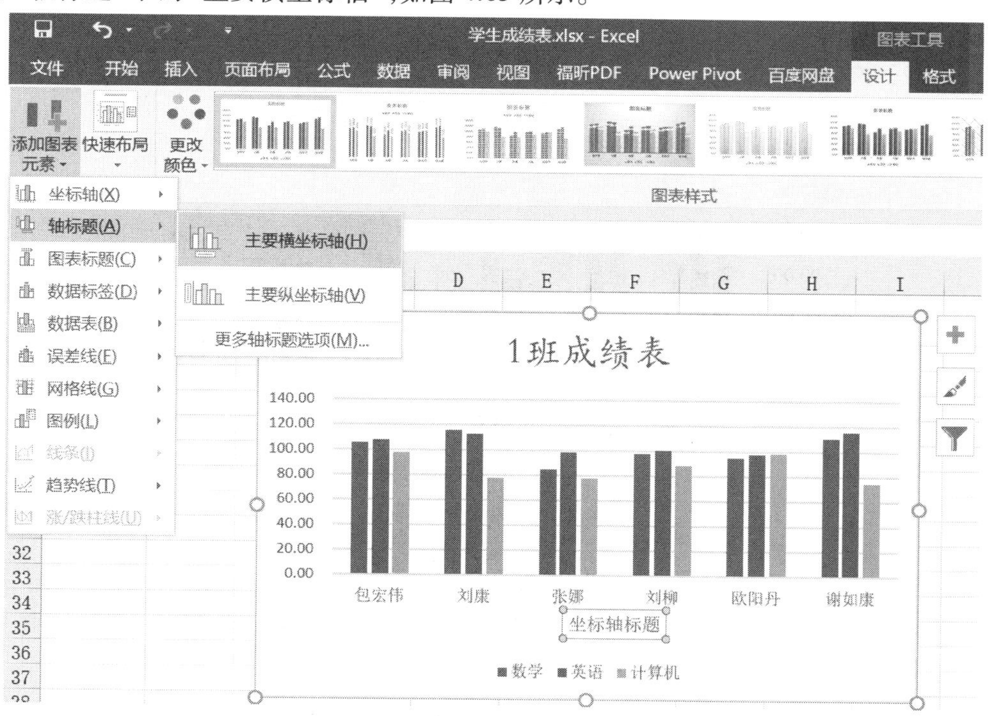

图 4.65　添加坐标轴横轴标题

将横轴标题修改为“姓名”，还可在“开始”选项卡中进行字体、字号、字形、颜色等属性的设置。

⑤纵轴标题的添加方法类似,不再赘述。修改纵轴刻度值,右击纵轴刻度值,选择"设置坐标轴格式"命令,出现如图 4.66 所示的窗口,把"单位"下"主要"的值改为"30",回车即可。图表标题、坐标轴标题、刻度值全部添加完成后的效果如图 4.67 所示。

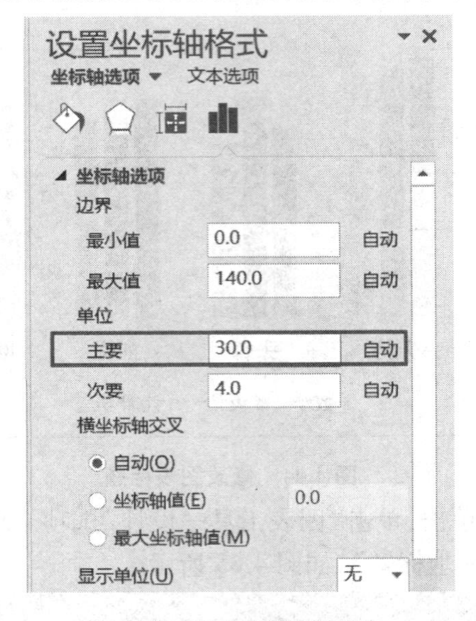

图 4.66 修改主要刻度值

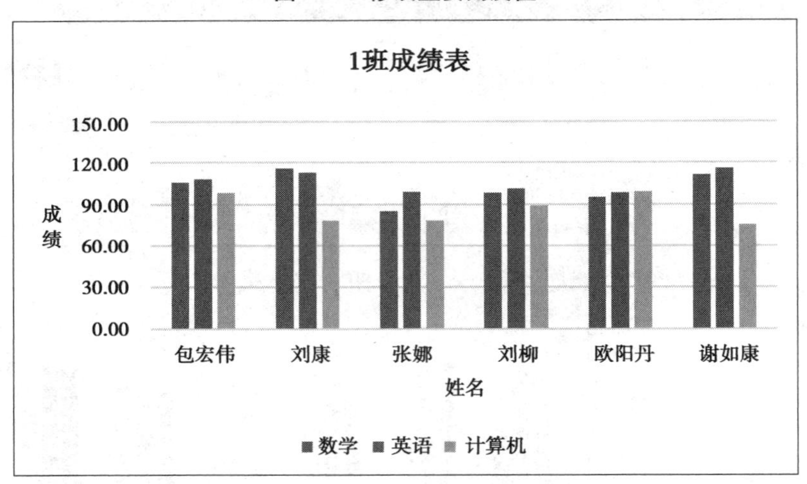

图 4.67 标题添加、修改效果图

⑥单击"图表工具—设计"选项卡中的"添加图表元素"按钮,选择"图例"的具体位置即可完成图例位置的修改。本例中的图例位置不需要修改。

⑦单击图表中第一位同学的数学成绩的柱形标识(蓝色柱形),此时会发现所有同学的数学成绩均被选中。单击"图表工具—设计"选项卡中的"添加图表元素"按钮,选择"数据标签"下的"数据标签外",实现数学成绩的标识添加,如图 4.68 所示。

⑧定位在图表最外侧的边框上,单击右键,选择"设置图表区域格式"命令,打开"设置

图标区格式”对话框,设置边框线型、颜色、粗细、内部填充色,完成后的最终效果如图 4.69 所示。

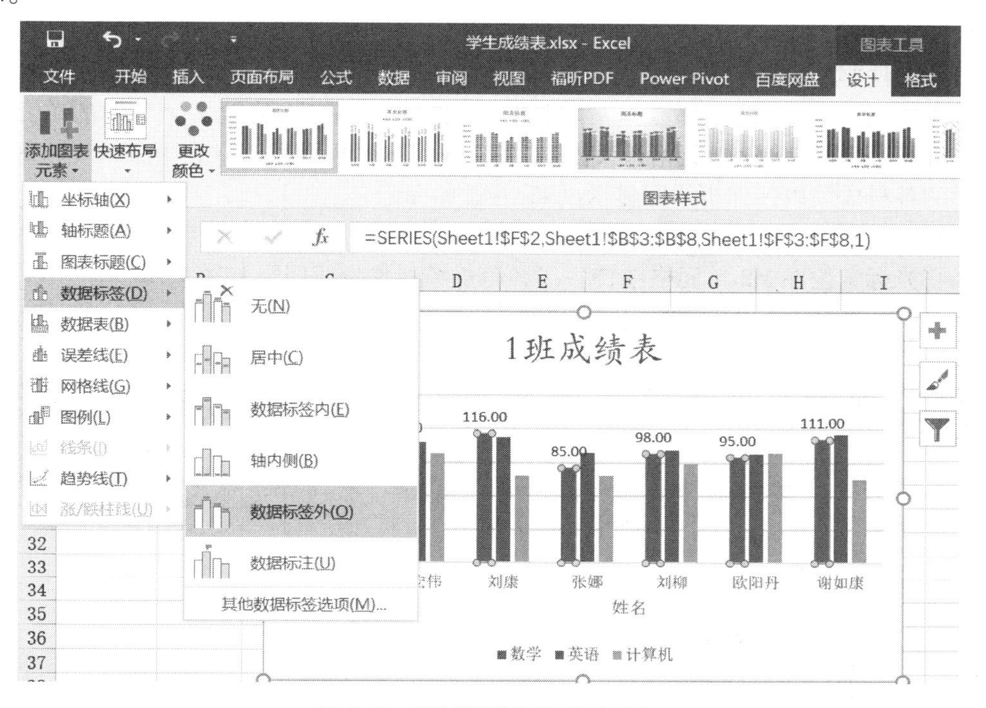

图 4.68　“数学”数据标签的添加

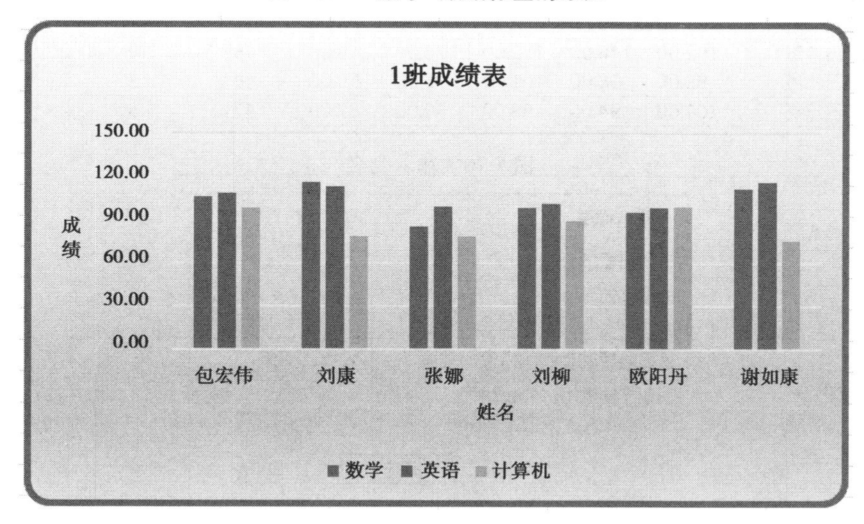

图 4.69　图表最终效果图

4.4.6　任务 6　迷你图

分析数据时常常用图表的形式来直观展示,有时图线过多,容易出现重叠,在 Excel

2010 中有了一种新的对象可以更好地丰富 Excel 数据表,那就是迷你图。它以单元格为绘图区域,为用户绘制出简明的数据小图表。

【实例要求】

打开文件“学生成绩表.xlsx”,插入一个新的工作表,并重命名为“迷你图”,复制“第一学期期末成绩”工作表的全部数据粘贴到“迷你图”工作表中,修改出生日期的单元格格式,完成以下操作:在 M2 单元格录入内容“各科成绩迷你折线图”,并在下方单元格内将每位同学的各科成绩以迷你折线图显示出来,并添加标记。

【操作步骤】

①将光标定位在 M2 单元格中,输入“各科成绩迷你折线图”,如图 4.70 所示。单击 M3 单元格,单击“插入”选项卡的“迷你图”功能组中的“折线图”按钮,打开“创建迷你图”对话框,如图 4.71 所示。

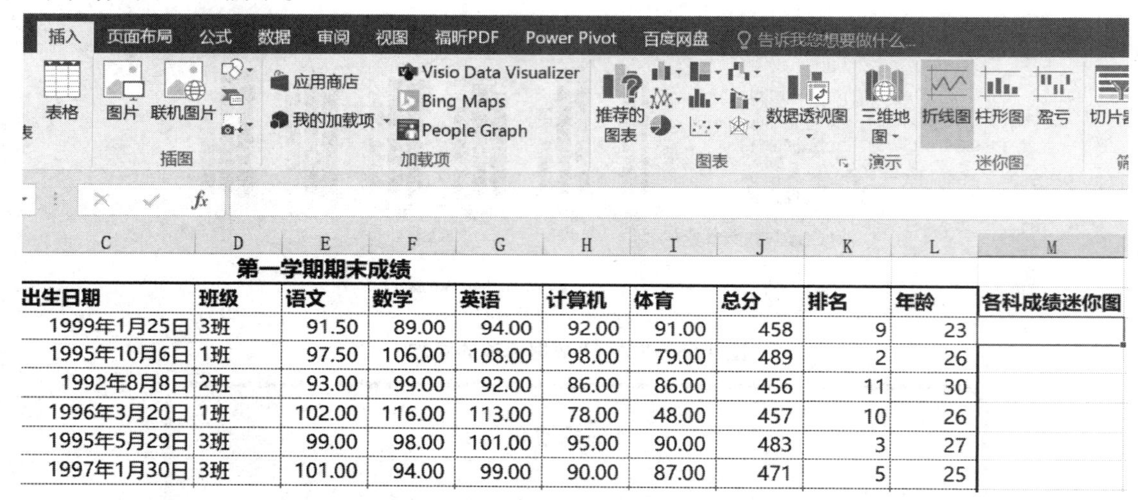

出生日期	班级	语文	数学	英语	计算机	体育	总分	排名	年龄	各科成绩迷你图
1999年1月25日	3班	91.50	89.00	94.00	92.00	91.00	458	9	23	
1995年10月6日	1班	97.50	106.00	108.00	98.00	79.00	489	2	26	
1992年8月8日	2班	93.00	99.00	92.00	86.00	86.00	456	11	30	
1996年3月20日	1班	102.00	116.00	113.00	78.00	48.00	457	10	26	
1995年5月29日	3班	99.00	98.00	101.00	95.00	90.00	483	3	27	
1997年1月30日	3班	101.00	94.00	99.00	90.00	87.00	471	5	25	

图 4.70　输入列名

创建迷你图　?　×

选择所需的数据

数据范围(D):

选择放置迷你图的位置

位置范围(L): $M$3

确定　取消

图 4.71　“创建迷你图”对话框

②框选 E3:I3(所有科目的成绩)单元格区域,单击“确定”按钮,在 M3 单元格内生成了第一位同学各科成绩的折线图,如图 4.72 所示。

③鼠标移动到 M3 单元格的右下角,变成“十”字形时拖曳填充,其余同学各科的迷你折线图会自动生成,如图 4.73 所示。

④单击 M3 单元格,在“迷你图工具—设计”选项卡的“显示”功能组中勾选“标记”,迷

你折线图最终效果如图 4.74 所示。

学号	姓名	出生日期	班级	语文	数学	英语	计算机	体育	总分	排名	年龄	各科成绩迷你折线图
A120205	倪景阳	1996年7月15日	2班	103.5	105	105	93	93	499.5	1	24	
A120101	包宏伟	1995年10月6日	1班	97.5	106	108	98	79	488.5	2	24	
A120301	刘鹏举	1995年5月29日	3班	99	98	101	95	90	483	3	25	
A120106	谢如康	1992年12月12日	1班	90	111	116	75	85	477	4	27	
A120306	齐飞扬	1997年1月30日	3班	101	94	99	90	87	471	5	23	
A120201	杜江	1993年8月13日	2班	94.5	107	96	80	93	470.5	6	27	
A120206	闫朝霞	1998年7月22日	2班	100.5	103	104	88	69	464.5	7	22	
A120202	陈依依	1992年1月1日	2班	86	107	89	88	92	462	8	28	
A120305	王华	1999年1月25日	3班	91.5	89	94	92	91	457.5	9	21	
A120104	刘康	1996年3月20日	1班	102	116	113	78	48	457	10	24	
A120203	章祥	1992年8月8日	2班	93	99	92	86	86	456	11	28	
A120102	欧阳丹	1997年2月9日	1班	110	95	98	99	53	455	12	23	
A120204	苏放	1997年2月23日	2班	95.5	92	96	84	83	450.5	13	23	
A120103	张娜	1998年4月1日	1班	95	85	99	78	92	449	14	22	
A120105	刘柳	1997年2月6日	1班	88	98	101	89	73	449	14	23	
A120303	曾令煊	1995年9月10日	3班	85.5	100	97	87	78	447.5	16	24	
A120304	李梅梅	1997年2月4日	3班	95	97	102	93	55	442	17	23	
A120302	孙玉敏	1996年11月11日	3班	78	95	94	62	90	419	18	23	

图 4.72 第一位同学的迷你折线图

学号	姓名	出生日期	班级	语文	数学	英语	计算机	体育	总分	排名	年龄	各科成绩迷你折线图
A120205	倪景阳	1996年7月15日	2班	103.5	105	105	93	93	499.5	1	24	
A120101	包宏伟	1995年10月6日	1班	97.5	106	108	98	79	488.5	2	24	
A120301	刘鹏举	1995年5月29日	3班	99	98	101	95	90	483	3	25	
A120106	谢如康	1992年12月12日	1班	90	111	116	75	85	477	4	27	
A120306	齐飞扬	1997年1月30日	3班	101	94	99	90	87	471	5	23	
A120201	杜江	1993年8月13日	2班	94.5	107	96	80	93	470.5	6	27	
A120206	闫朝霞	1998年7月22日	2班	100.5	103	104	88	69	464.5	7	22	
A120202	陈依依	1992年1月1日	2班	86	107	89	88	92	462	8	28	
A120305	王华	1999年1月25日	3班	91.5	89	94	92	91	457.5	9	21	
A120104	刘康	1996年3月20日	1班	102	116	113	78	48	457	10	24	
A120203	章祥	1992年8月8日	2班	93	99	92	86	86	456	11	28	
A120102	欧阳丹	1997年2月9日	1班	110	95	98	99	53	455	12	23	
A120204	苏放	1997年2月23日	2班	95.5	92	96	84	83	450.5	13	23	
A120103	张娜	1998年4月1日	1班	95	85	99	78	92	449	14	22	
A120105	刘柳	1997年2月6日	1班	88	98	101	89	73	449	14	23	
A120303	曾令煊	1995年9月10日	3班	85.5	100	97	87	78	447.5	16	24	
A120304	李梅梅	1997年2月4日	3班	95	97	102	93	55	442	17	23	
A120302	孙玉敏	1996年11月11日	3班	78	95	94	62	90	419	18	23	

图 4.73 所有学生的迷你图

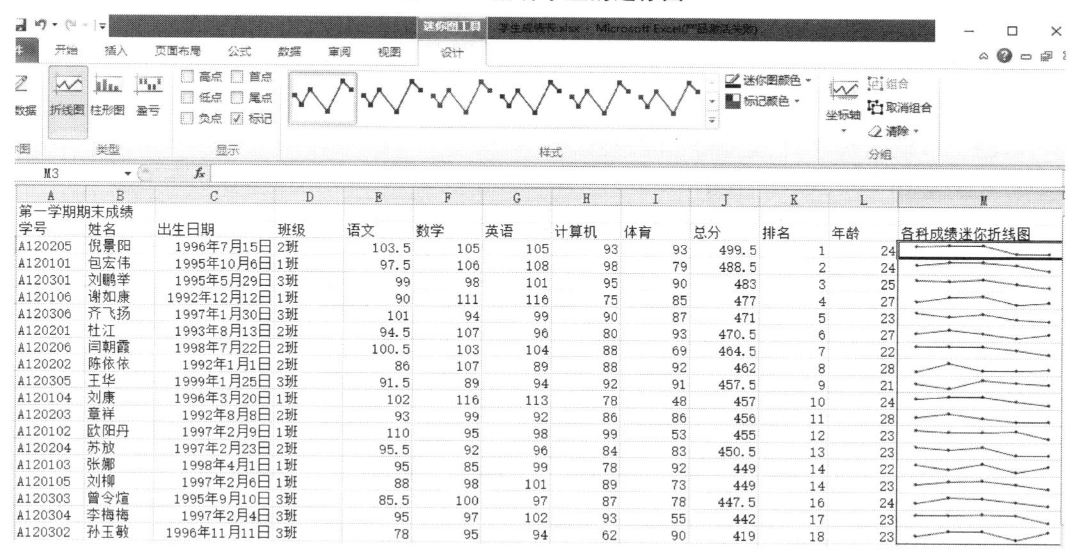

第一学期期末成绩

学号	姓名	出生日期	班级	语文	数学	英语	计算机	体育	总分	排名	年龄	各科成绩迷你折线图
A120205	倪景阳	1996年7月15日	2班	103.5	105	105	93	93	499.5	1	24	
A120101	包宏伟	1995年10月6日	1班	97.5	106	108	98	79	488.5	2	24	
A120301	刘鹏举	1995年5月29日	3班	99	98	101	95	90	483	3	25	
A120106	谢如康	1992年12月12日	1班	90	111	116	75	85	477	4	27	
A120306	齐飞扬	1997年1月30日	3班	101	94	99	90	87	471	5	23	
A120201	杜江	1993年8月13日	2班	94.5	107	96	80	93	470.5	6	27	
A120206	闫朝霞	1998年7月22日	2班	100.5	103	104	88	69	464.5	7	22	
A120202	陈依依	1992年1月1日	2班	86	107	89	88	92	462	8	28	
A120305	王华	1999年1月25日	3班	91.5	89	94	92	91	457.5	9	21	
A120104	刘康	1996年3月20日	1班	102	116	113	78	48	457	10	24	
A120203	章祥	1992年8月8日	2班	93	99	92	86	86	456	11	28	
A120102	欧阳丹	1997年2月9日	1班	110	95	98	99	53	455	12	23	
A120204	苏放	1997年2月23日	2班	95.5	92	96	84	83	450.5	13	23	
A120103	张娜	1998年4月1日	1班	95	85	99	78	92	449	14	22	
A120105	刘柳	1997年2月6日	1班	88	98	101	89	73	449	14	23	
A120303	曾令煊	1995年9月10日	3班	85.5	100	97	87	78	447.5	16	24	
A120304	李梅梅	1997年2月4日	3班	95	97	102	93	55	442	17	23	
A120302	孙玉敏	1996年11月11日	3班	78	95	94	62	90	419	18	23	

图 4.74 迷你折线图的最终效果

课后习题

一、单项选择题

1.在 Excel 2016 中,一个工作簿中默认的工作表张数为(　　)。

A.65 536　　B.255　　C.256　　D.3

2.在工作表中要选择多个不连续区域,在选定第一个单元格区域后,按住(　　)键不放,再选择其他区域。

A.Shift　　B.Esc　　C.Ctrl　　D.Ctrl+Enter

3.对于学生“业绩”项(D2),在“奖金”E2 单元格中显示:大于等于 5 000 元,奖金为“业绩的 10%”,3 000~5 000 元,奖金为“业绩的 5%”,其余情况资金为零,公式正确的是(　　)。

A.IF(D2>=5000,D2*10%,IF(D2>=3000, D2*5%,0))

B.IF(E2>=5000,E2*10%,IF(E2>=3000, E2*5%,0))

C.IF(D2>=5000,D2*10%,D2>=3000, D2*5%,0)

D.IF(E2>=5000,E2*10%,E2>=3000, E2*5%, E2<30000,0)

4.下列地址中使用相对地址的是(　　)。

A.$A$1　　B.A1　　C.$A1　　D.A$1

5.A1=10,B1=8,A2=6,B2=4,则公式=SUM(A1,B2,20)的结果为(　　)。

A.10　　B.14　　C.28　　D.34

6.A1=100,B1=50,A2=30,B2=20,则公式=IF(A1<=60,A2,B2)的结果为(　　)。

A.100　　B.50　　C.30　　D.20

7.输入日期 5 月 4 日,正确的方法是(　　)。

A.5/4　　B.5|4　　C.5\4　　D.以上均对

8.函数 SUMIF(A1:A12,">=100",G1:G12)的功能是(　　)。

A.条件计数　　B.无条件计数

C.条件求和　　D.无条件求和

9.若对 E2:E12 单元格区域的文字进行排名,公式正确的是(　　)。

A.=RANK(E2:E12)　　B.=RANK(E2,E2:E12)

C.=RANK(E2,$E$2:$E$12)　　D.= RANK($E$2,$E$2:$E$12)

10.若统计 A2:K2 单元格区域中含有“√”的个数,函数使用正确的是(　　)。

A.COUNTA(A2:K2," √")　　B.COUNT(A2,K2)

C.COUNTIF(A2:K2,"√")　　D.COUNTIF("√", A2:K2)

二、填空题

1.分类汇总前必须先________,然后才能单击“数据”选项卡中的“分类汇总”按钮。

2.Excel 中实现单元格内换行的快捷键是________。

3.Excel 中的筛选分为________和________。其中,在高级筛选中,同一行上是逻辑________运算,不同行是逻辑________运算。

4.输入公式时,必须以________开头,否则无效。

5.在 Excel 中,如果没有进行特别设置,则文本默认________对齐,数值型数据默认________对齐。

6.Excel 中绝对引用单元格需要在单元格前加上________符号。

7.Excel 2016 默认的文件扩展名是________。

8.产生图表的数据发生变化后,图表会自动更新,但是________不会自动更新,需要手动刷新。

9.Excel 中有 3 种引用方式,其中,F$4 属于________引用。

10.Excel 中行列交叉的位置称为________。

三、操作题

新建"学生成绩表.xlsx",并在 Sheet1 中录入如表 4.4 所示的数据,完成下列题目。

(1)在 Sheet1 中,使用函数计算总分、平均分、排名。其中,总分和排名不要小数部分,平均分保留 1 位小数。

(2)使用函数判定是否优秀。判定依据:若个人的平均分大于或者等于 85 分,则输出"是",否则输出"否"。

(3)把 Sheet1 的数据复制到 Sheet2 中,筛选出至少有一门课不及格的学生的信息。

(4)把 Sheet1 的数据复制到 Sheet3 中,统计男女生各科的最高分。

(5)把 Sheet1 的数据复制到 Sheet4 中,生成簇状柱形图,显示所有学生的计算机成绩。要求图例显示在底部;横轴为姓名,纵轴为成绩;数据标签在外,显示值;图表标题为"学生计算机成绩图表"。

表 4.4　学生成绩表

学号	姓名	性别	高数	计算机	英语	总分	平均分	排名	是否优秀
001	白浩	男	95	60	60				
002	丁超	男	96	85	89				
003	杜刚	男	92	88	69				
004	金馨	女	53	55	69				
005	杨康	男	70	90	58				
006	杨飞	男	52	88	64				
007	李静	女	40	48	45				

第 5 章　演示文稿制作软件 PowerPoint

PowerPoint 是制作多媒体演示文稿的软件。从软件名称“PowerPoint”可以看出它是帮助用户表达观点、演讲汇报、展示方案的软件。用户不仅可以在计算机或者投影仪上进行演示放映，还可以在网络上召开面对面会议、远程会议或通过其他软件平台给观众展示演示文稿。本章学习所用的软件版本为 PowerPoint 2016，文件保存时默认扩展名为.pptx，可以保存为兼容低版本.ppt 类型，还可以保存为 MP4、PDF 或图片格式等文件类型。

5.1　案例 1　创建“节能减排”演示文稿

演示文稿中的每一页称为幻灯片。一个演示文稿一般包含封面、目录、内容页、过渡页、结束致谢页等多页幻灯片。每页幻灯片中可以包含各类元素，如文字、图片、图表、动画、声音、影片等。本节以如何利用素材创建演示文稿为例展开，让学生快速掌握 PowerPoint 的基础操作。

5.1.1　PowerPoint 2016 工作界面

PowerPoint 2016 软件的普通视图界面如图 5.1 所示。PowerPoint 2016 与 Word 2016、Excel 2016 相比，工作界面、软件操作方法有很多相似之处，同样包含了“文件”“开始”“插入”“审阅”4 个选项卡，其余选项卡则是 PowerPoint 所特有的，主要功能如下：

设计选项卡：用于设置幻灯片的大小、幻灯片主题、颜色字体方案及背景格式等。

视图选项卡：主要用于 5 种演示文稿视图切换，3 种母版视图的统一版式设计。

动画选项卡：用于对幻灯片上的图片、形状、文字等对象，添加各类动态效果。

切换选项卡：用于设置放映时幻灯片整页进入或退出的切换效果。

幻灯片放映选项卡：用于设置演示文稿放映方案、放映设置、排练计时等。

工作界面的左侧是大纲窗格，显示了当前演示文稿的幻灯片序号和缩略图。

幻灯片编辑区是整个工作界面的核心部分，在这里对幻灯片内容进行编辑、添加和设置。

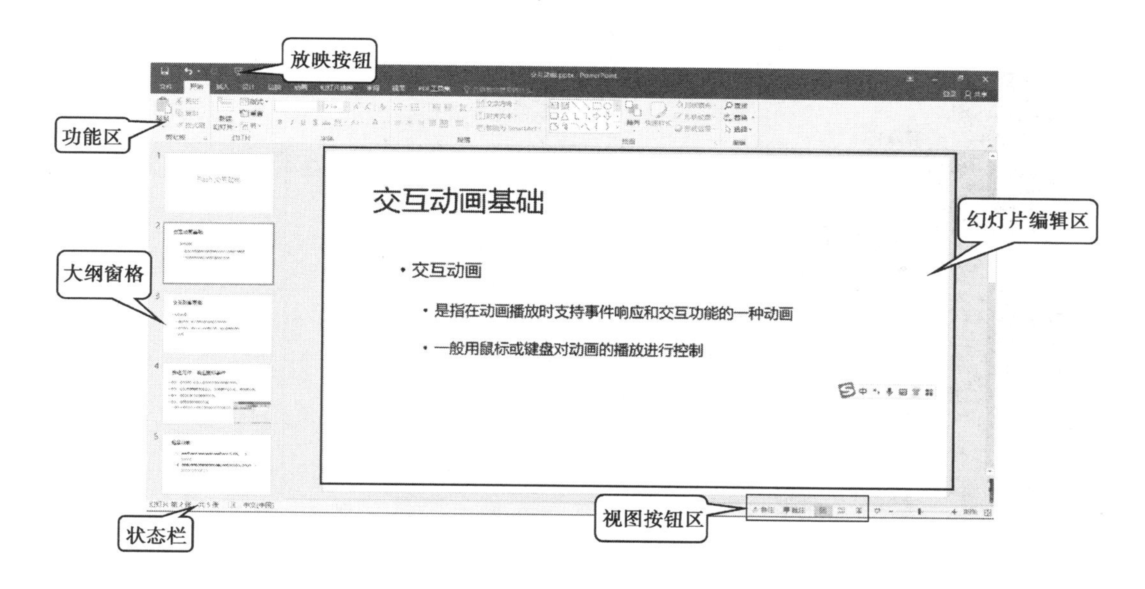

图 5.1　PowerPoint 2016 工作界面

5.1.2　任务 1　掌握演示文稿的创建方法

1）新建演示文稿的常用操作

启动 PowerPoint 2016 软件会自动创建“新建演示文稿.pptx”文件，可以单击编辑区添加第一张幻灯片开始编辑文件。

单击“文件”选项卡，选择“新建”选项，选择适合的本地主题，或者搜索更多线上主题下载（需联网），如图 5.2 所示，选择主题后单击“创建”按钮。

2）利用 Word 大纲构建“节能减排”演示文稿

演示文稿中幻灯片的文字内容一般起到提纲挈领的作用，是具有层级结构的。演示文稿放映时由演讲者按提纲对主题展开说明、阐述观点。在 Word 软件的学习中，长文档排版也曾设置标题级别。接下来就利用 Word 大纲文件导入到 PowerPoint 中实现快速创建演示文稿。

首先打开 Word 大纲素材文件检查一下，如图 5.3 所示。

文字除了有不同级别，还可以为每个级别设置不同的字体、颜色和字体大小。在导入 PowerPoint 后，级别一一对应，同样字体样式也会保留。若使用自有文件内容没有标题级别，则参考第三章，通过 Word 大纲视图设置级别。每个级别的文字字体、内容和级别没有问题就保存并关闭文件。

启动 PowerPoint 软件，单击“开始”选项卡的“幻灯片”功能组中的“新建幻灯片”按钮，选择“幻灯片（从大纲）”命令，如图 5.4 所示，选择准备好的 Word 文件。一般导入需要等待几秒,要视文件的大小和电脑运行速度而定。

图 5.2　利用主题新建演示文稿

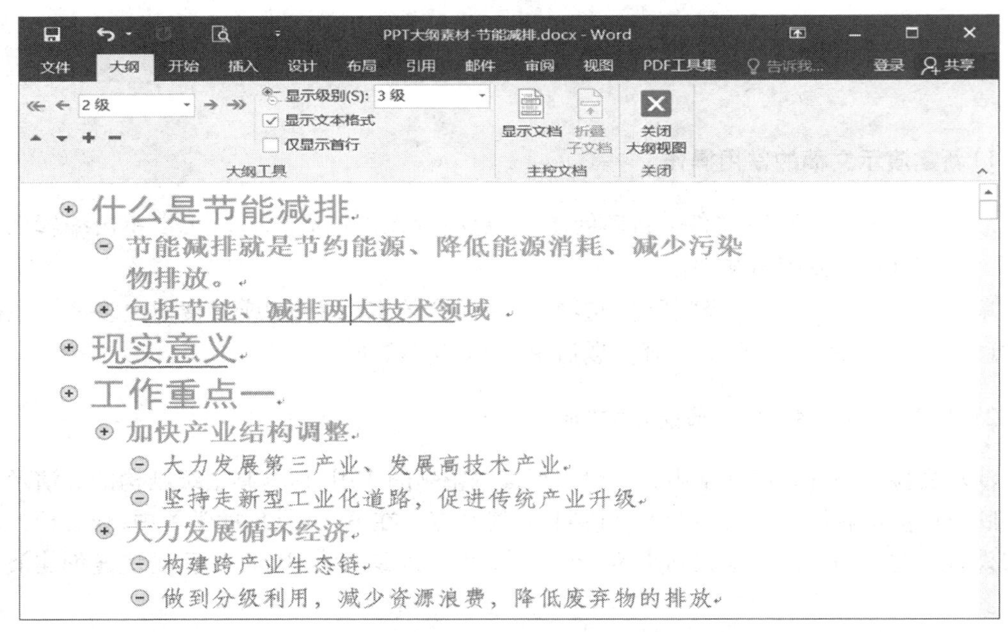

图 5.3　Word 大纲素材

导入完成后的演示文稿,按快捷键 Ctrl+S 保存为“节能减排.pptx”。Word 素材中有 6 个一级标题,生成 6 页幻灯片,Word 素材中的各级标题文字就生成了每页幻灯片的标题和内容,并且文字样式与 Word 中相同,如图 5.5 所示。

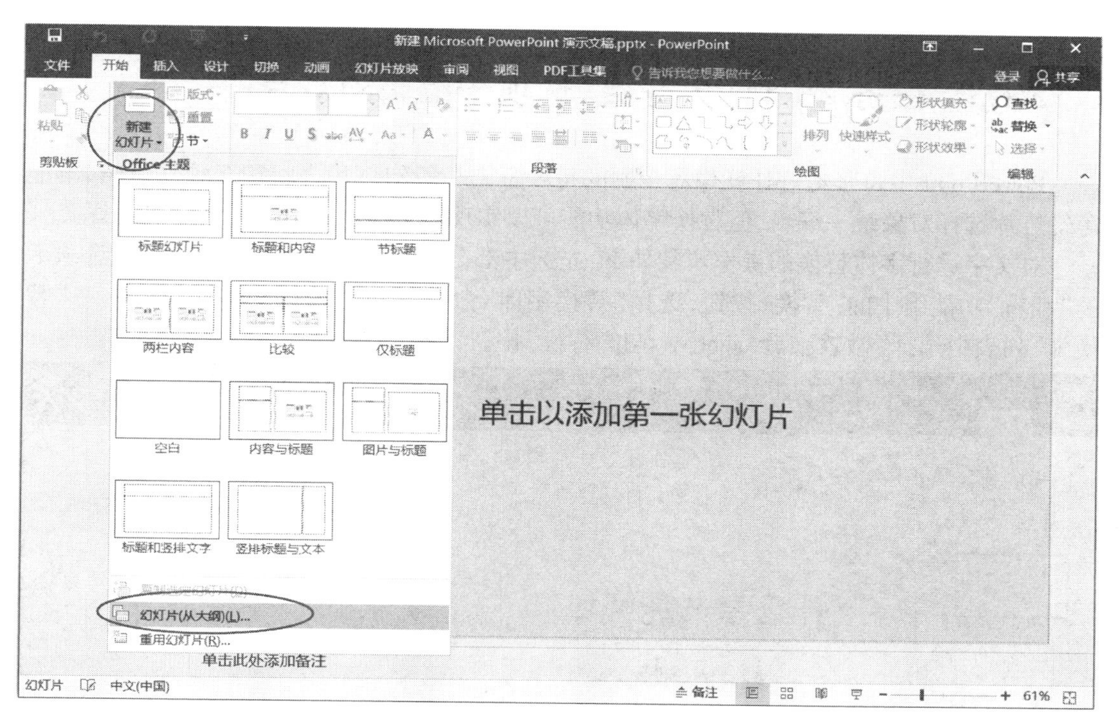

图 5.4　幻灯片从大纲构建演示文稿

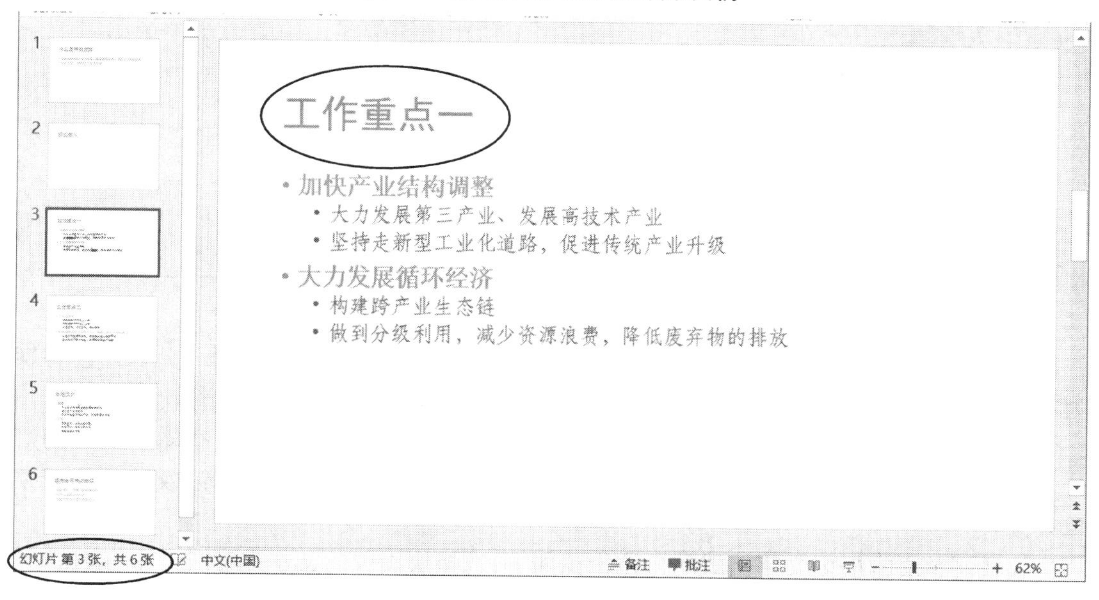

图 5.5　完成后的演示文稿

5.1.3 任务 2 利用“开始”选项卡编辑幻灯片

PowerPoint 中每张幻灯片就像舞台剧的每一幕。一般幻灯片之间相互独立编辑，不能跨幻灯片选择对象统一编辑，但替换字体功能可以实现整个演示文稿同类字体快速替换。

对文字进行字体替换的操作步骤如下：先选中部分同类文字，然后单击“开始”选项卡的“编辑”功能组中的“替换”按钮，选择“替换字体”命令，打开“替换字体”对话框，在“替换为”列表中选择“微软雅黑 Light”，单击“替换”按钮，如图 5.6 所示。

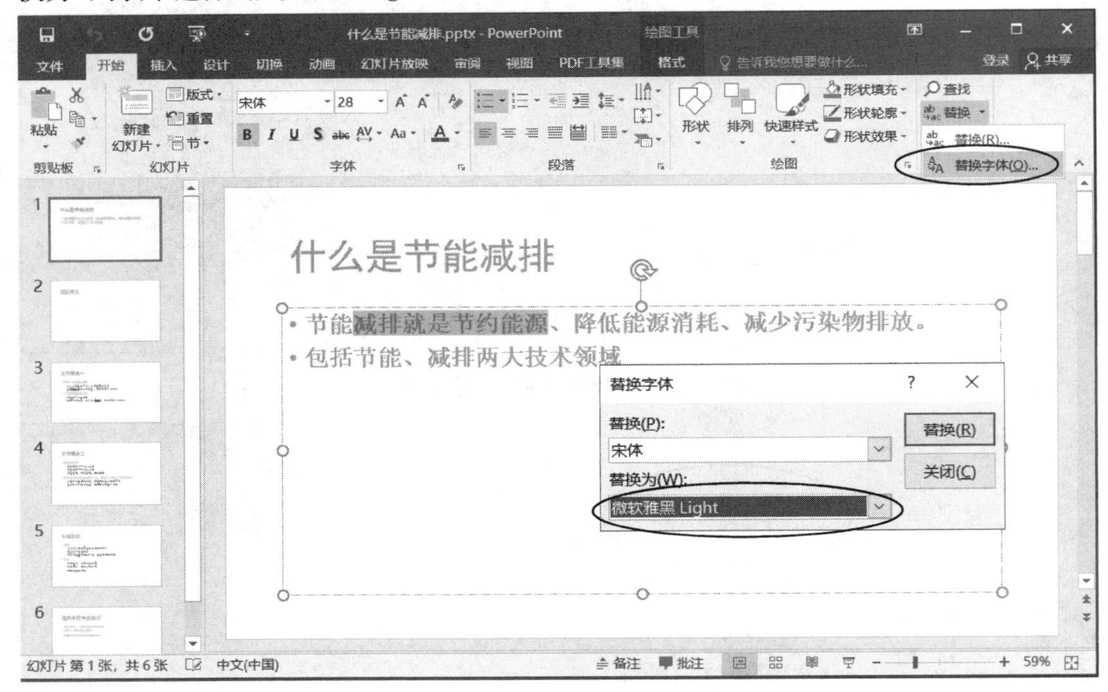

图 5.6 替换同类字体

完成后不仅当前选择的文字字体有变化，而且所有幻灯片中的“宋体”文字都被替换为“微软雅黑 Light”。用同样的方法将演示文稿三级标题“华文仿宋”字体替换为“楷体”。

演示文稿中文本、字符不能直接写在幻灯片上，而是以文本框对象为载体添加到幻灯片上的。文本框内的文字格式，选择文本内容后使用“开始”选项卡的按钮或右键快捷菜单来设置。

编辑调整文本框内文字格式的操作步骤如下：选择要设置的文本内容或文本框，在“开始”选项卡的“字体”功能组中可以设置字体、间距、字号等。文本编辑操作在之前的软件中已经讲述，不再赘述。

将文本内容转换为 SmartArt 的操作步骤如下：选择第 3 页“工作重点一”幻灯片中要设置的文本框，单击“开始”选项卡的“段落”功能组中的“转换为 SmartArt”按钮，选择垂直 V 形列表，如图 5.7 所示。

添加标题幻灯片的操作步骤如下：将光标定位到第 1 页幻灯片上方，然后单击“开始”

选项卡的"幻灯片"功能组中的"新建幻灯片"按钮,在列表中选择合适的标题版式。在标题幻灯片中输入"节能减排　守护家园"文本。输入完成后根据需要设置文本框格式。

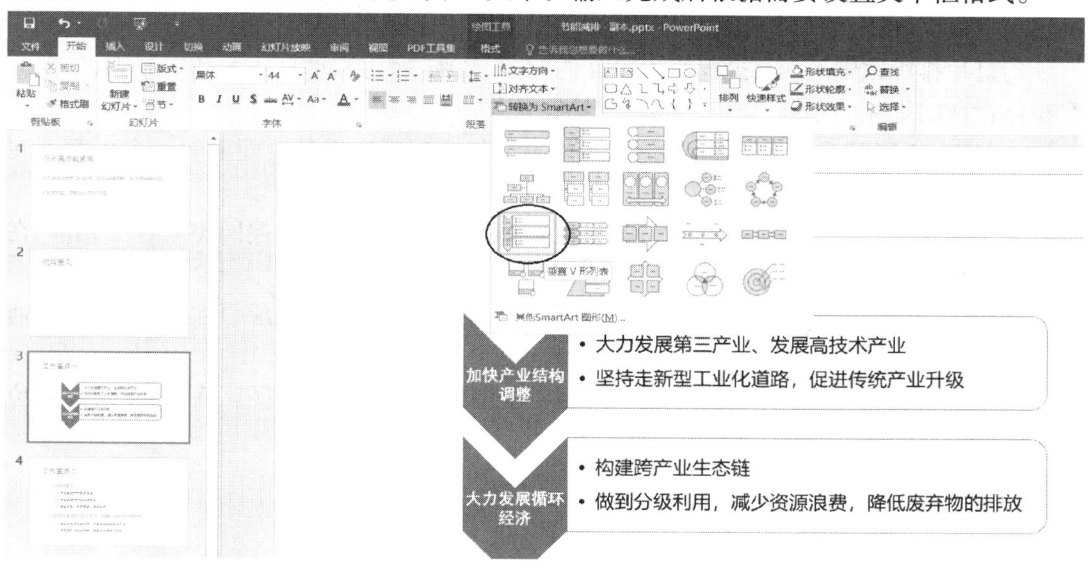

图 5.7　文本转换为 SmartArt

幻灯片版式包含幻灯片上显示的所有内容的格式、位置和占位符框。在"幻灯片母版"视图中,可以更改内置到 PowerPoint 的标准幻灯片版式。

占位符是幻灯片版式上的虚线容器,用于保存标题、正文文本、表格、图表、SmartArt 图形、图片、剪贴画、视频和声音等内容,如图 5.8 所示。

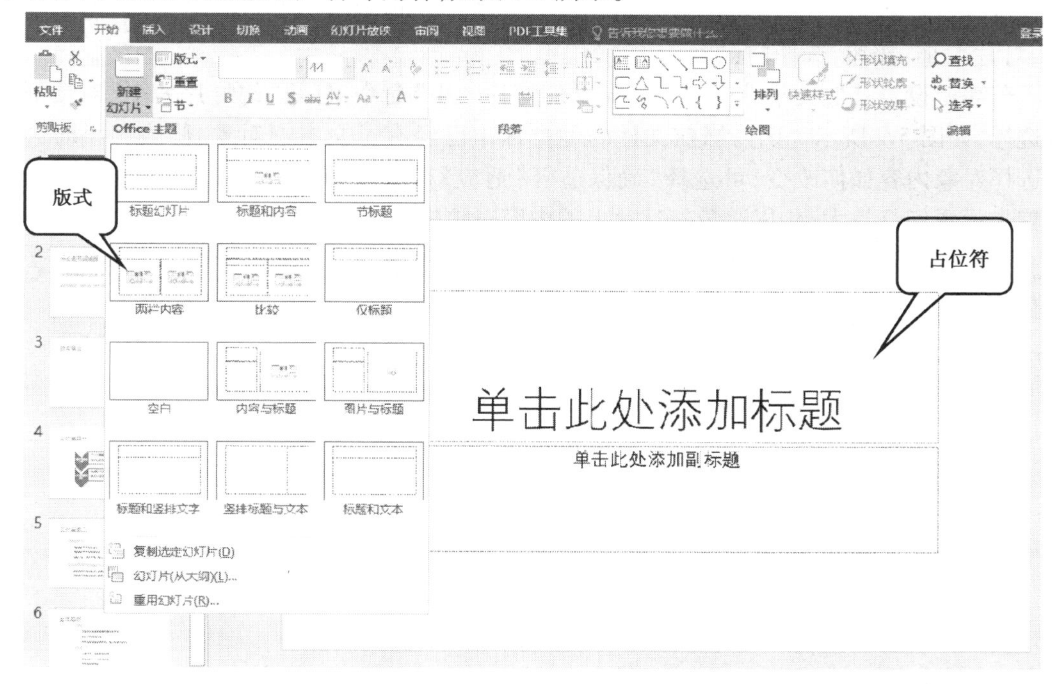

图 5.8　幻灯片版式与占位符

5.2 案例 2 整体设计“节能减排”演示文稿

幻灯片排版原则一般要遵循平面设计的对齐、亲密、对比和重复 4 个基本原则，依据原则整体设计幻灯片的布局、颜色、字体、背景等元素。

- 对齐：任何元素都不能在页面上随意安放，每一项都应当与页面上的某个内容存在某种视觉联系。
- 亲密：彼此相关的项应当靠近，归组在一起。亲密原则要求描述同类内容的元素，在排版上更加贴近。
- 对比：就是强调两个或者两个以上事物之间的差异性，有主次层级才称得上对比，通过对比分清层次才能营造出核心视觉。
- 重复：视觉要素重复出现突出一致性和协调性，采用相同的背景色、同样的标题位置、同样的字体、字号、字的颜色等相同的元素。

5.2.1 任务 1 设置幻灯片的主题、大小

幻灯片通常会以投影放映的方式展现出来，那么就要提前了解播放环境，从演讲者和观众的角度来设计幻灯片的大小、演示文稿主题，这些操作最好在编辑幻灯片之前完成。幻灯片的默认大小是宽屏 16:9，一般要先观察放映环境的投影幕布比例，再来设置幻灯片的大小是 4:3 还是 16:9，或其他大小。

设置幻灯片大小为 4:3 的操作步骤如下：单击“设计”选项卡的“自定义”功能组中的“幻灯片大小”按钮，选择“标准 4:3”命令。

若需要设置其他大小，则选择“自定义幻灯片大小”命令，打开“幻灯片大小”对话框进行选择，如图 5.9 所示。因为当前文件的幻灯片中已经有了文本框对象，修改大小时会提示选择对象内容如何改变，可选择“确保适合”适应幻灯片新大小。由此也说明演示文稿要首先设置幻灯片大小，以避免幻灯片上的内容对象失真或错乱。

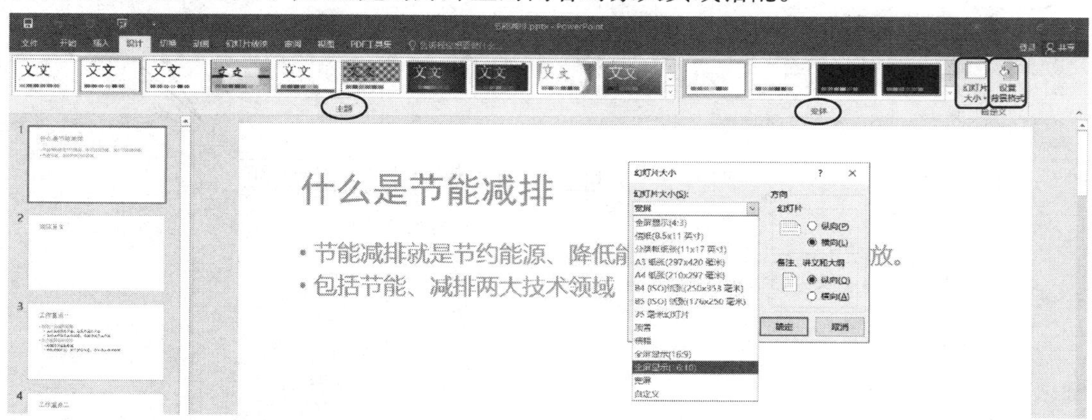

图 5.9 “幻灯片大小”对话框

PowerPoint 中的主题是指一组已经预定义的颜色、字体、背景样式和视觉效果，可应用于幻灯片以实现统一的外观设计。

设置幻灯片主题的操作步骤如下：单击“设计”选项卡的“主题”功能组中的下拉按钮，选择“徽章”主题，在右侧“变体”中选择“Badge”方案。

设置幻灯片背景的操作步骤如下：单击“设计”选项卡的“自定义”功能组中的“设置背景格式”按钮，设置背景为图片填充，选择“背景.jpg”素材。

在设置某一主题时默认应用于所有的幻灯片，若只对部分幻灯片应用主题，可以将鼠标指向主题后右击，在快捷菜单中进行设置。背景设置默认应用于当前幻灯片，可以在任务窗格中选择“全部应用”。最终效果如图 5.10 所示。

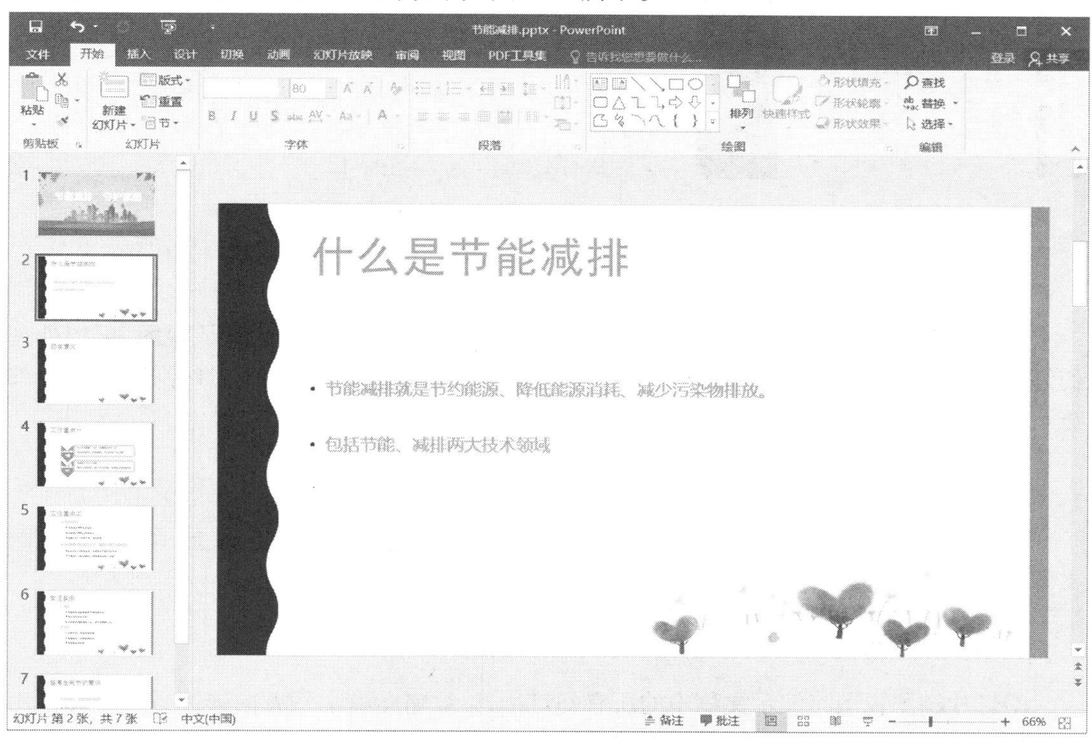

图 5.10　设计完成后的效果

5.2.2　任务 2　为演示文稿选择合适的视图

PowerPoint 2016 中有两类视图，一类是用来编辑处理演示文稿的演示文稿视图，一类是用来设计版式的母版视图，如图 5.11 所示。切换视图可以通过“视图”选项卡，还可以在幻灯片窗口底部右侧的任务栏选择最常用视图。

演示文稿视图有普通视图、大纲视图、幻灯片浏览视图、备注页视图、阅读视图 5 种视图方式，选择适合的视图，具体取决于当前的操作任务。

图 5.11　PowerPoint 2016 视图选项

1) 普通视图

普通视图是用户最常用的幻灯片编辑模式，是 PowerPoint 2016 的默认视图，可以处理幻灯片上的各类元素，可以快速创建幻灯片。“普通”视图左侧显示了幻灯片缩略图，中部显示当前幻灯片的大窗口，并在当前幻灯片下面显示备注的区域。

2) 大纲视图

使用大纲视图为演示文稿创建大纲或情节提要。在左侧窗格中它仅显示幻灯片上的文本，用户可以快速浏览演示文稿的内容提纲。

3) 幻灯片浏览视图

幻灯片浏览视图将演示文稿中的所有幻灯片，以缩略图沿水平方向连续显示。方便用户重新组织幻灯片，快速完成幻灯片的移动、复制、删除等操作，如图 5.12 所示。

4) 备注页视图

“备注”窗格位于幻灯片窗口的下面，用于编辑备注文本，可以打印备注或在发送给受众的演示文稿中包含备注。备注内容可以在放映时作为演讲者的讲义，使用演示者视图放映，演讲者可以查看备注，而观众只能看到幻灯片。

5) 阅读视图

此视图会全屏显示演示文稿，包含动画效果和切换效果。检查或审阅演示文稿时一般使用阅读视图。

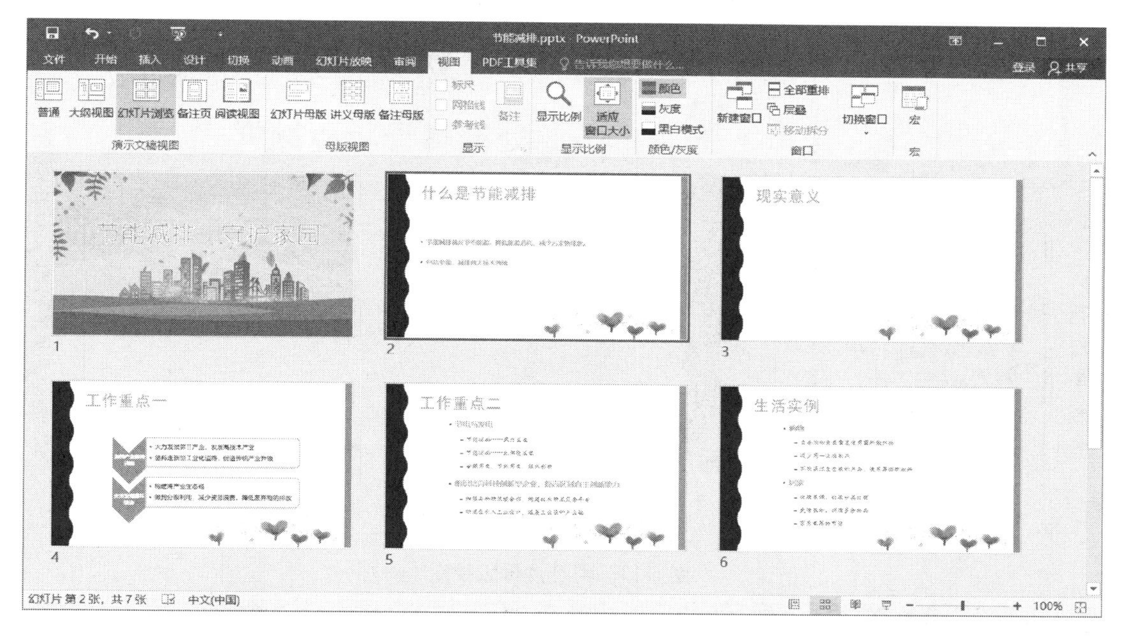

图 5.12　幻灯片浏览视图

5.2.3　任务 3　使用母版视图设置幻灯片

母版视图包括幻灯片母版、讲义母版和备注母版。母版视图可以对与演示文稿关联的每个幻灯片、备注页或讲义做整体样式统一改动。

1) 幻灯片母版

幻灯片母版是幻灯片的样式和布局顶层设计，是存储文件设计模板信息的一组特殊幻灯片，它控制整个演示文稿的外观。可以在幻灯片母版上插入形状或徽标等需要统一的元素，它就会自动显示在所有幻灯片上。

PowerPoint 2016 新建文件后默认使用内置母版，一个演示文稿可以使用多组母版，如图 5.13 所示，幻灯片母版的更改将应用到使用它的所有幻灯片中，布局母版对应的则是当前这组母版的所有幻灯片版式。

为除标题外的幻灯片设置统一标志的操作步骤如下：

①打开"节能减排"演示文稿，单击"视图"选项卡的"母版视图"功能组中的"幻灯片母版"按钮，界面切换到了幻灯片母版视图。选中第 2 组母版中的"幻灯片母版"，如图 5.13 所示。

②单击"插入"选项卡的"图像"功能组中的"图片"按钮，选择插入"logo.png"图片到幻灯片母版。

③将图片和文本框的位置调整合适。切换到"幻灯片母版"选项卡，单击"关闭母版"按钮。完成后的效果如图 5.14 所示。

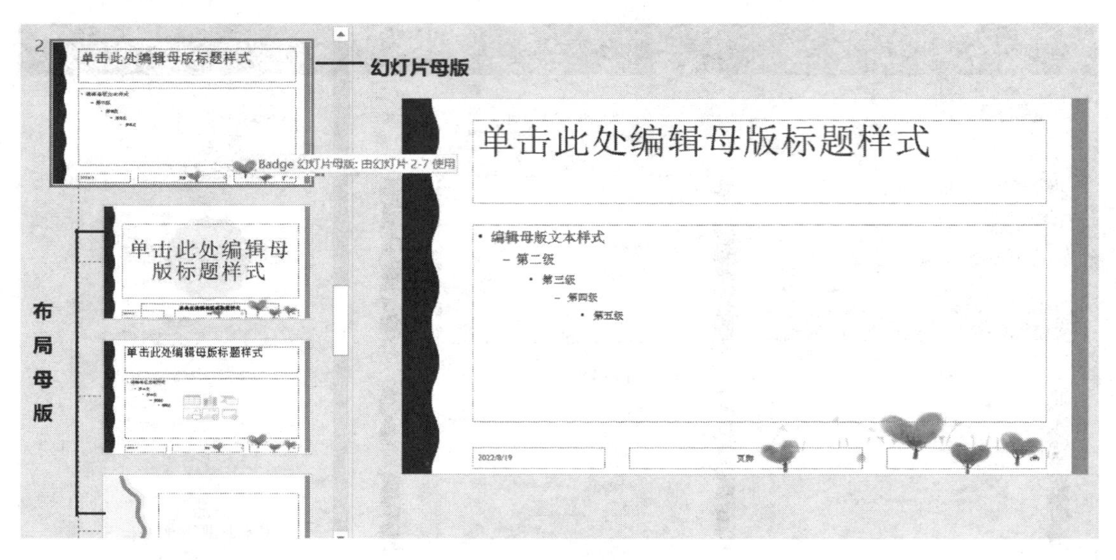

图 5.13　幻灯片母版视图

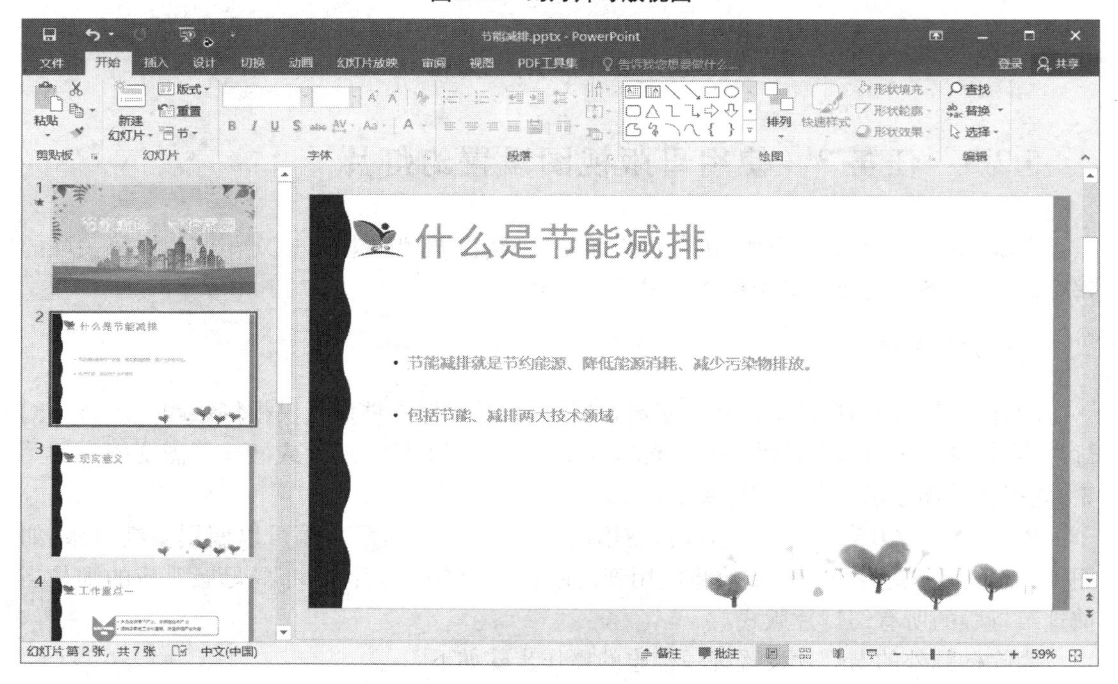

图 5.14　幻灯片母版设置统一标志

2) 讲义母版

在讲义母版视图中进行的更改会出现在所有讲义页面上。可以选择讲义的设计和布局,用作打印讲义的外观。

3）备注母版

在备注母版中设置演示文稿与备注一起打印时外观，用户可以选择备注页面的设计和布局。

5.3　案例3　为演示文稿添加各类对象

PowerPoint 2016 可以在幻灯片、幻灯片母版中插入文本框、艺术字、形状、符号、SmartArt、表格、图表等对象，也可以添加来自计算机或 Internet 的图片、音频、视频等多媒体对象，还可以添加超链接在放映时实现跳转或打开其他文件，通过添加这些对象来支撑演示文稿的主题内容，如图 5.15 所示。

图 5.15　“插入”选项卡

5.3.1　任务1　幻灯片中添加静态对象

图片、形状、文本框、SmartArt、表格图表和艺术字等对象属于静态对象，添加此类对象的方法与 Word 相同，不再赘述。添加对象后出现的上下文选项卡，如图 5.16 所示。

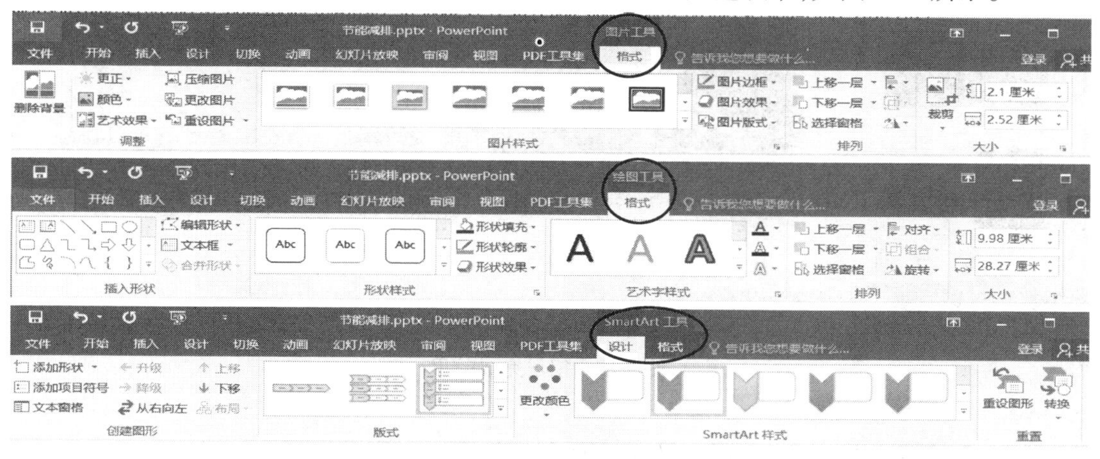

图 5.16　PowerPoint 2016 上下文选项卡

演示文稿中添加幻灯片相册的操作步骤如下：

①新建空白演示文稿，保存为“美丽校园.pptx”。

②单击“插入”选项卡的“图像”功能组中的“相册”按钮，选择“新建相册”命令，在打开的“相册”对话框中单击“文件/磁盘”选项，选择要导入的所有图片。“图片版式”选择“2张图片”，“相册形状”选择“柔化边缘矩形”，单击“创建”按钮，如图 5.17 所示。

图 5.17 插入相册

③首页输入合适的标题,设计主题,效果如图 5.18 所示。

图 5.18 相册完成效果

5.3.2 任务 2 幻灯片添加超链接和页脚

超链接是通过幻灯片中的文本、形状、图片等对象创建,然后设定链接的目标位置。超链接可以链接到现有文件或网页、本文档中的位置、新建文档和电子邮件地址。

对象添加超链接后,在幻灯片放映时单击超链接对象可以跳转到预先设定的位置。

添加超链接到文件的操作步骤如下:

①打开“节能减排.pptx”,选择第 2 页幻灯片,在内容文本框中第 3 行输入文本“相关法

律法规”。

②选择刚输入的文字作为超链接对象，单击“插入”选项卡的“链接”功能组中的“链接”按钮，打开“插入超链接”对话框，选择链接目标文件，如图 5.19 所示。

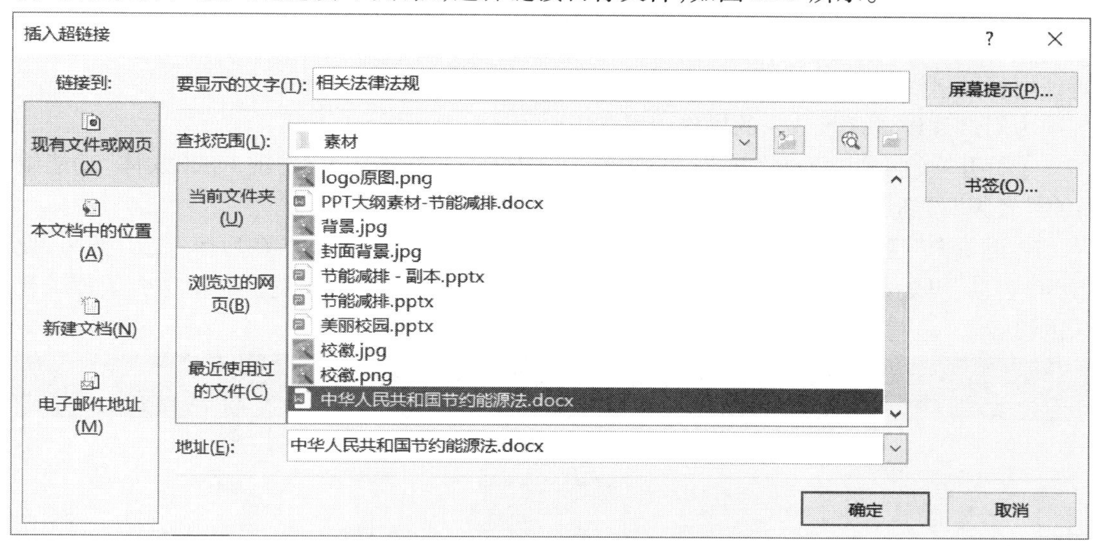

图 5.19　插入超链接

为幻灯片添加页脚的操作步骤如下：单击“插入”选项卡“文本”功能组中的“页眉和页脚”按钮，勾选“页脚”和“标题幻灯片不显示”复选框，输入页脚内容（自己的姓名），如图 5.20 所示。

图 5.20　设置页脚

5.3.3 任务 3 幻灯片添加音频和视频

PowerPoint 2016 中可在演示文稿中添加音乐、旁白或声音片段等音频。若要录制和收听任何音频,计算机需配备声卡、麦克风和扬声器。

为幻灯片设置背景音乐的操作步骤如下:

①打开“美丽校园.pptx”文件,选中第一张幻灯片,单击“插入”选项卡的“媒体”功能组中的“音频”按钮,选择“PC 上的音频”命令,选择音频文件。

②再单击“音频工具—播放”选项卡的“音频样式”功能组中的“在后台播放”按钮,设置为“自动”开始播放,并勾选了 3 个复选框,如图 5.21 所示。这样就快速就完成了背景音乐的设置。

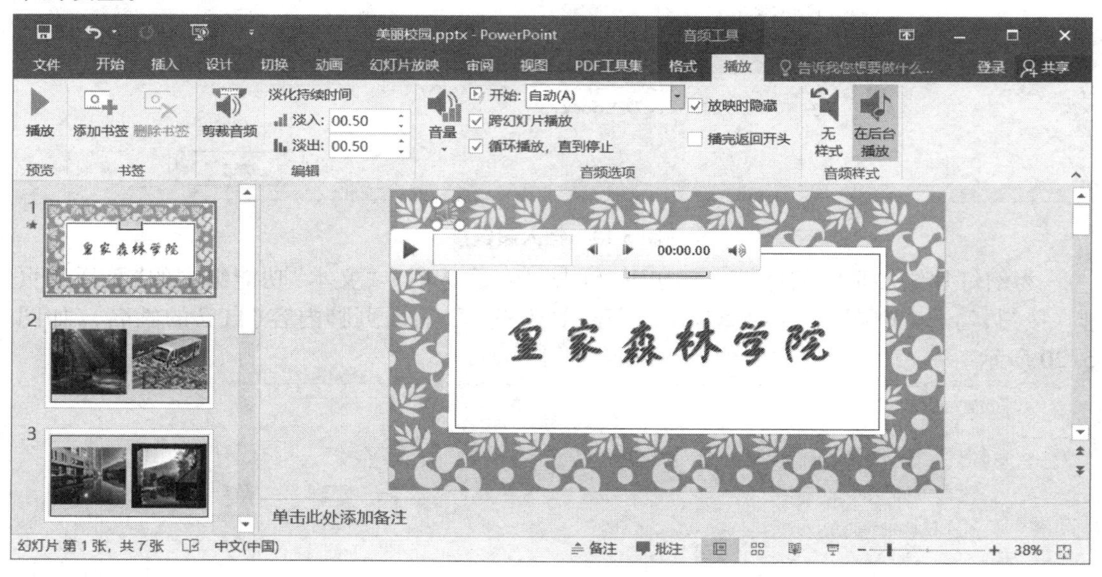

图 5.21 添加背景音乐

PowerPoint 2016 中添加视频与添加音频文件类似,主要支持的视频文件格式有 MP4、MPEG 电影文件、AVI 和 WMV 等。

幻灯片中添加视频的操作步骤如下:

①打开“节能减排.pptx”文件,选中第 2 张幻灯片,单击“插入”选项卡的“媒体”功能组中的“视频”按钮,选择“PC 上的视频”命令,选择视频文件“2021 年‘全国低碳日’主题宣传片.mp4”。

②拖动调整视频文件的大小、位置,根据情况设置播放选项,如图 5.22 所示。

图 5.22　添加视频

5.4　案例 4　为演示文稿设置动态效果

PowerPoint 中灵活使用动画效果和切换效果有助于演讲者更有效地表达主题，吸引观众的注意。动画是一种特殊效果，适用于幻灯片上的单个元素，如文本、形状、图像等。切换效果是演示文稿放映时从一张幻灯片移到下一张幻灯片时出现的特殊效果。

5.4.1　任务 1　为幻灯片对象添加动画

动画可以应用于幻灯片上的文本、形状、图像等单个对象，一个对象可以添加多个动画，因此幻灯片可以产生多个动画效果。PowerPoint 动画可以分为四类，如图 5.23 所示。

进入动画：对象出现时的效果。

退出动画：对象消失退出时的效果。

强调动画：可见对象加上增强突出的效果。

动作路径动画：将对象按预定路径从一个位置移动到另一个位置。

为一个对象添加多个动画的操作步骤如下：

①打开演示文稿“节能减排.pptx”，选择一张有插图的幻灯片。

②选中图片，选择“动画”选项卡的“动画”选项组中的“飞入”动画，设置“效果选项”为“右上部”。

③单击“动画”选项卡的“高级动画”功能组中的“添加动画”按钮，选择强调动画“跷跷板”。

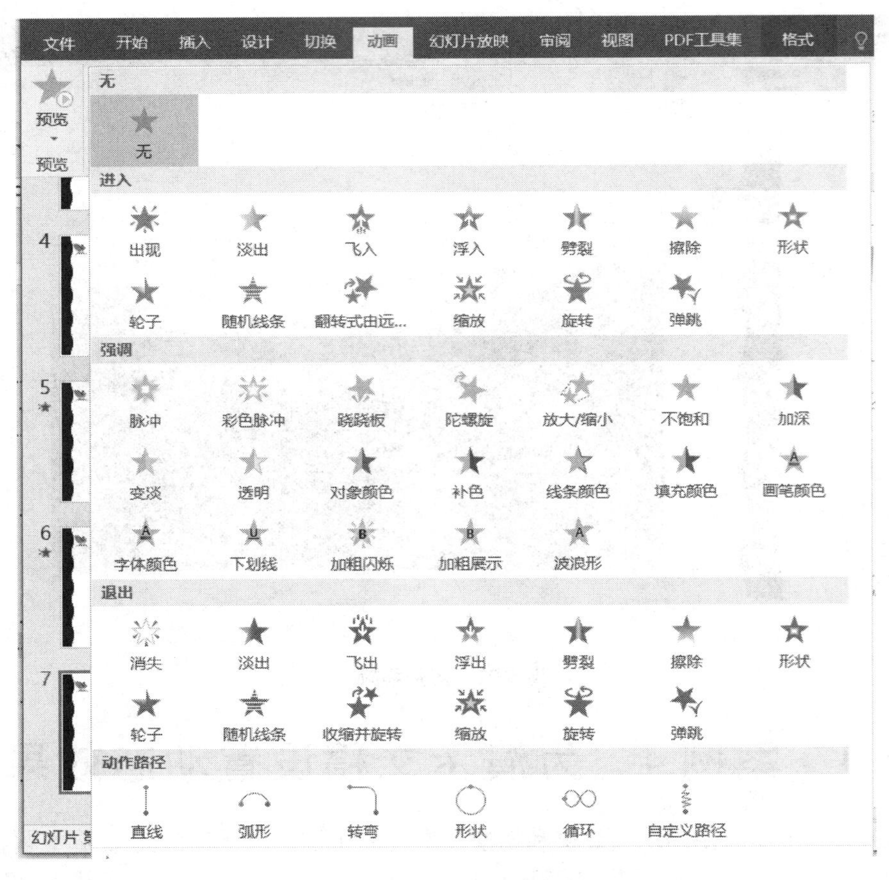

图 5.23　PowerPoint 的 4 类动画

④单击“动画窗格”，在右侧窗格中播放预览，如图 5.24 所示。

图 5.24　添加动画

动画添加完成后，可以设置动画的计时效果。动画的持续时间是指延长或缩短效果。延迟是指动画运行之前增加时间。

动画有 3 种启动方式：

- 单击时：鼠标单击或按 Enter 键时播放动画。
- 与上一动画同时：与序列中的上一动画同时播放动画。
- 上一动画之后：在上一动画播放后立即播放动画。

5.4.2　任务 2　设置幻灯片切换效果

幻灯片切换是在放映演示文稿期间，从一张幻灯片移到下一张幻灯片时出现的视觉效果。可以设置切换速度、添加声音和自定义切换效果外观。设置方法与添加动画类似，可以对案例中幻灯片逐个设置，如图 5.25 所示。

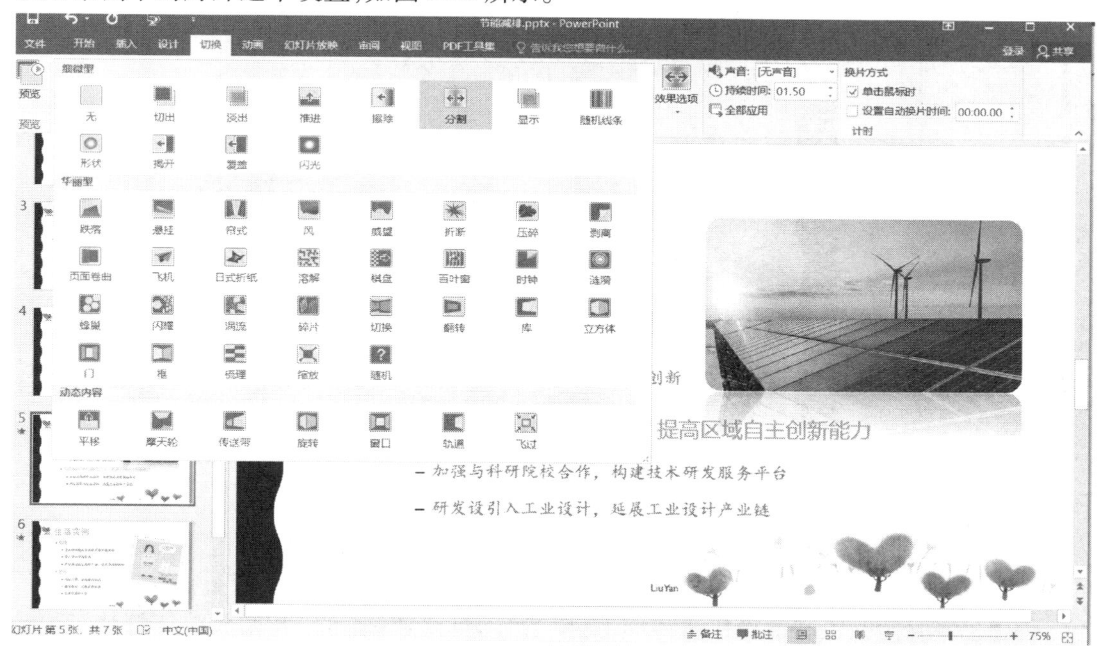

图 5.25　设置切换效果

添加切换效果的操作步骤如下：选择要添加切换效果的幻灯片。选择“切换”选项卡，然后选择一种切换，选择一种切换可看到效果预览。选择“效果选项”以选择切换的方向和属性。选择“预览”查看切换的效果。选择“全部应用”，将切换效果添加到整个演示文稿。

若要删除切换效果，选择“切换”选项卡中的“无”选项。

5.5 案例 5 演示文稿放映设置

5.5.1 任务 1 设置幻灯片放映方案

在 PowerPoint 中创建自定义放映演示文稿,使用自定义放映可以仅演示演示文稿中的某些幻灯片子集,以适应不同的情况或观众。“幻灯片放映”选项卡,如图 5.26 所示。

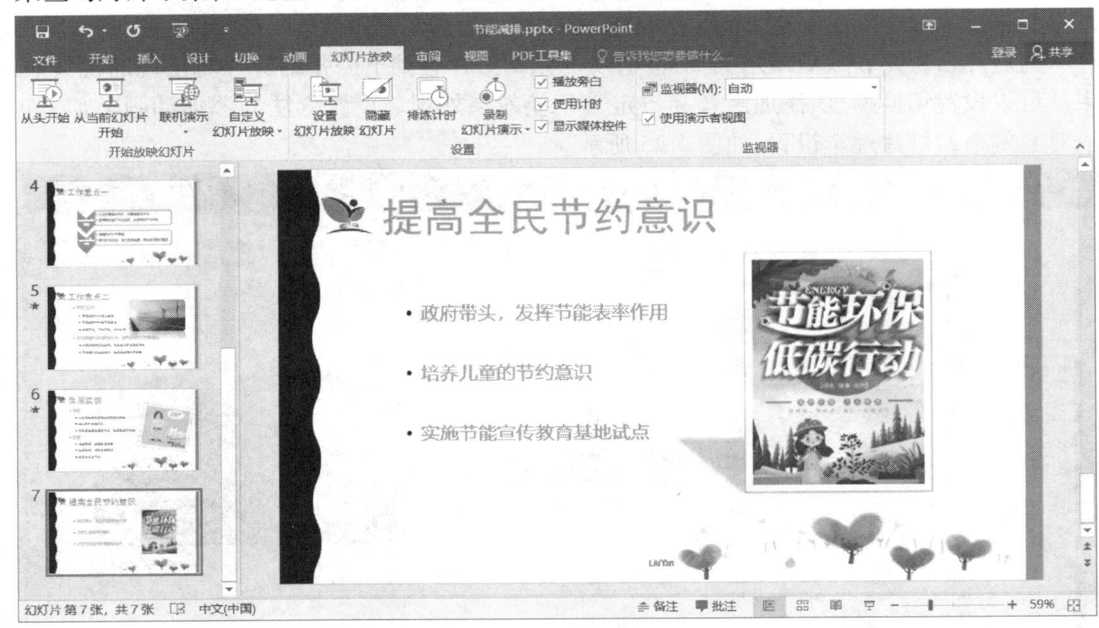

图 5.26 “幻灯片放映”选项卡

例如,当前的演示文稿总共包含 7 张幻灯片,演讲者需要向公众宣讲“节能减排,我们可以做什么”,那么自定义放映可以只包含幻灯片 1、3、6 和 7。

创建基本自定义放映的操作步骤如下:单击“幻灯片放映”的“开始放映幻灯片”功能组中的“自定义幻灯片放映”按钮,然后选择“自定义放映”命令。在“自定义显示”对话框中,单击“新建”按钮。提示:要预览自定义放映,请在“自定义放映”对话框中单击放映的名称,然后单击“放映”按钮。

在“演示文稿中的幻灯片”下,选择要包括在自定义放映中的幻灯片,然后选择“添加”。若要更改幻灯片的显示顺序,请在“自定义放映中的幻灯片”下选择一张幻灯片,然后单击其中一个箭头,在列表中向上或向下移动幻灯片。在“幻灯片放映名称”框中键入一个名称,然后单击“确定”按钮,如图 5.27 所示。

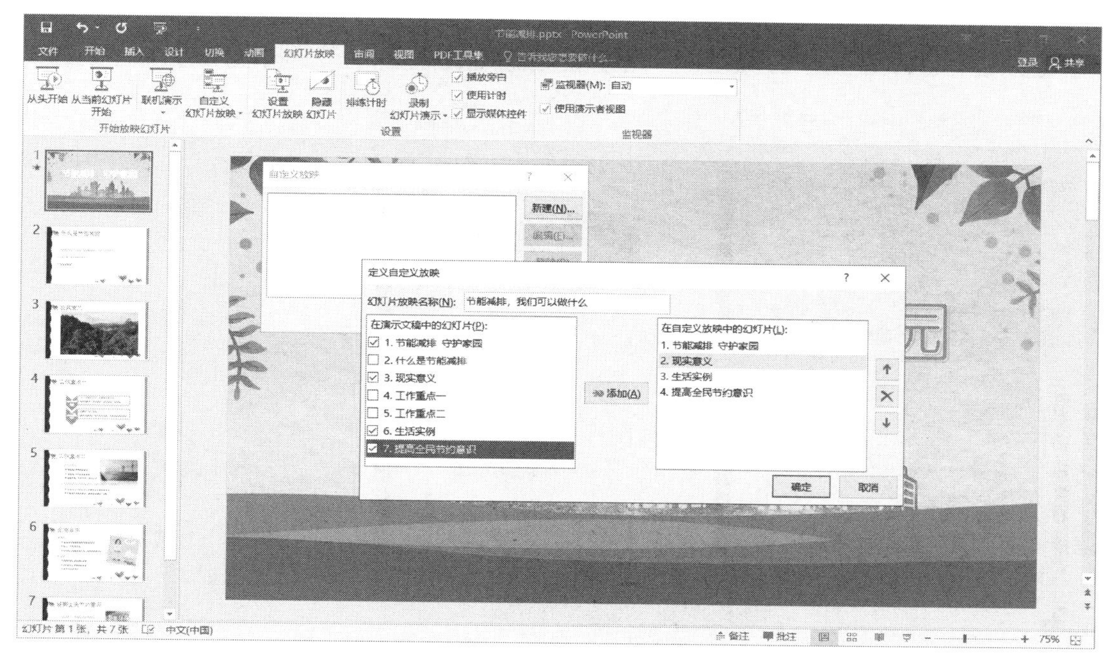

图 5.27　自定义幻灯片放映

5.5.2　任务 2　设置幻灯片排练计时

排练计时是指在将演示文稿呈现给观众之前，演讲者自行放映排练并记录每页幻灯片放映的时间，放映时幻灯片可以依据计时自动播放。

排练演示文稿的操作步骤如下：单击“幻灯片放映”选项卡的“设置”功能组中的“排练计时”按钮。选择“下一项”箭头，再单击鼠标或按向右箭头键转到下一张幻灯片。“暂停”图标右侧显示当前幻灯片的时间。该时间右侧显示整个演示的时间。选择“暂停”可暂停记录。选择“继续录制”可继续。选择“是”可保存幻灯片计时，选择“否”可放弃计时。还可按 Esc 键停止录制并退出演示。

完成后查看计时情况，可以单击“视图”选项卡中的“幻灯片浏览”按钮。幻灯片右下角显示分配给该幻灯片的时间，如图 5.28 所示。

演示文稿放映控制除了使用鼠标单击，还可以使用快捷键。从第一张幻灯片开始放映：F5 键；从当前幻灯片开始放映：Shift+F5 组合键；结束放映：Esc 键。

具体放映细节通过设置放映方式来安排，如图 5.29 所示。

图 5.28　排练计时

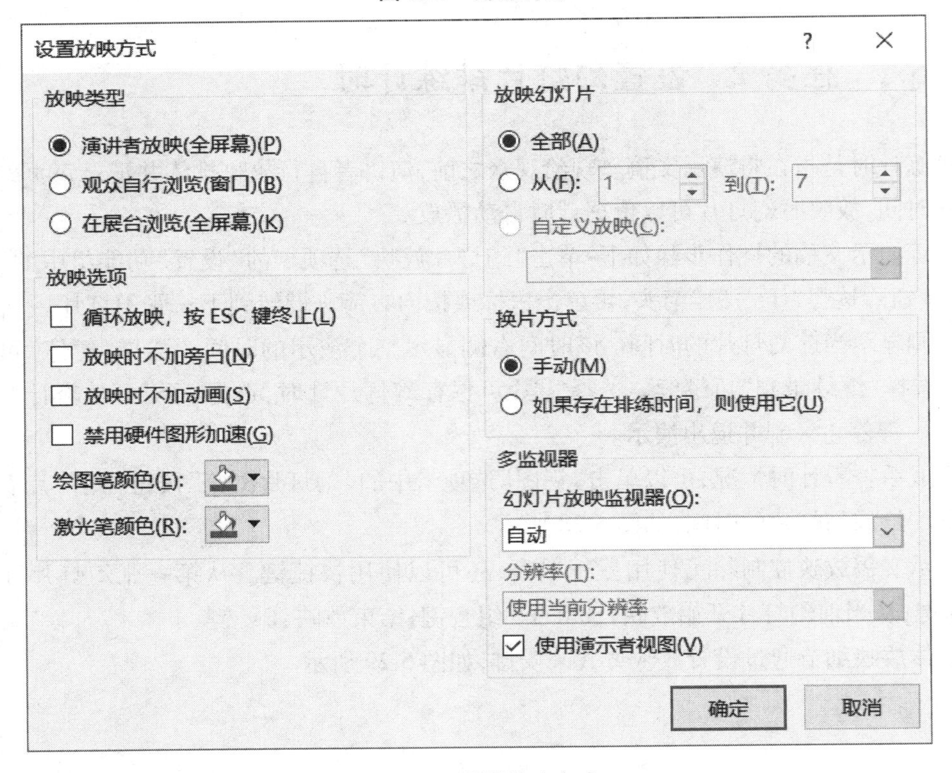

图 5.29　设置放映方式

5.6　案例6　演示文稿的导出和打包

PowerPoint 2016 可以将文件导出为 PDF/XPS 文档，可以创建 MP4 或 WMV 类型的视频，可以打包成 CD，可以将幻灯片和备注放在 Word 中创建讲义，还可将演示文稿更改为其他格式，如图片类型，如图 5.30 所示。

演示文稿的打包是指创建一个包并将其保存到 CD，包的内容包括链接的文件、插入的视频、音频、字体、手动添加到包中的文件等，以便其他人可以在大多数计算机上观看演示文稿。

图 5.30　演示文稿的导出

课后习题

一、单项选择题

1.PowerPoint 的主要功能是(　　)。

A.发送电子邮件　　B.制作演示文稿

C.编辑文本文稿　　D.上网浏览信息

2.下列视图中属于 PowerPoint 2016 视图的是(　　)。

A.幻灯片浏览视图　　B.打印视图

C.Web 视图　　D.草稿视图

3.在 PowerPoint 中，幻灯片从头开始放映的快捷键是(　　)。

A.Esc　　B.F5　　C.F1　　D.F12

4.在 PowerPoint 2016 中,下列说法正确的是(　　)。

A.不能为一张图片添加多个动画

B.一个文本框内不能有多种字体

C.一个演示文稿中不能有多个母版

D.幻灯片页脚内的日期和时间可以自动更新

5.在 PowerPoint 的(　　)选项卡中,可以设置幻灯片大小。

A.“开始”　　B.“视图”　　C.“动画”　　D.“设计”

6.在 PowerPoint 中,文本框文本可以直接转换为(　　)。

A.图片　　B.音频　　C.SmartArt　　D.图表

7.在 PowerPoint 中,(　　)是无法打印出来的。

A.幻灯片中的文字　　B.幻灯片中的图片

C.幻灯片中的动画过程　　D.幻灯片中的页码

8.如果需要在一个演示文稿的每页幻灯片左下角相同位置插入学校的校徽图片,则最优的操作方法是(　　)。

A.打开幻灯片普通视图,将校徽图片插入在幻灯片中

B.打开幻灯片放映视图,将校徽图片插入在幻灯片中

C.打开幻灯片浏览视图,将校徽图片插入在幻灯片中

D.打开幻灯片母板视图,将校徽图片插入在母板中

9.在 PowerPoint 中,要设置幻灯片中对象的动画效果以及动画的出现方式时,应在(　　)选项卡中操作。

A.“开始”　　B.“视图”　　C.“动画”　　D.“设计”

10.在 PowerPoint 中若要快速调整多张幻灯片的顺序,优先选择(　　)。

A.阅读视图　　B.大纲视图

C.幻灯片母版　　D.幻灯片浏览视图

二、填空题

1.PowerPoint 中的动画有 3 种启动方式,分别是________、________、上一动画之后。

2.幻灯片排版原则一般要遵循平面设计的________、________、________和重复 4 个基本原则。

3.母版视图包括________、________、________。

4.超链接可以链接到________、________、新建文档和电子邮件地址。

5.________是幻灯片版式上的虚线容器,用于保存标题、正文文本、表格、图表、SmartArt 图形、图片、剪贴画、视频和声音等内容。

6.在 PowerPoint 2016 中,从当前幻灯片开始放映的快捷键是________,结束放映的快捷键是________。

7.在 PowerPoint 2016 中可以使用________选项卡,设置放映时从上一张幻灯片切换到下一张幻灯片的动态效果。

8.在 PowerPoint 2016 中可以使用“开始”选项卡中的________实现整个演示文稿同类

字体快速替换。

9.在 PowerPoint 2016 选择________选项卡中的新建相册功能,可将多张图片快速创建相册。

10.小科同学想在演讲前使用________,将幻灯片播放的时间固定下来实现自动放映。

三、简答题

1.写出演示文稿的 5 种视图,并简要描述每种视图的应用。

2.简述利用 Word 大纲构建演示文稿的步骤。

3.简述 PowerPoint 中主题的含义及如何设置主题。

4.简述 PowerPoint 中 4 类动画的含义。

5.简述为演示文稿添加背景音乐的步骤。

第6章 计算机网络基础

6.1 计算机网络概述

随着信息化技术的不断深入,计算机网络应用成为计算机应用的常用领域。计算机网络即将计算机连入网络,然后共享网络中的资源并进行信息传输。要连入网络必须具备相应的条件。现在最常用的网络是因特网(Internet),它是一个全球性的网络,将全世界的计算机联系在一起,通过这个网络,用户可以实现多种功能。

计算机网络是计算机技术和现代通信技术相结合的产物,是一门涉及多种学科和技术领域的综合性技术。

6.1.1 计算机网络的发展

计算机网络出现的历史不长,但发展迅速,经历了从简单到复杂,从地方到全球的发展过程,从形成初期到现在大致经历了4个阶段。

1)面向终端的第一代计算机网络

第一代计算机网络可以追溯到20世纪50年代。人们将多台终端通过通信线路连接到一台中央计算机上构成"主机—终端"系统。在第一代计算机网络系统中,除主计算机具有独立的数据处理功能外,系统中所连接的终端设备均无独立处理数据的功能。终端设备与中心计算机之间不提供相互的资源共享,网络功能以数据通信为主。从严格意义上来说,该阶段的计算机网络还不是真正的计算机网络,但这一阶段进行的计算机技术与通信技术相结合的研究,成为计算机网络发展的基础。

2)以分组交换网为中心的第二代计算机网络

20世纪60年代,计算机的应用日趋普及,许多部门都开始配置大中型计算机系统。这些地理位置上分散的计算机之间自然需要进行信息交换。这种信息交换的结果是多个计算机系统连接,形成一个计算机通信网络,即"计算机—计算机"之间进行通信,计算机各自具有独立处理数据的能力。

这一阶段的典型代表就是美国国防部高级研究计划署的ARPANET，它也是Internet的雏形。该阶段的计算机网络是真正的、严格意义上的计算机网络，计算机网络由通信子网和资源子网组成，通信子网采用分组交换技术进行数据通信，而资源子网提供网络中的共享数据。

3）体系结构标准化的第三代计算机网络

从20世纪70年代中期开始，许多计算机生产商纷纷开发出自己的计算机网络系统并形成各自不同的网络体系结构，这些网络体系结构有很大的差异，无法实现不同网络之间的互联，因此，网络体系结构与网络协议的国际标准化成了迫切需要解决的问题，国际标准化组织ISO在1977年设立了一个分委员会，专门研究网络通信的体系结构，该委员会经过多年艰苦的工作，于1983年提出了著名的开放系统互连参考模型OSI，用于各种计算机能够在世界范围内互联成网，从此计算机网络走上了标准化的轨道。

4）以网络互联为核心的第四代计算机网络

随着对网络需求的不断增长，使用计算机网络尤其是局域网的数量迅速增加，同一个单位或公司有可能先后组建若干个网络，供分散在不同地域的部门使用，由此可以想到，如果把这些分散的网络连接起来，就可使它们的用户在更大范围内实现资源共享，通常将这种网络之间的连接称为网络互联，最常见的网络互联方式就是通过路由器等互联设备，将不同的网络连接在一起，形成可以互相访问的互联网。

从20世纪90年代开始，Internet实现了全球范围的电子邮件、WWW、文件传输和图像通信等数据服务的普及，但电话和电视仍各自使用独立的网络系统进行信息传输。人们希望利用同一网络来传输语音、数据和视频图像，因此提出了宽带综合业务数字网（Broadband Integrated Services Digital Network ，B-ISDN）的概念。由此可见，第四代计算机网络的特点是综合化和高速化。

6.1.2 计算机网络的定义和组成

1）计算机网络的定义

计算机网络（Computer Network）是计算机技术与现代通信技术相结合的产物，是随着社会对信息共享、信息传递日益增强的需求发展起来的。随着全球信息化进程的迅速发展，计算机网络已经成为现代社会的基础设施。计算机网络在人们的工作和生活中起着越来越重要的作用，然而关于计算机网络的精确定义并未统一。

计算机网络的最简单的定义是：一些相互连接的，自治的计算机集合。若按此定义，那么早期的面向终端的网络都不能算作计算机网络，而只能称为联机系统（因为那时的许多终端并不能算是自治的计算机）。后来随着硬件价格的下降，许多终端都具有一定的智能，因而“终端”和“自治的计算机”逐渐失去了严格的界限。因此，若用微型计算机作为终端使用，按上述定义，则早期的那种面向终端的网络也可称为计算机网络。关于计算机网络更为准确的定义是:计算机网络就是指利用通信设备和线路将地理位置不同、功能独立的多个计算机系统互相连接起来,以功能完善的网络软件(包括网络通信协议、信息交换方式和网络操作系统等)实现网络中资源共享和信息传输的系统。

另外,从网络媒介的角度来看,计算机网络可以看作是由多台计算机通过特定的设备与软件连接起来的一种新的传播媒介。有时我们也能看到“计算机通信网”,该名词与“计算机网络”含义相同。

最简单的计算机网络就只有两个节点和一条链路,即两台计算机以及连接它们的那条链路。最庞大的计算机网络就是因特网。它由非常多的计算机网络通过许多路由器互联而成。因此因特网也称为“网络的网络”。

2)计算机网络的组成

计算机网络由硬件系统和软件系统构成。硬件一般包括计算机、传输介质和网络连接设备。网络连接设备分为网络接口与网络互联设备。软件系统一般包括网络操作系统、网络应用软件和网络协议。

从逻辑功能上看,计算机网络由通信子网(内层)和资源子网(外层)组成。通信子网(为资源子网提供连通服务)是由通信设备和通信线路组成的传输网络,位于网络内层,负责全网的数据传输,加工和变换等通信处理工作;资源子网是网络的数据处理和数据存储资源,位于网络的外层,负责全网数据处理和向网络用户提供资源及网络服务。

6.1.3 计算机网络的功能

数据通信是计算机网络最基本的功能。其他所有的功能都是建立在数据的基础上的,没有数据通信功能,也就没有其他功能。

资源共享是计算机网络最主要的功能。可以共享的网络资源包括硬件、软件和数据。在这3类资源中,最重要的是数据资源,因为硬件和软件损坏了可以购买或开发,而数据丢失了往往不可以恢复。

分布式处理是将大型复杂任务分解到网络中的计算机中分工协作完成。

6.1.4 计算机网络的分类

网络类型的划分标准各种各样,从地理范围划分是一种常用的网络划分标准。按这种标准可以把各种网络类型划分为局域网、城域网、广域网3种。局域网一般来说只能是一个较小区域内,城域网是不同地区的网络互联,不过在此要说明的一点就是这里的网络划分并没有严格意义上地理范围的区分,只能是一个定性的概念。下面简要介绍这几种计算机网络。

1)局域网(Local Area Network,LAN)

局域网是最常见、应用最广的一种网络。现在局域网随着整个计算机网络技术的发展和提高得到充分的应用和普及,几乎每个单位都有自己的局域网,有的家庭甚至都有自己的小型局域网。很明显,所谓局域网,那就是在局部地区范围内的网络,它所覆盖的地区范围较小,连接范围窄、用户数少、配置容易、连接速率高。局域网在计算机数量配置上没有太多的限制,少的可以只有两台,多的可达几百台。

2)城域网(Metropolitan Area Network,MAN)

这种网络一般来说是在一个城市,但不在同一地理小区范围内的计算机互联。这种网络的连接距离可以在10~100千米,它采用的是IEEE802.6标准。MAN与LAN相比扩展的距离更长,连接的计算机数量更多,在地理范围上可以说是LAN网络的延伸。在一个大型城市或都市地区,一个MAN网络通常连接着多个LAN网。

3)广域网(Wide Area Network,WAN)

广域网也称为远程网。通常跨接很大的物理范围,所覆盖的范围从几十千米到几千千米,它能连接多个城市或国家,或横跨几个洲并能提供远距离通信,形成国际性的远程网络。覆盖的范围比局域网(LAN)和城域网(MAN)都广。广域网的通信子网主要使用分组交换技术。广域网的通信子网可以利用公用分组交换网、卫星通信网和无线分组交换网,它将分布在不同地区的局域网或计算机系统互联起来,达到资源共享的目的。

因特网(Internet)是世界范围内最大的广域网,又因其英文单词"Internet"的谐音,又称为"英特网"。因特网是网络与网络之间所串联成的庞大网络,这些网络以一组通用的协议相连,形成逻辑上的单一巨大国际网络。这种将计算机网络互相联接在一起的方法可称为"网络互联",在这基础上发展出覆盖全世界的全球性互联网络称为互联网,即互相连接一起的网络结构。互联网并不等同万维网,万维网只是一个基于超文本相互链接而成的全球性系统,且是互联网所能提供的服务之一。

6.1.5 计算机网络的应用

1)计算机网络在现代企业中的应用

计算机网络的发展和应用改变了传统企业的管理模式和经营模式。在现代企业中企业信息网络得到了广泛的应用。它是一种专门用于企业内部信息管理的计算机网络,覆盖企业生产经营管理的各个部门,在整个企业范围内提供硬件、软件和信息资源共享。

企业信息网络根据企业经营管理的地理分布状况,可以是局域网,也可以是广域网,既可以在近距离范围内自行铺设网络传输介质,也可以跨区域利用公共通信网络。企业信息网络已经成为现代企业的重要特征,通过企业信息网络,现代企业摆脱了地理位置带来的不便,对广泛分布在各地的业务进行及时、统一的管理和控制,并实现在全企业内部的信息资源共享,从而大大提高了企业在市场中的竞争能力。

2)计算机在娱乐领域的应用

计算机游戏的单机游戏时代已经过去。现在的计算机网络游戏,远隔千山万水的玩家可以把自己置身于虚拟现实中,通过 Internet 可以相互博弈,在虚拟现实中,游戏通过特殊装备为玩家营造身临其境的感受,网络游戏的诞生使命就是“通过互联网服务中的网络游戏服务,提升全球人类生活品质”。

计算机网络还改变了人们对于电视节目的概念,人们终于能够完全控制电视,消灭频道,消灭播出日程表。网络电视的出现给人们带来了一种全新的电视观看方法,它改变了以往被动的电视观看模式,实现了电视以网络为基础按需观看、随看随停。

3)计算机网络在商业领域的应用

近年来,中国电子商务的发展十分迅速,改变了人们传统的购物习惯。电子商务可以降低经营成本,简化交易流通过程,改善物流、资金流、商品流、信息流的环境与系统,电子商务的发展,还带动了物流业的发展。

我国电子商务经过十几年时间从萌芽状态发展成初具规模的产业,网商、网企、网银等专业化服务和从业人员几何级数递增,已成为引领现代服务业发展的新兴产业,在促进现代服务业融合、推进创业、完善商务环境等方面所起到的作用越来越明显。

4)计算机网络在教育领域的应用

在传统的教学模式中,学生只是被动地接受知识,俗称“填鸭式教育”,这是比较普遍的现象,不仅影响了学生获取知识的效果,也遏制了学生的学习兴趣。计算机网络的发展,使其在教育领域中的运用也极其广泛,从教育管理、后勤服务再到教师教学、学生自主学习,都能够在计算机网络上进行。

5)计算机在现代医疗领域的应用

计算机网络技术发展也给医疗领域带来了巨大的变革。建设信息化医院,能使医疗信息高度共享、减轻医务人员的劳动强度、优化患者诊疗流程和提高对患者的治疗速度。

6.2 Internet 基础

6.2.1 Internet 基础知识

Internet 是全球最大、连接能力最强,由遍布全世界的众多大大小小的网络相联而成的计算机网络。目前,Internet 通过全球的信息资源和覆盖五大洲的 160 多个国家的数百万个网点,在网上提供数据、电话、广播、出版、软件分发、商业交易、视频会议以及视频节目点播等服务。Internet 在全球范围内提供了极为丰富的信息资源。一旦连接到 Web 节点,就意味着计算机已经进入 Internet。

我国在1994年正式接入Internet。在1998年，我国建设了CERNET，2004年正式开通CERNET2，我国国家顶级域名cn服务器的IPv6地址成功登录到全球域名根服务器，标志我国国家域名系统进入下一代互联网。2016年，我国网民数量超过7亿，居全球首位。

6.2.2 TCP/IP

每个计算机网络都制订一套全网共同遵守的网络协议，并要求网中每个主机系统配置相应的协议软件，以确保网中不同系统之间能够可靠、有效地相互通信和合作。TCP/IP是Internet最基本的协议，它译为传输控制协议/因特网互联协议，又名网络通信协议，也是Internet国际互联网络的基础。

TCP/IP由网络层的IP和传输层的TCP组成。它定义了电子设备连入Internet，以及数据在它们之间传输的标准。

TCP即传输控制协议，位于传输层，负责向应用层提供面向连接的服务，确保网上发送的数据包可以完整接收。如果传输有问题，则要求重新传输，直到所有数据安全正确地传输到目的地。IP即网络协议，负责给Internet的每一台联网设备规定一个地址，即常说的IP地址。同时IP还有另一个重要功能，即路由选择功能，用于选择从网上一个节点到另一个节点的传输路径。

6.2.3 IP地址与域名

Internet上的计算机众多，如果想有效地分辨这些计算机，就需要通过IP地址和域名来实现。

1）IP地址

IP地址即网络协议地址。连接在Internet上的每台主机都有一个在全世界范围内唯一的IP地址。每一个IP地址都是一个唯一的32位数字，它包含4个用句点隔开的“八位组”。有效IP地址如210.51.190.169。IP地址包含两种信息：网络号和主机号。

Internet的IP地址可以分为A、B、C、D和E 5类。其中，0~127为A类地址，128~191为B类地址，192~223为C类地址，D类地址留给Internet体系结构委员会使用，E类地址保留在今后使用。

由于网络的迅速发展，已有协议IPv4规定的IP地址已不能满足用户的需求，IPv6采用128位地址长度，几乎可以不受限制地提供地址。在IPv6中除解决了地址短缺问题之外，还解决了在IPv4中存在的其他问题，如端到端IP连接、服务质量（Qos）、安全性、多播、移动性和即插即用等。IPv6成为新一代的网络协议标准。

2)域名

(1)域名概述

网络是基于TCP/IP协议进行通信和连接的,每一台主机都有一个唯一的标识固定的IP地址,以区别网络上成千上万的计算机。网络在区分所有与之相连的网络和主机时,均采用了一种唯一、通用的地址格式,即每一个与网络相连接的计算机或服务器都被指派了一个独一无二的地址。

为了保证网络上每台计算机的IP地址的唯一性,用户必须向特定机构申请注册,该机构根据用户单位的网络规模和近期发展计划,分配IP地址。IP地址是用于路由寻址的数字型标识,不容易被人记忆,因而产生了域名(Domain Name)这一种字符型标识。域名由一串容易记忆的字符,若干个从a到z的26个拉丁字母及0到9的10个阿拉伯数字及“-”“.”符号构成并按一定的层次和逻辑排列。目前也有一些国家在开发其他语言的域名,如中文域名。域名不仅便于记忆,而且即使在IP地址发生变化的情况下,通过改变解析对应关系,域名仍可保持不变。

域名就是上网单位的名称,是一个通过计算机登上网络的单位在该网中的地址。一个单位如果希望在网络上建立自己的主页,就必须取得一个域名。域名是上网单位和个人在网络上的重要标识,便于他人识别和检索某一企业、组织或个人的信息资源,从而更好地实现网络上的资源共享。除了识别功能外,在虚拟环境下,域名还可以起到引导、宣传、代表等作用。

通俗地说,域名就相当于一个家庭的门牌号码,别人通过这个号码可以很容易地找到该家庭。

(2)域名结构

域名由两个或两个以上的词构成,中间由点号分隔开。最右边的词称为顶级域名。下面是几个常见的顶级域名及其用法:

.com:用于商业机构。它是最常见的顶级域名。任何人都可以注册.com形式的域名。

.net:最初是用于网络组织,如因特网服务商和维修商。任何人都可以注册以.net结尾的域名。

.org:是为各种组织包括非营利组织而定的,任何人都可以注册以.org结尾的域名。

国家代码是由两个字母组成的顶级域名,如.cn,.uk,.de和.jp等。其中.cn是中国专用的顶级域名,其注册归CNNIC管理,以.cn结尾的二级域名简称为国内域名。注册国家代码顶级域名下的二级域名的规则和政策与各自国家的政策有关。在注册时应咨询域名注册机构,问清相关的注册条件及与注册相关的条款。某些域名注册商除了提供以.com、.net和.org结尾的域名的注册服务之外,还提供国家代码顶级域名的注册。ICANN并没有特别授权注册商提供国家代码顶级域名的注册服务。

英文域名格式如下:域名由各国文字的特定字符集、英文字母、数字及“-”(即连字符或减号)任意组合而成,但开头及结尾均不能含有“-”。域名中字母不分大小写。域名最长可达67个字节(包括后缀.com、.net、.org等)。中文域名格式如下:各级域名长度限制在26个合法字符(汉字、英文a-z及A-Z、数字0-9和-等均算一个字符);不能是纯英文或数字域名,应至少有一个汉字。“-”不能连续出现。

域名的注册遵循先申请先注册原则,管理机构对申请人提出的域名是否损害了第三方的权利不进行任何实质审查。同时,每一个域名的注册都是独一无二、不可重复的。因此在网络上,域名是一种相对有限的资源,它的价值将随着注册企业的增多而逐步为人们所重视。

(3)域名系统 DNS

网络计算机通常被组成域。域是网络资源(如计算机、打印机和网络设备)的逻辑分组。每个域都被赋予一个名称,如 Microsoft 公司的域名是 microsoft.com。另外,域中的计算机都被赋予唯一的名称,这个名称通常由用户设置。

DNS 是一种 TCP/IP 服务,它可以把计算机名或域名转换成 IP 地址,也可以把 IP 地址转换成计算机名或域名。这个过程被称为“解析”。DNS 在全球范围内进行操作。为了更加有效地路由数据,DNS 分成了 3 个部分:解析器、名称服务器和名称空间。解析器是 Internet 上的一些主机,需要通过它们查阅域名信息并将信息与 IP 地址相关联。解析器客户端内嵌在 Telnet、HTTP 和 FTP 等 TCP/IP 应用程序中。例如,当用户访问 Web 并将浏览器指向 www.cqrk.edu.cn 时,工作站将启动一个解析器并将主机名 www.cqrk.edu.cn 与正确的 IP 地址相关联。如果以前连接过该站点,那么信息就有可能存在临时内存中,这样就可以非常快速地进行检索。否则,解析器服务将查询计算机的名称服务器,以便找到 www.cqrk.edu.cn 的 IP 地址。

名称服务器(也称为 DNS 服务器)是包含名称及相关 IP 地址数据库的服务器。名称服务器向解析器提供它所需要的信息。如果名称服务器无法解析 IP 地址,那么查询将被传递给更高一级的名称服务器。例如,如果试图从实验室的计算机访问 www.baidu.com 这个 Web 站点,那么提供与该主机名称相关联的 IP 地址的第一台服务器可能是该站点的 DNS 服务器。如果它不包含需要的信息,则会将请求传递给 Internet 更高一级的名称服务器(例如,一台由公司的 ISP 运营的服务器)。

全球的许多服务器共同跟踪 IP 地址和相关联的域名。名称空间是指 IP 地址及其相关名称的数据库。每台名称服务器都保留一部分 DNS 名称空间。在层次的最高一级是根服务器。根服务器是一台名称服务器,它是由 ICANN 维护的,用于确定如何访问顶级域(如以.com、.edu 或.net 结尾的域)。

域名反映了 DNS 的分层性质。在这种模式下,每个域名都包含使用句点分隔的一系列标签。域名中的最后一个标签代表顶级域(Top-Level Domain,TLD),也就是 DNS 层次中的最高一级。例如,在 www.baidu.com 这个域中,TLD 是 com。已经建立的 TLD 的数量是有限的,表 6.1 列出了常见的 TLD。此外,每个国家都有其自己的域前缀,也就是国家码 TLD。例如,中国域以.cn 结尾,而加拿大域以.ca 结尾。

表 6.1 顶级域

顶级域	组织的类型	顶级域	组织的类型
arpa	保留的查找域(特殊的 Internet 功能)	biz	商业
com	公司	info	自由使用
edu	教育机构	aero	航空业
gov	政府部门	coop	协会
org	非商业组织(如非营利机构)	museum	博物馆
net	网络机构(如 ISP)	name	个人
int	国际条约组织	pro	专业人士(如医生、律师和工程师)
mil	美国军事组织		

6.3 Internet 接入方式

6.3.1 常见网络连接方式

ISP(Internet Service Provide)作为 Internet 服务提供者(接入服务),如图 6.1 所示。

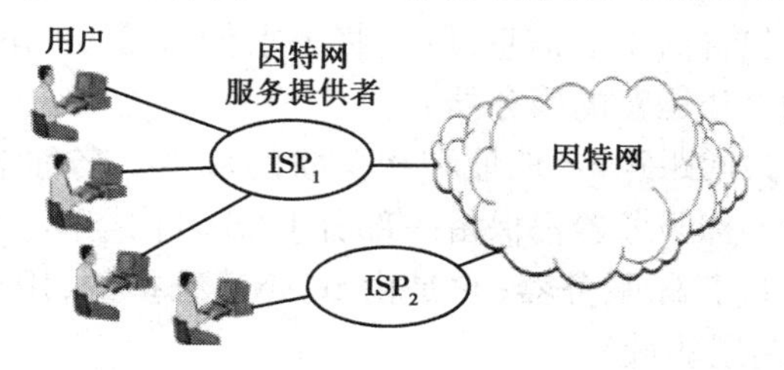

图 6.1 ISP 示意图

1)局域网入网

概念:利用核心层、汇聚层和接入层的多个交换机,构建一个以小区、校园、公司或企事业单位为覆盖范围的局域网,终端用户通过“信息点”或“接入点”上网。

特点:全数字网络,不需要 Modem。

2)带宽共享入网

接入层一般使用双绞线,汇聚层和核心层一般使用光纤,这是目前最常见的入网方式之一,如图 6.2 所示。

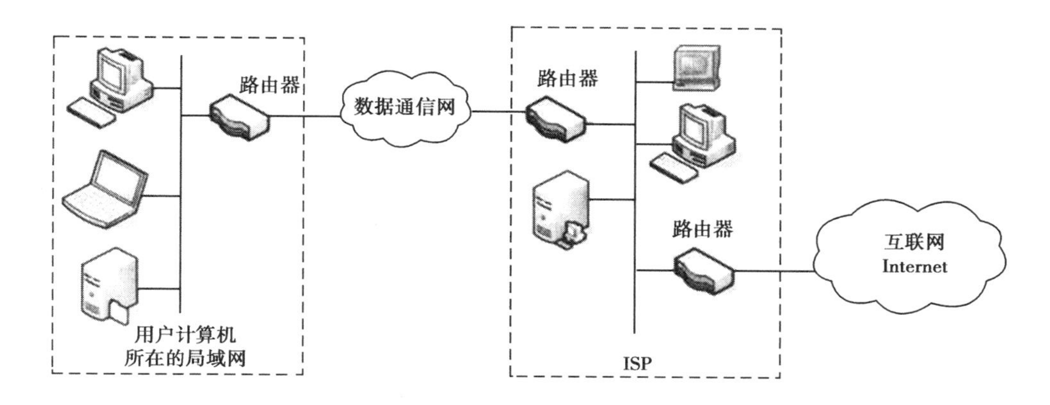

图 6.2　宽带共享入网

3) 光纤入网

概念:以光纤作为主要传输媒介的接入技术。用户通过光纤 MODEM 连接到光网络,再通过 ISP 的骨干网出口连接到 Internet。

特点:

- 需要光纤 Modem。
- 带宽独享,数据传输率高,信号稳定。
- 目前最常见的入网方式之一,同时也是有线网络发展的必然趋势。

4) ADSL 入网

概念:Asymmetrical Digital Subscriber Line(非对称数字用户环路)是一种利用电话线和公用电话网接入 Internet 的技术,采用频分复用技术,如图 6.3 所示。

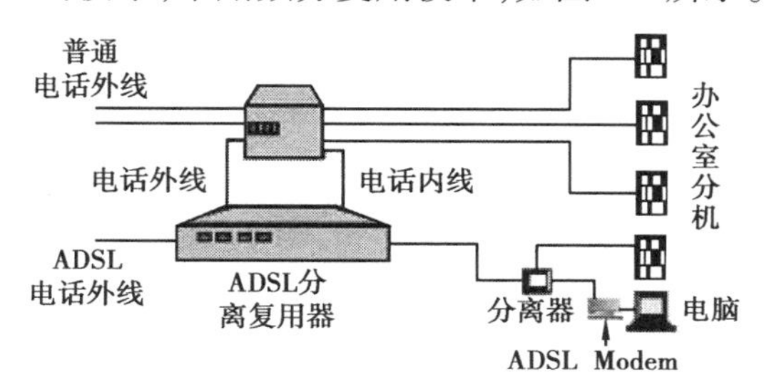

图 6.3　ADSL 接入网络

特点:

- 需要 ADSL Modem,使用 PPPOE 虚拟拨号协议。
- 下行速率高,下行速率可达 1 Mbps~8 Mbps,上行速率仅为 640 Kbps~1 Mbps。这种下行速率与上行速率不相同的情况称为非对称。下行速率大于上行速率的原因是用户数据下载多而上传少。
- 独享带宽。当多个用户连接到同一个 ADSL Modem 时,每一个用户的带宽都是 ADSL Modem 的带宽。

● 上网和打电话兼顾。

因为具有上述优点，并且安装方便，因而 ADSL 成为家庭上网的主要接入方式。

5) 有线电视接入

概念：一种利用有线电视网接入到 Internet 的技术，它通过 Cable Modem（线缆调制解调器）连接有线电视网，进而连接到 Internet，如图 6.4 所示。

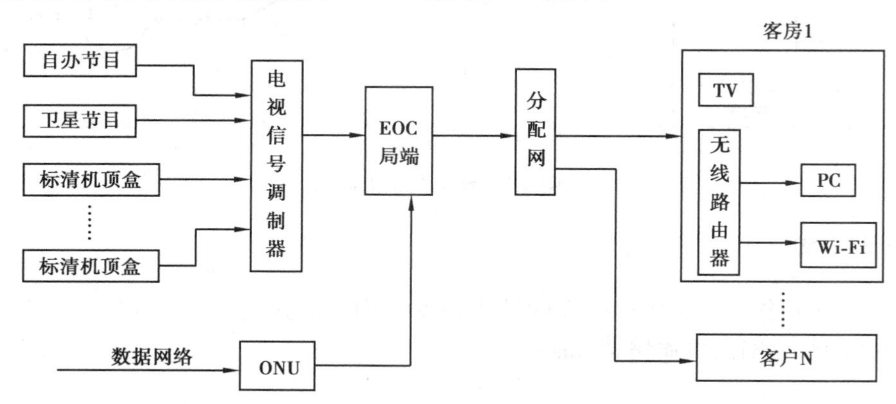

图 6.4　有线电视接入网络

特点：

● 带宽上限高，上网、模拟节目和数字点播兼顾，三者互不干扰，数字数据和模拟数据不会发生冲突。

● 带宽共享，有线电视使用的是带宽为 860 MHz 的同轴电缆，理论上它能达到的带宽比 ADSL 要高得多。

● 必须对传统的有线电视网络进行双向改造。

6) 无线接入

概念：个人计算机或移动智能设备可以通过无线局域网（WLAN）连接到 Internet，提供 WLAN 的设备一般称为无线接入点（Access Point，AP），如图 6.5 所示。

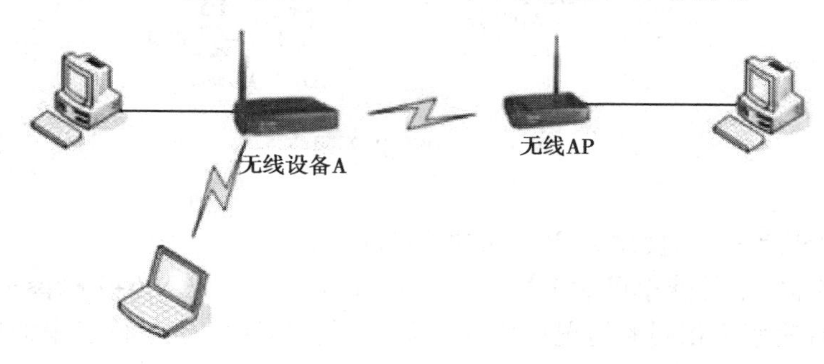

图 6.5　无线接入网络

特点：

- 具有 Wi-Fi 功能的移动设备或配备无线网卡的计算机，就可以在 WLAN 覆盖范围内加入 WLAN。
- 只要通过 Wi-Fi 认证的产品就可以顺利地建立无线局域网，实现与其他 Wi-Fi 认证产品的兼容。
- 无线接入点同时能接入的计算机数量有限，一般为 30~100 台。

7）共享接入

概念：只用一个账号使一批计算机接入 Internet，如图 6.6 所示。通过构建有线或无线的局域网，将需要接入 Internet 的计算机与其他计算机连接起来。其他计算机通过共享的方式接入 Internet。

特点：

- 家庭或个人组网最常见的接入方式。
- 一般同时支持有线和无线两种接入方式。

常见的共享方式是利用路由器接入 Internet，其他的计算机或设备只要连接到路由器就能上网了。路由器上一般有两种连接口：WAN 端口和 LAN 端口，WAN 端口连接 Internet，而 LAN 端口连接内部局域网。WAN 端口的 IP 地址一般是 Internet 上的公有 IP 地址，而 LAN 端口的 IP 地址一般是局域网保留 IP 地址。

现在家庭无线路由器开始普及，这些路由器除了路由的基本功能外还具有无线 AP 的功能。通过无线路由器，使家里的计算机和无线设备都能接入 Internet。

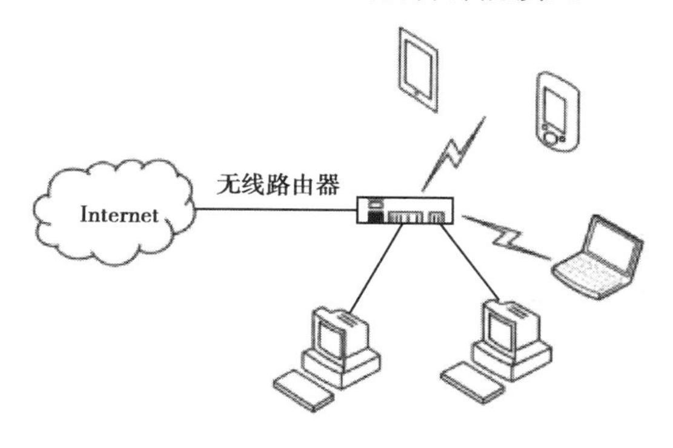

图 6.6　共享接入网络

6.3.2　常用网络连接硬件设备

网络硬件系统一般由网络服务器、网络通信设备、传输介质以及若干网络客户工作站相互连接组成。其中，网络通信设备是把网络中的通信线路连接起来的各种设备的总称，常见的网络连接设备有网络适配器、调制解调器、中继器、集线器、交换机、路由器等。

1)网络适配器(网卡,NIC)

网卡插在计算机主板插槽中,负责将用户要传递的数据转换为网络上其他设备能够识别的格式,通过网络介质进行传输,常用的网卡有以太网卡、无线局域网卡、4G 网卡。

网卡工作在 OSI 的物理层,每一张网卡有唯一的 MAC 地址(物理地址)。

2)调制解调器(Modem)

调制解调器实现数字信号和模拟信号之间的相互转换。

发送端(输出):数字脉冲信号→模拟信号,属于调制(D/A)。

接收端(输出):模拟信号→数字脉冲信号,属于解调(A/D)。

3)中继器(Repeater)

中继器工作在 OSI 的物理层,点对点实现对传输信号的放大,补偿信号衰减,支持远距离的通信。

4)集线器(Hub)

集线器工作在 OSI 的物理层,也称为多口中继器,信号以广播方式传递,用于将接收到的信号进行再生整形放大,把所有节点集中在以它为中心的节点上。

5)网桥(Bridge)

网桥工作在 OSI 的数据链路层,连接具有相同或相似体系结构的局域网,以实现数据的存储和转发。它只能连接两个局域网。

6)交换机(Switch)

交换机是同一网络中的连接设备。它工作在 OSI 的数据链路层,将多台计算机连接起来组成一个局域网。交换机是用于电信号转发的网络设备,可以为接入其中的任意两个网络节点提供独特的电信号通路,是一种基于 MAC 地址识别、能完成封装转发数据包功能的网络智能设备。

交换机的特点是各端口独享带宽,根据交换机传输速度的不同,一般可以将交换机分为以太网交换机(10 Mbps)、快速以太网交换机(100 Mbps)、千兆以太网交换机(1 000 Mbps)、万兆以太网交换机(10 Gbps)。

7)路由器(Router)

路由器是连接不同网络或网段的网络连接设备。它工作在 OSI 的网络层,将局域网与其他网络相连,也可以将局域网与另一局域网相连,并会根据信道的情况自动选择和设定路由,以最佳路径,按前后顺序发送信号。其中,无线路由器是无线接入点(AP)与宽带路由器的一种结合体,可实现家庭无线网络中 Internet 的连接共享。

8) **网关**(Gateway)

网关工作在网络层以上实现网络互联,是最复杂的网络互联设备,仅用于两个高层协议不同的网络互联。网关作为一个翻译器,使用在不同的通信协议、数据格式或语言,甚至体系结构完全不同的两种系统之间。

9) **防火墙**(Firewall)

在网络设备中,防火墙是指硬件防火墙,硬件防火墙是指把防火墙程序做到芯片里面,由硬件执行这些功能,能减少 CPU 的负担,使路由更稳定,硬件防火墙是保障内部网络安全的一道重要屏障,它的安全和稳定直接关系到整个内部网络的安全。

6.4　Internet 应用

6.4.1　WWW 服务

WWW(World Wide Web,万维网)是 Internet 上应用最广泛的一种服务。通过 WWW,任何一个人都可以立即访问世界上的每一个网页。

统一资源定位符(Uniform Resource Locator,URL)是对可以从互联网上得到的资源的位置和访问方法的一种简洁的表示,是互联网上标准资源的地址。互联网上的每个文件都有一个唯一的 URL,它包含的信息指出文件的位置以及浏览器应该怎么处理它。完整的 URL 由资源类型(协议)、主机名(域名)、端口号、资源具体地址(路径和文件名)4 部分组成,示例如下所示:

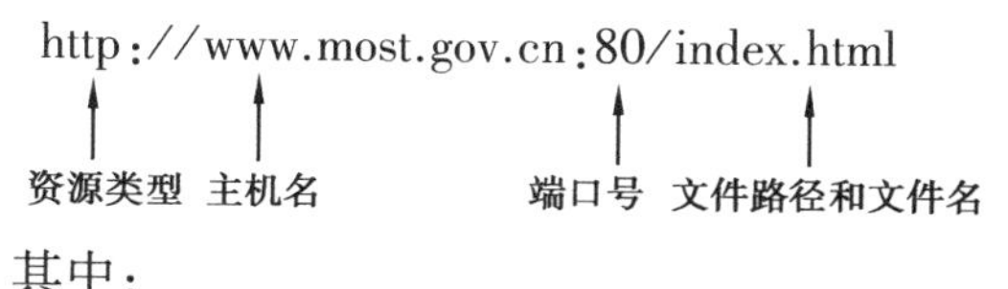

其中:

● 协议:http 表示客户端和服务器使用 HTTP 协议,将远程 Web 服务器上的网页传输给用户的浏览器。

● 主机名:提供此服务的计算机域名。

● 端口号:一种特定服务的软件标识,用数字表示。一台拥有 IP 地址的主机可以提供许多服务,如 Web 服务、FTP 服务、SMTP 服务等,主机通过"IP 地址+端口号"来区分不同的服务。HTTP 默认使用 80 端口,FTP 使用 20、21 端口,Telnet 使用 23 端口等,一般不需要给出。

● 文件路径和文件名:网页在 Web 服务器中的位置和文件名。URL 中如果没有给出,则表示访问 Web 站点的主页。

6.4.2 信息浏览与检索

在 WWW 上浏览信息是 Internet 最基本的功能,信息浏览可以分为 3 个层次:基本使用、搜索引擎、文献检索。

1)基本使用

使用浏览器浏览信息时,只要在地址栏中输入相应的 URL 和 IP 地址即可。

浏览网页时,可以用不同方式保存整个网页,或者保存网页中的文本、图片等。保存当前网页时要指定保存类型。常用的保存类型有如下几种:

- 网页,全部(*.htm; * .html):保存整个网页,网页中的图片被保存在一个与网页同名的文件夹内。
- web 档案,单一文件(*.mht):把整个网页的文字和图片保存在一个 mht 文件中。
- .Chm,利用 html 作源文,把帮助内容以类似数据库的形式呈现。

2)搜索引擎

搜索引擎是用来搜索网上资源的工具。国内常用的搜索引擎包括百度、搜搜、搜狗、必应。搜索引擎并不是真正搜索 Internet,是搜索预先整理好的网页索引数据库。

3)文献检索

文献检索是指将文献按一定的方式组织和存储起来,并根据用户的需要找出有关文献的过程。在 Internet 上进行文献检索,具有速度快、耗时少、查阅范围广等显著优点。目前各高校的图书馆都陆续引进了一些大型文献数据库,如中国知网(CNKI)、万方数字资源系统、维普中国科技期刊等。

一般来说,使用文献数据库检索文献,首先要选择合适的数据库,然后在该数据库的检索页面中指定关键词等信息。另外,各大搜索引擎也提供了文献搜索功能,如百度学术搜索(http://open.baidu.com/)。

6.4.3 文件上传与下载

FTP(File Transfer Protocol,文件传输协议)用于 Internet 上控制文件的双向传输。同时,它也是一个应用程序。用户可以通过它把自己的计算机与世界各地所有运行 FTP 协议的服务器相连,访问服务器上的大量程序和信息。FTP 的主要作用就是让用户连接上一个远程计算机(这些计算机上运行着 FTP 服务器程序),查看远程计算机上有哪些文件,然后把文件从远程计算机上下载到本地计算机,或把本地计算机的文件上传到远程计算机中。

一般来说,用互联网的首要目的就是实现信息共享,文件传输是信息共享非常重要的一个内容。Internet 上早期实现传输文件并不是一件容易的事。Internet 是一个非常复杂的计算机环境，有PC、工作站、大型机等，而连接在Internet上的计算机有上千万台，并且这些计算机可能运行不同的操作系统，有运行Unix的服务器，也有运行Dos、Windows的PC机和运行Mac OS的苹果机等，而各种操作系统之间的文件交流问题，需要建立一个统一的文件传输协议，即FTP。基于不同的操作系统有不同的FTP应用程序，而所有这些应用程序都遵守同一种协议，这样用户就可以把自己的文件传送给别人，或者从其他的用户环境中获得文件。

与大多数Internet服务一样，FTP也是一个客户机/服务器系统。用户通过一个支持FTP协议的客户机程序，连接到在远程主机上的FTP服务器程序。用户通过客户机程序向服务器程序发出命令，服务器程序执行用户所发出的命令，并将执行的结果返回到客户机。比如说，用户发出一条命令，要求服务器向用户传送某一个文件的一份复制文件，服务器会响应这条命令，将指定文件送至用户的机器上。客户机程序代表用户接收到这个文件，将其存放在用户目录中。

在FTP的使用中包含两个概念："下载"（Download）和"上传"（Upload）。"下载"文件就是从远程主机复制文件至自己的计算机上；"上传"文件就是将文件从自己的计算机中复制至远程主机上。用Internet语言来说，用户可通过客户机程序向（从）远程主机上传（下载）文件。

使用FTP时必须首先登录，在远程主机上获得相应的权限以后，方可下载或上传文件。也就是说，要想与哪一台计算机传送文件，就必须具有哪一台计算机的适当授权。换言之，除非有用户ID和口令，否则便无法传送文件。这种情况违背了Internet的开放性，Internet上的FTP主机何止千万，不可能要求每个用户在每一台主机上都拥有账号。匿名FTP就是为解决这个问题而产生的。值得注意的是，匿名FTP不适用于所有Internet主机，它只适用于那些提供了这项服务的主机。

6.4.4　收发电子邮件

电子邮件（Electronic Mail，E-mail）是利用计算机的存储、转发原理，克服时间、地理上的差距，通过计算机终端和通信网络进行文字、声音、图像等信息的传递。它是Internet为用户提供的最基本的服务之一，是因特网上最受欢迎的应用之一。E-mail也称为"电子信箱"。因此，电子邮件服务是一种通过计算机网络与其他用户进行联系的快速、简便、高效、廉价的现代化通信手段。

电子邮件包括信封和内容两部分，即邮件头（Header）和邮件主体（Body）。邮件头包括收信人E-mail地址、发信人E-mail地址、发送日期、标题和发送优先级等，其中，前两项是必选的。邮件主体才是发件人和收件人要处理的内容。

早期的电子邮件系统使用简单邮件传送协议（SMTP），只能传递文本信息，而通过使用多用途因特网邮件扩展协议MIME，现在还可以发送语音、图像和视频等信息。

E-mail地址的标准格式为收信人信箱名@主机域名，其中：

- 收信人信箱名指用户在某个邮件服务器上注册的用户标识，收信人信箱名通常用收信人姓名的缩写来表示；

- @为分隔符，一般把它读为英文的at；
- 主机域名是指信箱所在的邮件服务器的域名。

电子邮件系统的组成和收发过程如图6.7所示。

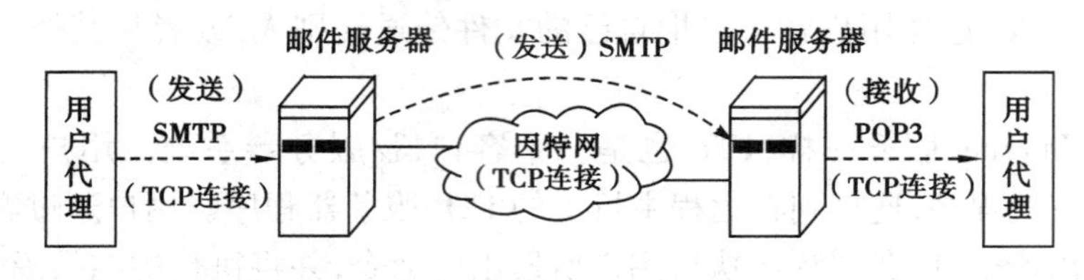

图6.7 电子邮件的发送和接收

6.4.5 即时通信

即时通信(Instant Messenger,IM)是Internet提供的一种能够即时发送和接收信息的服务，使用的工具如腾讯的QQ、微软的MSN和Skype。

6.5 网络安全

6.5.1 网络安全概述

网络发展的早期，人们更多地强调网络的方便性和可用性，而忽略了网络的安全性。当网络仅仅用来传送一般性信息的时候，当网络的覆盖面积仅限于一幢大楼、一个校园的时候，安全问题并没有突出地表现出来。但是，当企业（如银行）在网络上运行关键性业务的时候，当政府部门的活动正日益网络化的时候，计算机网络安全就成为一个不容忽视的问题。

随着技术的发展，网络克服了地理上的限制，把分布在一个地区、一个国家，甚至全球的分支机构联系起来。它们使用公共的传输信道传递敏感的业务信息，通过一定的方式可以直接或间接地使用某个机构的私有网络，组织和部门的私有网络也因业务需要不可避免地与外部公众网直接或间接地联系起来，以上因素使得网络的运行环境更加复杂、分布地域更加广泛、用途更加多样化，从而造成网络的可控制性急剧降低，安全性变差。

随着组织和部门对网络依赖性的增强，一个相对较小的网络也突出地表现出一定的安全问题，尤其是当组织的部门的网络要面对来自外部网络的各种安全威胁，即使是网络自身利益没有明确的安全要求，也可能由于被攻击者利用而带来不必要的法律纠纷。网络黑客的攻击、网络病毒的泛滥和各种网络业务的应用要求都对计算机网络信息安全提出了更高的要求。

保障计算机网络信息安全是指在计算机网络中防止信息网络的硬件、软件及其系统中的数据受到偶然或者恶意的破坏、更改、泄露,保证系统连续、可靠、正常地运行。

6.5.2 网络病毒和网络攻击

计算机病毒(Computer Virus)在《中华人民共和国计算机信息系统安全保护条例》中被明确定义为:编制者在计算机程序中插入的破坏计算机功能或者破坏数据,影响计算机使用并且能够自我复制的一组计算机指令或者程序代码。计算机病毒可以很快地蔓延,又常常难以根除。它们能把自身附着在各种类型的文件上。当文件被复制或从一个用户传送到另一个用户时,它们就随同文件一起蔓延开来。

1)计算机病毒的特点

(1)潜伏性

一般情况下,计算机病毒感染系统后,并不会立即发作攻击计算机,而是具有一段时间的潜伏期。潜伏期长短一般由病毒程序编制者所设定的触发条件来决定。

(2)传染性

计算机病毒不但本身具有破坏性,更有害的是具有传染性,一旦病毒被复制或产生变种,其传播速度之快常常令人难以防范。计算机病毒会通过各种渠道从已被感染的计算机扩散到未被感染的计算机,在某些情况下造成被感染的计算机工作失常甚至瘫痪。与生物病毒不同的是,计算机病毒是一段人为编制的计算机程序代码,这段程序代码一旦进入计算机并得以执行,它就会搜寻其他符合其传染条件的程序或存储介质,确定目标后再将自身代码插入其中,达到自我繁殖的目的。只要一台计算机染毒,如不及时处理,那么病毒会通过这台计算机迅速扩散,通过各种可能的渠道,如移动存储介质、计算机网络去传染其他的计算机。当在一台计算机上发现了病毒,往往曾在这台计算机上用过的移动存储介质也感染上了病毒,而与这台计算机联网的其他计算机很可能染上了该病毒。是否具有传染性是判断一个程序是否为计算机病毒的最重要条件。

(3)破坏性

计算机系统一旦感染了病毒程序,系统的稳定性将受到不同程度的影响。一般情况下,计算机病毒发作时,由于其连续不断的自我复制,大部分系统资源被占用,从而减缓了计算机的运行速度,使用户无法正常使用。严重者,可使整个系统瘫痪,无法修复,造成损失。

(4)隐蔽性

计算机病毒通常会以人们熟悉的程序形式存在。有些病毒的名称往往与系统文件名类似,很难被用户发现,一旦点击访问这些图标指向的网站,很有可能面临“钓鱼”或“挂马”的威胁。

(5)多样性

由于计算机病毒具有自我复制和传播的特性,加上现代传播媒介的多元化,计算机病毒的发展在数量与种类上均呈现出多样性特点。

(6)触发性

病毒因某个事件或数值的出现,实施感染或进行攻击的特性称为可触发性。为了隐蔽自己,病毒必须潜伏,少做动作。如果完全不动,一直潜伏的话,病毒既不能感染其他设备也不能进行破坏,便失去了杀伤力。病毒既要隐蔽又要维持杀伤力,就必须具有可触发性。病毒的触发机制就是用来控制感染和破坏动作的频率。病毒具有预定的触发条件,这些条件可能是时间、日期、文件类型或某些特定数据等。病毒运行时,触发机制检查预定条件是否满足,如果满足,启动感染或破坏动作;如果不满足,病毒继续潜伏。

2)计算机中病毒后的表现形式

- 计算机不能正常启动　加电后计算机根本不能启动,或者可以启动,但所需要的时间比原来变长了。有时会突然出现黑屏现象。
- 运行速度降低　如果发现在运行某个程序时,读取数据的时间比原来长,存文件或调文件的时间都增加了,那就可能是病毒造成的。
- 磁盘空间迅速变小　病毒程序要进驻内存,而且又能繁殖,因此使内存空间变小甚至变为"0",用户什么信息也存不进去。
- 文件内容和长度有所改变　一个文件存入磁盘后,本来它的长度和内容都不会改变,可是由于病毒的干扰,文件长度可能改变,文件内容也可能出现乱码。有时文件内容无法显示或显示后又消失了。
- 经常出现"死机"现象　正常的操作是不会造成"死机"现象的,即使是初学者,命令输入不对也不会"死机"。如果计算机经常"死机",那可能是系统被病毒感染了。
- 外部设备工作异常　因为外部设备受系统的控制,如果计算机中了病毒,外部设备在工作时可能会出现一些无法解释的异常情况。

3)计算机病毒的防治

(1)建立良好的安全习惯

对一些来历不明的邮件及附件不要打开,不要上一些不太了解的网站,不要执行从Internet下载后未经杀毒处理的软件等,这些必要的习惯会使计算机更安全。

(2)关闭或删除系统中不需要的服务

默认情况下,许多操作系统会安装一些辅助服务,如FTP客户端、Telnet和Web服务器。这些服务为攻击者提供了方便,而又对大部分普通用户没有太大用处,如果删除它们,就能大大降低被攻击的可能性。

(3)经常升级安全补丁

据统计,有80%的网络病毒是通过系统安全漏洞进行传播的,如蠕虫王、冲击波、震荡波等,所以应该定期到官方网站去下载最新的安全补丁,防患未然。

(4)使用复杂的密码

有许多网络病毒是通过猜测简单密码的方式攻击系统的,因此使用复杂的密码,将会大大提高计算机的安全性。

(5)迅速隔离受感染的计算机

当一台计算机发现病毒或异常时应立刻断网,以防止更多的计算机受到感染。

(6)安装专业的杀毒软件

在病毒日益增多的今天,使用杀毒软件进行防毒,是越来越经济的选择,不过用户在安装杀毒软件之后,应该经常进行升级,将一些主要监控(如邮件监控、内存监控等)打开,遇到问题要上报,这样才能真正保障计算机的安全。

(7)安装个人防火墙软件

许多网络病毒都采用了黑客攻击的方法来感染计算机,因此,用户还应该安装个人防火墙软件,将安全级别设为中或高,这样能有效防止黑客的攻击。

4)常见的网络攻击技术分类

(1)口令攻击

口令攻击是最简单、最直接的攻击技术。口令攻击是指攻击者试图获得其他人的口令而采用的攻击技术。攻击者攻击目标时常常把破译用户的口令作为攻击的开始。只要攻击者能猜测或者确定用户的口令,他就能获得计算机或者网络的访问权,并能访问用户能访问到的任何资源。如果这个用户有域管理员或 Root 用户权限,这是极其危险的。口令攻击示意图如图 6.8 所示。

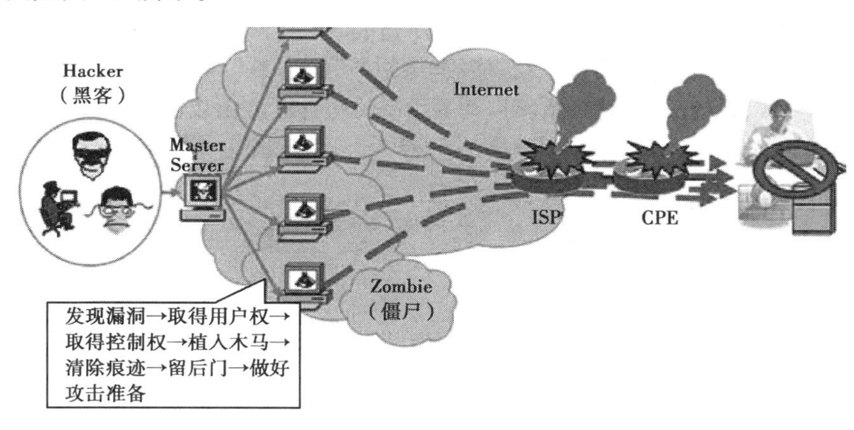

图 6.8　口令攻击示意图

口令攻击主要有词典生成、口令截获与欺骗、非技术手段 3 种形式。词典生成攻击是使用一个字库生成口令,这些字库中存放了一些可以组成口令的词根,用于在一定的规则下组成猜测的口令。词根的选取参照了人们编制口令的常用习惯,是经过大量统计得到的。口令攻击中的非技术手段主要是指用非信息手段获得口令的编制规律。

(2)拒绝服务攻击

拒绝服务攻击即攻击者想办法让目标机器停止提供服务,是黑客常用的攻击手段之一。对网络带宽进行的消耗性攻击只是拒绝服务攻击的小部分,只要能够对目标造成麻烦,使某些服务被暂停甚至主机"死机",都属于拒绝服务攻击。拒绝服务攻击主要有利用系统漏洞攻击、利用网络协议攻击、利用合理的服务请求攻击及分布式拒绝服务请求攻击等形式。拒绝服务攻击示意图如图 6.9 所示。

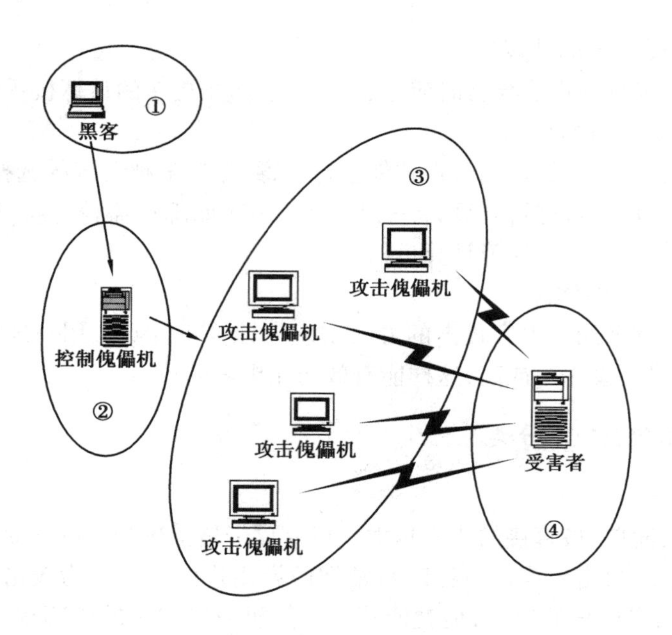

图 6.9　拒绝服务攻击示意图

(3)缓冲区溢出攻击

缓冲区溢出攻击是利用缓冲区溢出漏洞所进行的攻击行动。缓冲区溢出是一种非常普遍、非常危险的漏洞,在各种操作系统、应用软件中广泛存在。利用缓冲区溢出攻击,可以导致程序运行失败、系统关机、系统重新启动等后果。缓冲区溢出攻击示意图如图 6.10 所示。

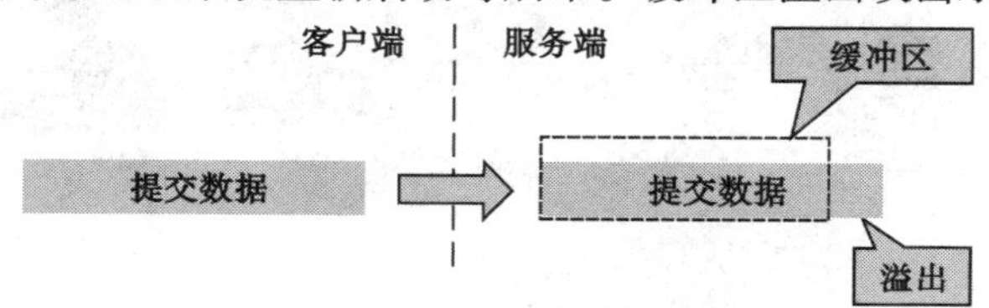

图 6.10　缓冲区溢出攻击示意图

(4)数据驱动攻击

当有些表面上看起来无害的特殊程序在被发送或复制到网络主机上并被执行发起攻击时,就会发生数据驱动攻击。

(5)伪造信息攻击

这种攻击方式是通过发送伪造的路由信息,构造系统源主机和目标主机的虚假路径,从而使流向目标主机的数据包均经过攻击者的系统主机。

6.5.3　网络安全防护

1)防火墙技术

防火墙(图 6.11)是网络安全的屏障,配置防火墙是实现网络安全最基本、最经济、最有效的措施之一。防火墙是指位于计算机和它所连接的网络之间的硬件或软件，也可以位于两个或多个网络之间，如局域网和互联网之间。网络之间的所有数据流都经过防火墙。通过防火墙可以对网络之间的通信进行扫描，关闭不安全的端口，阻止外来的 DoS 攻击，封锁特洛伊木马等，以保证网络和计算机的安全。一般的防火墙都可以达到以下目的：一是可以限制他人进入内部网络，过滤掉不安全服务和非法用户；二是防止入侵者接近用户的防御设施；三是限定用户访问特殊站点；四是为监视 Internet 安全，提供方便。

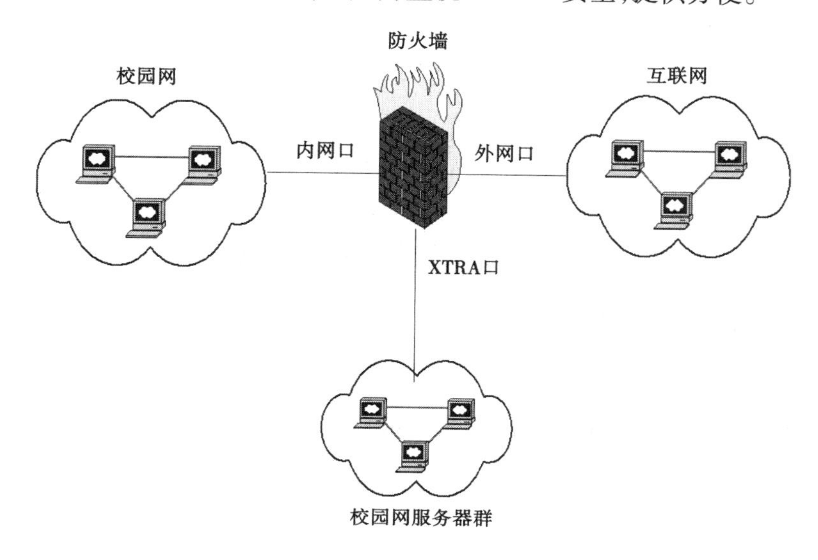

图 6.11 防火墙技术

防火墙所采用的主要技术为：

包过滤技术：对数据包实施有选择的通过，其核心是安全策略，即过滤算法的设计。它能拦截和检查所有进出的数据，通过包检查模块验证包是否符合过滤规则，符合的包允许通过，不符合规则的包要报警或通知管理员。另外，不管是否符合过滤规则，防火墙一般都要记录包的情况。对于丢弃的包，防火墙可以给发送方发送一条消息，也可以不发，这要取决于包过滤策略。包检查模块能检查包中的所有信息，一般是网络层的 IP 头和传输层的头。

代理服务器技术：代理型防火墙也可称为代理服务器。代理服务器位于客户机与服务器之间，完全阻挡了二者的数据交换。从客户机来看，代理服务器相当于一台真正的服务器；而从服务器来看，代理服务器又是一台真正的客户机。当客户机需要使用服务器上的数据时，首先将数据请求发给代理服务器。代理服务器再根据这一请求向服务器索取数据，然后由代理服务器将数据传输给客户机。由于外部系统与内部服务器之间没有直接的数据通道，外部的恶意侵害也就很难危害到内部的网络系统。

2）数据加密技术

数据加密是对数据信息重新编码，从而隐匿信息内容，让非法用户无法得知信息本身内容的手段，如图 6.12 所示。保证信息系统及数据的安全和保密的主要手段之一就是数据加密。数据加密的种类有数据传输加密、数据完整性鉴别、数据存储加密以及密钥管理4种。数据传输加密的目的是对传输中的数据流加密,常用的有线路加密和端口加密两种。数据完整性鉴别的目的是对介入信息传送、存取、处理人的身份和相关数据内容进行验证,达到保密的要求,系统通过对比验证对象输入的特征值是否符合预先设定的参数,实现对数据的安全保护。数据存储加密是以防止在存储环节上的数据失密为目的,可分为密文存储和存取控制两种。数据加密技术现多表现为密钥的应用,密钥管理实际上是为了数据使用方便。密钥管理包括密钥的产生、分配保存、更换与销毁等各环节上的保密措施。另外,数据加密也广泛地应用于数字签名、信息鉴别等技术中,这对系统的信息处理安全起到尤为重要的作用。

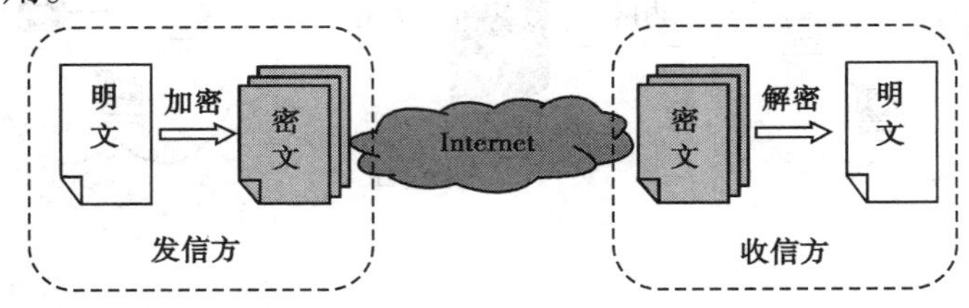

图 6.12 数据加密技术

数据加密有两种主要的加密类型:私匙加密和公匙加密。

私匙加密又称为对称密匙加密,因为用来加密信息的密匙就是解密信息所使用的密匙。私匙加密为信息提供了进一步的紧密性,它不提供认证,因为使用该密匙的任何人都可以创建加密一条有效的消息。这种加密方法的优点是速度快,很容易在硬件和软件中实现。

公匙加密比私匙加密出现得晚,私匙加密使用同一个密匙加密和解密,而公匙加密使用两个密匙,一个用于加密信息,另一个用于解密信息。公匙加密系统的缺点是计算密集,因而比私匙加密系统的速度慢得多,不过若将两者结合起来,就可以得到一个更复杂的系统。

3)访问控制

访问控制(图 6.13)是网络安全防范和保护的主要策略之一,它的主要任务是保证网络资源不被非法使用和访问。访问控制决定了谁能够访问系统,能访问系统的何种资源以及如何使用这些资源。适当的访问控制能够阻止未经允许的用户有意或无意地获取数据。访问控制的手段包括用户识别代码、口令、登录控制、资源授权、授权核查、日志和审计。它是维护网络安全、保护网络资源的主要手段,也是对付黑客的关键手段。访问控制主要有3种模式:自主访问控制、强制访问控制和基于角色访问控制。

自主访问控制(Discretionary Access Control,DAC)是一种接入控制服务,通过执行基于系统实体身份及其到系统资源的接入授权。用户有权对自身所创建的文件、数据表等访问对象进行访问,并可将其访问权授予其他用户或收回其访问权限。允许访问对象的属主制订针对该对象访问的控制策略,通常可通过访问控制列表来限定针对客体可执行的操作。

强制访问控制(Mandatory Access Control,MAC)是系统强制主体服从访问控制策略,是由系统对用户所创建的对象,按照规定的规则控制用户权限及操作对象的访问。主要特征是对所有主体及其所控制的进程、文件、段、设备等客体实施强制访问控制。在 MAC 中,每个用户及文件都被赋予一定的安全级别,只有系统管理员才可确定用户和组的访问权限,用户不能改变自身或任何客体的安全级别。系统通过比较用户和访问文件的安全级别,决定用户是否可以访问该文件。此外,MAC 不允许通过进程生成共享文件,以通过共享文件将信息在进程中传递。MAC 可通过使用敏感标签对所有用户和资源强制执行安全策略,一般采用 3 种方法:限制访问控制、过程控制和系统限制。MAC 常用于多级安全军事系统,对专用或简单系统较有效,但对通用或大型系统并不太有效。

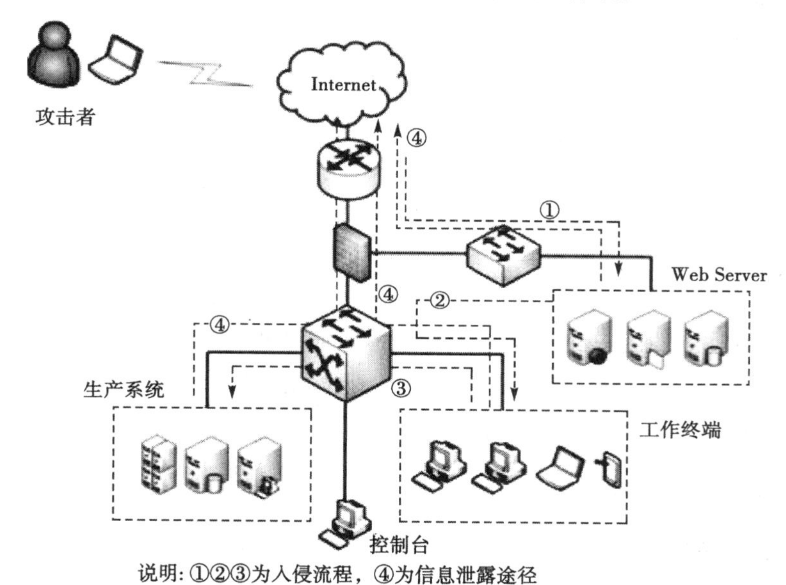

图 6.13 访问控制

基于角色的访问控制(Role-Based Access Control,RBAC)是通过对角色的访问所进行的控制。使权限与角色相关联,用户通过成为适当角色的成员而得到其角色的权限,可极大地简化权限管理。为了完成某项工作创建角色,用户可依其责任和资格分派相应的角色,角色可依新需求和系统合并赋予新权限,而权限也可根据需要从某角色中收回。减小了授权管理的复杂性,降低管理开销,提高企业安全策略的灵活性。

4) 入侵检测

入侵检测系统是对计算机和网络资源的恶意使用行为进行识别和相应处理的系统。入侵检测系统包括系统外部的入侵和内部用户的非授权行为,是为保证计算机系统的安全而设计与配置的一种能够及时发现并报告系统中未授权或异常现象的技术,是一种用于检测计算机网络中违反安全策略行为的技术,如图 6.14 所示。

入侵检测技术主要有异常检测和误用检测两种。

异常检测:检测与可接受行为之间的偏差。如果可以定义每项可接受的行为,那么每项不可接受的行为就应该是入侵。首先总结正常操作应该具有的特征(用户轮廓),当用户活动与正常行为有重大偏离时即被认为是入侵。这种检测模型漏报率低,但误报率高。因为不需要对每种入侵行为进行定义,所以能有效检测未知的入侵。

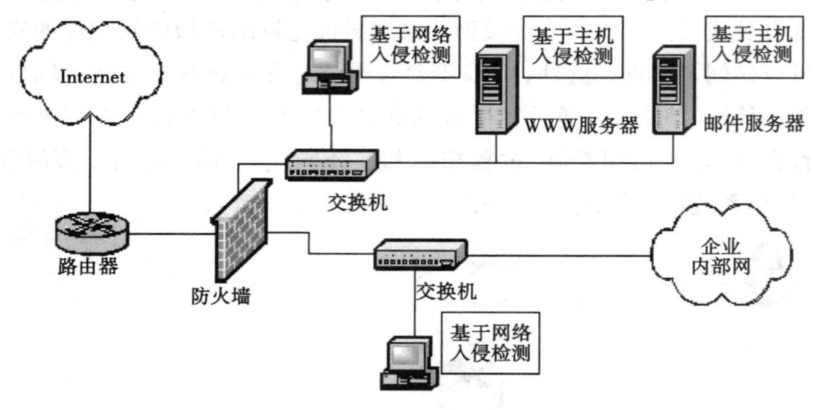

图 6.14　入侵检测机制

误用检测:检测与已知的不可接受行为之间的匹配程度。如果可以定义所有的不可接受行为,那么每种能够与之匹配的行为都会引起警告。收集非正常操作的行为特征,建立相关的特征库,当监测的用户或系统行为与库中的记录相匹配时,系统就认为这种行为是入侵。这种检测模型误报率低,但漏报率高。对于已知的攻击,它可以详细、准确地报告出攻击类型,但是对未知攻击却效果有限,而且特征库必须不断更新。

5)计算机系统容灾技术

灾难容忍和系统恢复能力弥补了网络安全体系仅有的防范和检测措施的不足。由于没有哪一种网络安全设施是万无一失的,一旦发生安全漏洞事件,其后果将是不可设想的。另外,人为等不可预料的事件也会对信息系统造成巨大的毁坏。因此一个好的安全体系就算发生灾难,也能对系统和数据快速地恢复,进而完整地保护网络信息系统。目前系统容灾技术主要是数据备份。对于离线介质不能保证系统安全。数据容灾通过 IP 容灾技术来保证数据的安全。数据容灾是在两个存储器(一个在本地,一个在异地)之间建立复制关系。本地存储器供本地备份系统使用,异地存储器对本地备份存储器的关键数据实时复制。两者通过 IP 相联系,组成完整的数据容灾系统。还有一种系统容错技术就是集群技术,是通过对系统的容错和整体冗余来解决不可用和系统死机问题。本地集群网络、异地集群网络和双机热备份是集群系统的多种形式,提供了不同的系统可用性和容灾性。其中容灾性最好的是异地集群网络。数据存储系统集成了存储、备份和容灾技术,是数据技术发展的重要阶段。伴随着存储网络化时代的发展,一体化的多功能网络存储器势必将取代传统的功能单一的存储器。

6)软件漏洞扫描技术

漏洞扫描就是自动检测本地主机或远端安全的技术,它随时查询 TCP/IP 服务的端口,收集关于某些特定项目的有用信息，并记录目标主机的响应。漏洞扫描技术是通过安全扫描程序来实现。安全扫描程序可以迅速检查出现的安全脆弱点。扫描程序把可得到的攻击方法集成到整个扫描中，之后以统计的格式输出，供以后参考和分析。

6.5.4 网络道德与法规

目前，我国颁布了多部与网络相关的法律法规文件。

《中华人民共和国计算机信息系统安全保护条例》，于1994年由国务院颁布并实施，2011年修订。

《计算机信息网络国际联网安全保护管理办法》，于1997年由公安部颁布并实施，2011年修订。

《中华人民共和国刑法》，1997年修订，增加了关于计算机犯罪的法条。

《计算机软件保护条例》，于2001年由国务院颁布，主要用于计算机软件的产权保护，属于“行政法规”，具有法律效力。

《计算机信息系统国际联网保密管理规定》，由国家保密局发布，自2000年1月1日起施行。

《中华人民共和国网络安全法》，由全国人民代表大会常务委员会于2016年11月7日发布，自2017年6月1日起施行。

课后习题

一、单项选择题

1.一幢大楼建立的网络属于(　　)。

A.WAN　　B.MAN　　C.LAN　　D.Internet

2.网络拓扑不包括(　　)。

A.星型　　B.关系型　　C.总线型　　D.树型

3.Web 使用(　　)进行信息传送。

A.HTTP　　B.HTML　　C. FTP　　D.TELNET

4.E-mail 是指(　　)。

A.利用计算机网络及时向特定对象传送文字、声音、图像或图形的通信方式

B.电报、电话、电传等通信方式

C.无线通信和有线通信的总称

D.报文的传送

5.WWW 的超链接中定位信息所在位置使用的是(　　)。

A.超文本技术　　B.统一资源定位器

C.超媒体技术　　D.超文本标记语言

6.IP 地址 83.3.41.6 为(　　)。

A.A 类地址　　B.B 类地址

C.C 类地址　　D.非法地址

7.(　　)应用可以实现网上实时交流。

A.电子邮件　　B.网络新闻组

C.FTP　　D.QQ

8.计算机网络中实现互联的计算机可以(　　)。

A.是仅有键盘和显示器的终端　　B.互相制约地运行

C.独立地运行　　D.串行地运行

9.用于完成 IP 地址与域名地址映射的服务器是(　　)。

A.IRC 服务器　　B.WWW 服务器

C.DNS 服务器　　D.FTP 服务器

10.下列表示电子邮件地址的是(　　)。

A.Ks@ 163.net　　B.192.168.0.1

C.www.baidu.com　　D.http://www.baidu.com

二、填空题

1.HTML 指的是________。

2.计算机要定期更换________,定期________,对不明邮件不要轻易________。

3.电子邮件地址 stu@ cqrker.com 中的 cqrker.com 代表________。

4.当前的网络系统,由于网络覆盖面积的大小、技术条件和工作环境不同,通常分为________、局域网和城域网 3 种。

5.网址 www.pku.edu.cn 中的 cn 表示________。

6.Internet 上使用的最基本的两个协议是________。

7.在因特网的域名中,________通常表示商业组织。

8.将本地计算机的文件传送到远程计算机上的过程称为________。

9.按照网络规模大小定义计算机网络,其中________的规模最小。

10.IPv4 地址的二进制位数为________。

三、简答题

1.简述计算机网络的分类。

2.简述计算机网络安全的定义。

3.保护网络信息安全的常用技术有哪些?

4.简述 IPv4 的各类型地址。

5.简述常见的顶级域名。